Haasis · Integrierte CAD-Anwendungen

Springer
*Berlin*
*Heidelberg*
*New York*
*Barcelona*
*Budapest*
*Hong Kong*
*London*
*Mailand*
*Paris*
*Tokyo*

Siegmar Haasis

# Integrierte CAD-Anwendungen

## Rationalisierungspotentiale und zukünftige Einsatzgebiete

Mit 124 Abbildungen

Springer

Dr.-Ing. Siegmar Haasis
Mörikestraße 12
73666 Baltmannsweiler

ISBN-13:978-3-540-59145-0

Die Deutsche Bibliothek – Cip-Einheitsaufnahme

Haasis, Sigmar: Integrierte CAD-Anwendungen :
Rationalisierungspotentiale und zukünftige Einsatzgebiete / Siegmar Haasis. –
Berlin ; Heidelberg ; New York ; Barcelona ; Budapest ; Hong Kong ; London ;
Mailand ; Paris ; Tokyo : Springer, 1995
ISBN-13:978-3-540-59145-0 e-ISBN-13:978-3-642-79692-0
DOI:10.1007/978-3-642-79692-0



Satz: Reproduktionsfertige Vorlage des Autors
SPIN: 10490184 62/3020 - 5 4 3 2 1 0 - Gedruckt auf säurefreiem Papier

# Vorwort

An erster Stelle der Prozeßkette, die im Rahmen der rechnerintegrierten Produktion (CIM) angestrebt wird, steht die computerunterstützte Konstruktion CAD (Computer Aided Design). Zweifellos stellt dieses Instrumentarium jene CIM-Komponente dar, die unter technischen Gesichtspunkten den bereits höchsten Reifegrad erreicht hat. Mit der breiten Einführung von CAD-Systemen ist jedoch auch ein Anstieg der Anforderungen an derartige Systeme zu verzeichnen. Dabei steht insbesondere die Forderung nach einer weiterreichenden Unterstützung des Konstruktionsprozesses im Vordergrund. Schwerpunkt hierbei ist im wesentlichen eine Rechnerunterstützung von Routinetätigkeiten, um so die Konstruktionsabwicklung wesentlich schneller und effizienter zu gestalten. Derartige Forderungen verlangen in erster Linie die Einbindung bereits bekannter und handhabbarer Algorithmen in die bestehende CAD-Umgebung. Werden diese Anforderungen jedoch komplexer und vielschichtiger, beispielsweise hinsichtlich der Einbeziehung von Aspekten der fertigungsgerechten Konstruktion oder der konstruktionsbegleitenden Kalkulation, so treten zunehmend Methoden der Künstlichen Intelligenz in den Vordergrund.

CAD-Systeme sind über ihre Funktion als Arbeitshilfsmittel innerhalb der Konstruktion hinaus ein permanent wichtiges Instrument einer zunehmend EDV-unterstützten Auftragsabwicklung. Deshalb darf sich der CAD-Einsatz nicht auf die Zeichnungserstellung beschränken. Vielmehr muß das Ziel darin bestehen, die bauteilbeschreibenden Daten des CAD-Systems möglichst direkt in nachgeschaltete Abwicklungsprozesse einzubeziehen. Auf der Grundlage einer featurebasierten Produktmodellierung werden deshalb in dieser Arbeit Methoden aufgezeigt, die es ermöglichen, parallele und der Konstruktion nachgeschaltete Prozesse im Sinne einer Datenintegration zu unterstützen. Dabei stehen technologieorientierte CAD-Funktionselemente im Vordergrund, welche über die eigentliche Geometriebeschreibung hinaus über funktionsbezogene Informationen und Wissen über den Zusammenhang zwischen Funktion und Gestalt verfügen.

Das Buch entstand im engen Zusammenhang mit Forschungstätigkeiten am Institut für angewandte Forschung (IAF) der Fachhochschule für Technik Esslingen (FHTE), welche die wissens- und featurebasierte Unterstützung der Konstruktion und Fertigungsplanung untersuchten. Hierbei ist das in der vorliegenden Arbeit mehrfach zitierte wissensbasierte Konstruktionsverbundsystem CATWISEL entstanden, anhand dessen die hier beschriebenen Methoden und erzielbaren Rationalisierungspotentiale nachgewiesen wurden.

Meine Mitarbeiter am Forschungsprojekt CATWISEL, Herr Dipl.-Ing. (FH) Frank Mischkolin, Herr Dipl.-Ing. (FH) Bernhard Wiehl und Herr Dipl.-Ing. (FH) Joachim Züfle, haben mit ihrem außergewöhnlichen Interesse und hohen Arbeitseinsatz entscheidend zum Gelingen dieser Arbeit beigetragen. Die Diskussion mit Herrn Professor Dipl.-Ing. Helmut Hammer und Herrn Professor Dr.-Ing. Wolfgang Hahn von der FHTE sowie mit Herrn Professor Dr.-Ing. (habil.) Heinz Gläser von der Hochschule für Technik und Wirtschaft Zwickau bestimmen zu einem erheblichen Teil die Aussagen in diesem Buch. Darüber hinaus haben zahlreiche Studien- und Diplomarbeiter sowie studentische Hilfskräfte zur praxisgerechten Aufbereitung und Umsetzung der Lösungen beigetragen.

Der Springer-Verlag hat mich in inhaltlichen und formalen Fragen gut beraten und für eine ansprechende Ausführung gesorgt. Meine Frau und meine Kinder ermöglichten letztlich mein Vorhaben, indem sie mir viel Verständnis und Geduld entgegenbrachten.

Allen gilt mein herzlicher Dank in der Hoffnung, daß dieses Buch den Lesern nützlich sein wird und viele Anregungen für die eigene Arbeit vermittelt.

Esslingen, im Februar 1995 Siegmar Haasis

# Inhaltsverzeichnis

# 1 Einleitung

## 1.1 CAD als integrierter CIM-Baustein

Die deutschen Industrieunternehmen stehen heute mehr denn je in einer engen Wechselbeziehung zu einer vielschichtigen Umgebung. Diese Situation ist charakterisiert durch ein expandierendes Beziehungsgeflecht der Unternehmen untereinander und zum Markt. Aus der zunehmenden Internationalisierung und dem steigenden Konkurrenzdruck resultieren eine Vielzahl von Abhängigkeiten und Verbindungen. Der Markt erwartet von den Unternehmen ein flexibles Reagieren auf Kundenwünsche, die oft während der Auftragsabwicklung geändert werden. Klassische Unternehmensziele wie Wirtschaftlichkeit oder Produktivität werden durch neue, wie etwa Flexibilität, ergänzt.

Immer komplexere Produkte und Fertigungsstrukturen richten neue Anforderungen an ein Unternehmen, denen traditionelle Konzepte nicht mehr gerecht werden, um eine Steigerung der Produktivität, der Flexibilität und der Produktqualität zu erzielen. Das Planungsdilemma - sowohl kurze Durchlaufzeiten, als auch eine hohe Kapazitätsauslastung zu erreichen - wird durch die Kapitalintensität automatischer Produktionsanlagen und durch den Marktzwang zu immer höherer Produktvielfalt noch verstärkt. Qualität produzieren, nicht kontrollieren, heißt die Devise.

Im Hinblick auf die Sondierung wettbewerbsentscheidender Erfolgsfaktoren hat sich eine neue Rechengröße sukzessiv in den Vordergrund geschoben, die immer mehr an Bedeutung gewinnt: Die *Information* wurde zum kritischen Erfolgsfaktor unserer Tage und hat eine ganze Reihe herkömmlicher Denkansätze zu Fall gebracht. Somit erreicht die Information heute den Status eines wesentlichen Produktionsfaktors. Um dieser Entwicklung Rechnung zu tragen, müssen offene kommunikative Strukturen vorhanden sein. Denn richtige und schnelle Entscheidungen setzen einen durchgängigen Informations- und Datenfluß voraus, der sämtliche am Produktionsprozeß beteiligten Unternehmensbereiche integriert.

Die konventionelle Trennung zwischen den einzelnen Unternehmensbereichen, insbesondere zwischen Planung und Produktion, scheint sich aufzulösen. Das Unternehmen als Ganzes steht wieder im Mittelpunkt strategischer Überlegungen, die sich immer stärker in Richtung ganzheitlicher und integrierter Konzepte orientieren. CIM (Computer Integrated Manufacturing) als Gesamtkonzept greift diesen Gedanken auf und postuliert die Integration der Informationsverarbeitung für betriebswirtschaftliche und technische Aufgaben eines Industriebetriebes, Abb. 1.1. Obwohl bis heute keine nennenswerte Anzahl von Produktionsstätten zu erwähnen ist, die eine weitgehende Realisierung von CIM vorweisen können, liegen die Vorteile einer aus dem CIM-Einsatz resultierenden flexiblen Fabrikation klar auf der Hand.

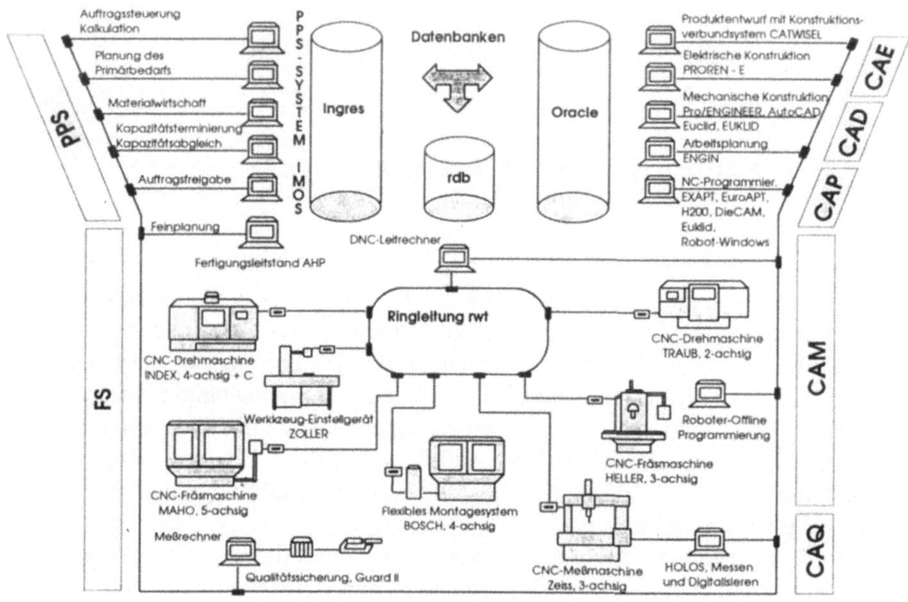


**Abb. 1.1.** Exemplarisches Integrationskonzept einer rechnerintegrierten Produktion

CIM ist eine strategische Antwort auf die Herausforderungen im Fertigungsbereich, allerdings nicht im Sinne einer Patentlösung von heute auf morgen, die - wie ein Produkt - einfach installiert werden kann. CIM ist ein Konzept, das sich nur in einem längerfristigen Prozeß realisieren läßt und ein unternehmerisches Umdenken voraussetzt. Denn schließlich gilt es, Profitabilität, Wachstum und damit die Wettbewerbsfähigkeit nicht nur kurzfristig, sondern auch langfristig zu sichern.

An erster Stelle der Prozeßkette, die im Rahmen von CIM angestrebt wird, steht die computerunterstützte Konstruktion CAD (Computer Aided Design). Ohne Zweifel repräsentiert dieses Instrumentarium jene CIM-Komponente, die unter technischen Gesichtspunkten den bereits höchsten Reifegrad vorzuweisen hat. Mit der breiten Einführung von CAD-Systemen ist jedoch auch ein Anstieg der Anforderungen an derartige Systeme zu verzeichnen. Insbesondere bei routinierten CAD-Anwendern wächst der Wunsch nach einer weitergehenden Unterstützung des Konstruktionsprozesses. Dabei steht im wesentlichen die Rechnerunterstützung von Routinetätigkeiten im Mittelpunkt, die eine Konstruktionsabwicklung um ein Vielfaches schneller und effizienter gestalten würde.

Derartige Forderungen verlangen in erster Linie die Einbindung bereits bekannter und handhabbarer Algorithmen in die bestehende CAD-Umgebung. Werden diese Anforderungen jedoch komplexer und vielschichtiger, beispielsweise hinsichtlich der Einbeziehung von Aspekten einer fertigungsgerechten Konstruktion oder einer konstruktionsbegleitenden Kalkulation, so versagen im allgemeinen diese Techniken. In diesem Zusammenhang treten deshalb zunehmend Methoden der künstlichen Intelligenz (KI) in den Vordergrund [HAA-93a].

CAD-Systeme sind neben ihrer Funktion als Arbeitshilfsmittel innerhalb der Konstruktion ein permanent wichtiges Element einer wachsenden EDV-unterstützten Auftragsabwicklung. Insofern bedeuten CAD-Arbeitsplätze keine Insellösungen, sondern sind Bestandteil einer unternehmensweiten Datenintegration. Aus diesem Grund besteht die Aufgabe des Konstrukteurs nicht nur darin, funktionale Lösungen für eine technische Aufgabe durch das zu definierende Produkt zu finden, sondern auch die Voraussetzungen und notwendigen Unterlagen für den anschließenden Fertigungsprozeß zu erstellen. Insofern wird die Wirtschaftlichkeit von CAD-Systemen in einem zunehmenden Maße dadurch bestimmt, inwieweit die Realisierung eines solchen Datenverbundes gelingt [ABE-90], [HAA-93].

In zahlreichen Unternehmen werden CAD-Systeme oft zeitlich und systemtechnisch unabhängig von der übrigen EDV-Umgebung eingeführt, so daß für eine spätere Integration große Aufwendungen vorzusehen sind. Hinzu kommt, daß vielfach keine einheitliche Produktdatenbank existiert, die sämtliche Informationen entlang einer Auftragsabwicklung enthält. Insofern bedeuted CAD-Integration in den meisten Fällen eine Datenkopplung mit anschließenden Bearbeitungsprogrammen.

CAD-Systeme sind somit Bestandteil eines integrierten Konstruktionsprozesses, der sich nicht nur auf die Zeichnungserstellung beschränkt. Ziel ist es, die grafisch orientierten Daten des CAD-Systems möglichst direkt in nachgeschaltete Abwicklungsprozesse einzubeziehen, wobei eine Einsparung der Dateneingabe, die Datenkonsistenz und Vermeidung der Datenredundanz zu erreichen ist.

## 1.2 Information als strategische Größe

Die Information hat sich zu einer strategischen Größe entwickelt. Für die Informationsbeschaffung, -aufbereitung, -verdichtung und -bereitstellung sind offene kommunikative Strukturen notwendig; denn richtige und schnelle Entscheidungen setzen einen durchgängigen Informations- und Datenfluß voraus, der alle am Produktionsprozeß beteiligten Unternehmensbereiche integriert und somit eine ganzheitliche Auftragsabwicklung im Unternehmen unterstützt.

Die aufgeführten Unternehmensbereiche sollen beispielhaft auf Informationsquellen in einem Unternehmen hinweisen, so daß bereits an dieser Stelle der Umfang und die Vielschichtigkeit der erforderlichen Informationsflüsse erkannt wird. Die Komplexität der Informationsverarbeitung führte vor allem in den letzten

Jahren dazu, daß der Informationsbereich in einem erheblichen Maß systematisiert und analysiert wurde. Innerhalb eines Unternehmens ist eine effiziente Aufgabenerfüllung ohne gezielte Informationsversorgung unmöglich geworden, Abb. 1.2.

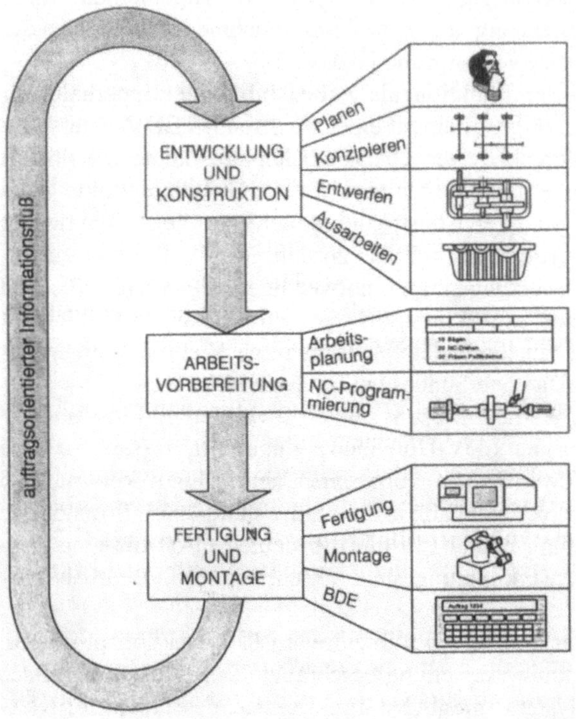


**Abb. 1.2.** Auftragsorientierter Informationsfluß

Der Datenaustausch zwischen den Abteilungen wird regelmäßig mit EDV-Problemen verquickt, da eine enge Verbindung mit der Informationstechnologie besteht. Aufgrund der technologischen Entwicklungen im Hardware- und Softwarebereich wird jedoch in Zukunft der Engpaß in der Gestaltung der Informations- und Kommunikationssysteme und weniger stark bei den Sachmitteln liegen. Dadurch gewinnen betriebswirtschaftlich-organisatorische Fragen des Gutes "Information" eine größere Bedeutung. Hierbei werden vier Informationskategorien unterschieden [CRO-90]:

- Objektinformation (Gegenstand der Verarbeitung, z.B. Absatzzahlen),
- Steuerinformation (z.B. Absatzziele, Baupläne, Stücklisten, Arbeitspläne),
- Ergebnisinformation (Istgrößen wie Verbrauchsmengen und BDE-Informationen),
- Anstoßinformation (lösen Prozesse aus, z.B. Auftragsfreigabe).

Die Einführung neuer Technologien (z.B. NC-Maschinen, CAD sowie CIM-Komponenten) führt jedoch zu personellen Umbesetzungen innerhalb der Aufbaustruktur und zu neuen Aufgabenabläufen, so daß sich unter anderem das Anforderungsprofil der entsprechenden Mitarbeiter ändert. Die reibungslose Einführung neuer Technologien setzt eine umfangreiche Vorbereitung und detailliertes Wissen des Personals voraus. Dabei trägt eine rechtzeitige Einbeziehung der Mitarbeiter wesentlich zum Erfolg bei, denn eine hohe Akzeptanz wird somit sichergestellt. Durch inner- und außerbetriebliche Schulungen wird eine Höherqualifizierung auf den betreffenden Ebenen des Unternehmens erzielt. Die Forderung nach Höherqualifikation wirkt sich jedoch auch auf die Personalstruktur aus, denn der Anteil der gewerblichen Mitarbeiter wird aufgrund dieser Maßnahmen gegenüber dem der Angestellten sinken.

## 1.3 EDV-unterstützte Auftragsabwicklung

Durch die historische Entwicklung der Aufgabenzerlegung (Taylorismus) ergaben sich zwar Vorteile durch das beschleunigte Abarbeiten von Teilaufgaben, jedoch betrug der Zeitanteil zur Übertragung von Information sowie zur Einarbeitung in administrative Tätigkeiten und Fertigungstätigkeiten zwischen 70% und 90% der gesamten Durchlaufzeit [SCH-90], [HAA-93a]. Aufgrund der integrierten Datenverarbeitung ist es heute möglich, wesentlich präzisere und aktuellere Informationen in kurzer Zeit abzurufen. Derartige Möglichkeiten verkürzen zum einen die Durchlaufzeit und setzen zum anderen Potentiale des Menschen zur Bewältigung komplexerer Arbeitsinhalte frei.

Dies wurde bereits frühzeitig von einer Reihe von EDV-Herstellern erkannt und zumindest auf dem Papier in entsprechende Konzepte umgesetzt. Rückgrat sämtlicher Integrationsansätze ist die integrierte Datenhaltung auf der Basis von Datenbanksystemen und vernetzter, dezentraler Rechnerhardware. Über den Anschluß an unternehmensübergreifende Netzwerke ist auch eine überbetriebliche Kommunikation möglich.

Scheer verbindet daher CIM mit folgenden Grundsätzen [SCH-90]:

- Anwendungsunabhängige Datenorganisation,
- konsequentes Denken in Vorgangsketten und
- kleine Regelkreise.

Unter anwendungsunabhängiger Datenorganisation ist ein Datenbank-Design zu verstehen, das sich nicht aus einer bestimmten softwaretechnischen Anwendung ableitet, sondern so allgemein konzipiert ist, daß es vielseitigen Aufgaben zur Verfügung steht.

Ein weiteres Leistungsmerkmal von CIM neben der Datenintegration ist das Denken in Vorgangsketten. Dabei sollen nicht die aufbauorganisatorischen Strukturen, sondern viel mehr die Abläufe bestimmter Vorgänge im Unternehmen die Unternehmensorganisation bestimmen. Zusammen mit der technischen Datenintegration ergeben sich so durchgängige Informationsflüsse.

Die Verkürzung der Informationswege und die Beschleunigung von Informationsflüssen ermöglichen die Bildung sogenannter kleiner Regelkreise, mit denen im Rahmen von Vorgangsketten kontinuierliche Soll-Ist-Vergleiche durchgeführt werden. Die Aktualität und Qualität der Ist-Daten hat direkten Einfluß auf die Steuerung und Planung im Unternehmen. Kundenanfragen können beispielsweise schneller bearbeitet werden, und der gesamte Bereich der Produkterzeugung kann zeit- und kapazitätsgenau gesteuert werden [CRO-90], Abb. 1.3.

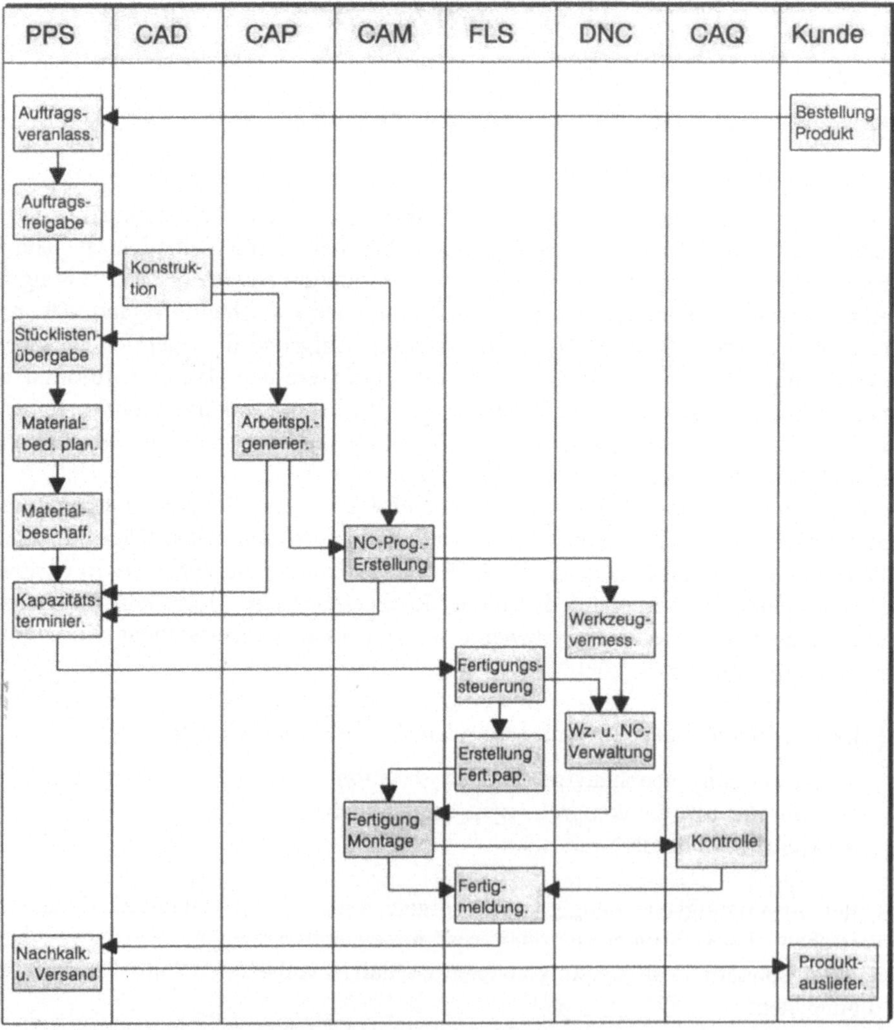


**Abb. 1.3.** Informationsflüsse einer exemplarischen Auftragsabwicklung

## 1.4 Informationsbereitstellung für nachgeschaltete Prozesse

Die Aufgabe des Konstrukteurs besteht nicht nur darin, funktionale Lösungen für eine technische Aufgabe durch die Definition des Produktes festzulegen, sondern auch die Voraussetzungen und notwendigen Unterlagen für den anschließenden Herstellungsprozeß zu generieren. Ein Großteil der in der Konstruktion entstehenden Daten können in direkter Form in Dokumente und Unterlagen nachgeschalteter Prozesse übernommen werden. Insofern wird die Wirtschaftlichkeit von CAD-Systemen dadurch bestimmt, inwieweit es gelingt, diesen Datenverbund zu realisieren.

Die zentrale CIM-Devise - einmal erstellte Information nachgeschalteten Prozessen zur Verfügung zu stellen - gilt in erster Linie für die Bereitstellung der CAD-Daten. Deshalb darf sich der heutige CAD-Einsatz nicht mehr auf die reine Zeichnungserstellung beschränken. Vielmehr muß das Ziel darin bestehen, sämtliche bauteilbeschreibenden Informationen des CAD-Systems möglichst direkt in nachgeschaltete Abwicklungsprozesse einzubeziehen (vgl. [ABE-90], [HAA-93a], [HAA-94c]), Abb. 1.4.

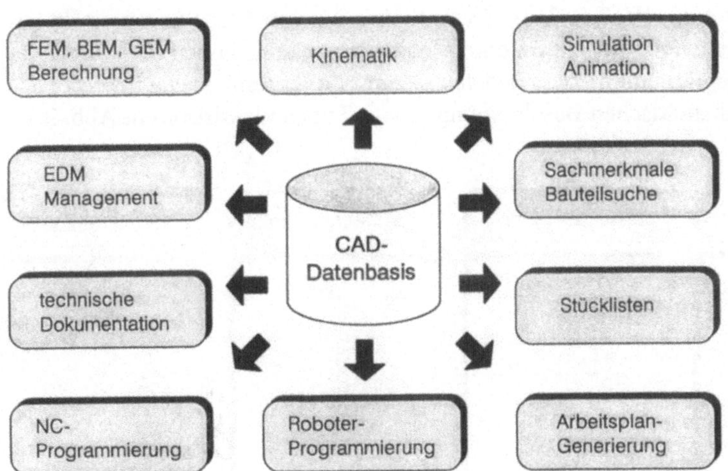


**Abb. 1.4.** Bereitstellung von CAD-Daten für nachgeschaltete Prozesse

CAD-Systeme sind somit Bestandteil eines integrierten Konstruktionsprozesses, der weit über die Zeichnungserstellung hinausreicht. Die Informationsbereitstellung für nachgeschaltete Prozesse kann dabei durch Datenintegration oder durch Datenkopplung mit den anschließenden Bearbeitungsprogrammen erfolgen.

Dadurch ist die Einsparung der Dateneingabe, die Gewährleistung der Datenkonsistenz und letztlich die Vermeidung der Datenredundanz zu erreichen.

# 2 CAD-Systeme - Stand der Entwicklungen

## 2.1 Arten und Leistungsumfang rechnerinterner Modelle

Die Beschreibung und digitale Speicherung technischer Objekte sowie die Bereitstellung von Informationen über deren Herstellung ist Aufgabe der CAD-Systeme. Dabei gewinnt die Verknüpfung der Bauteilgeometrie mit fertigungs- und montagespezifischen Informationen zunehmend an Bedeutung. Rechnerinterne Modelle können geometrische, technologische sowie problemorientierte Daten und Beziehungen enthalten (vgl. [VDI-2213]). Wesentliches Merkmal ist das zugrunde liegende Geometriemodell. Rechnerinterne Geometriemodelle lassen sich nach der Klasse der zur Repräsentation verwendeten Geometrieelemente, der Dimensionalität sowie der mathematischen Beschreibung in vier Typen klassifizieren, Abb. 2.1:

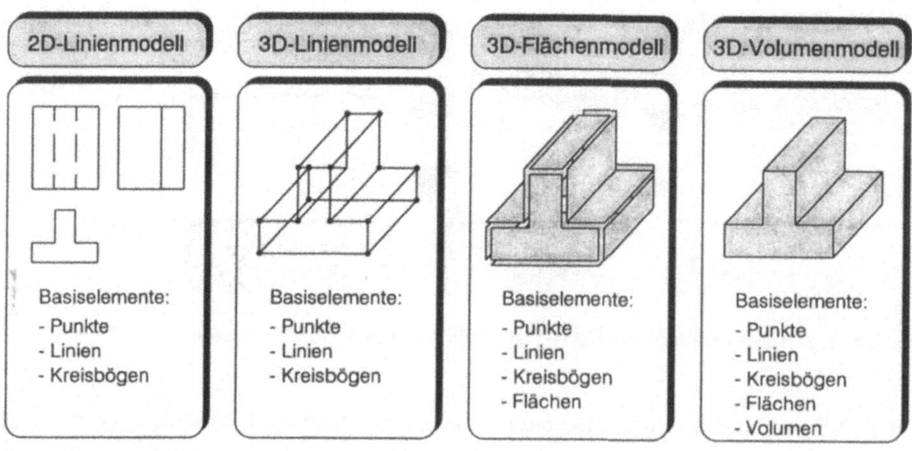


**Abb. 2.1.** Rechnerinterne Geometriemodelle

Neben diesen vier klassischen Typen der rechnerinternen Geometriemodelle werden im folgenden zwei weiterreichende Informationsmodelle vorgestellt. Hierbei handelt es sich um das Produktmodell und das Featuremodell.

### 2.1.1 2D-Linienmodell

Das 2D-Linienmodell basiert im wesentlichen auf den geometrischen Elementen Punkt, Gerade, Kreisbogen, Kegelschnitte und numerisch berechenbaren Kurven (z.B. Splines), die in einer Ebene definiert sind. Unterschiede hinsichtlich des Benutzerkomforts und Effizienz zwischen verschiedenen 2D-CAD-Systemen ergeben sich aus der Art und Weise der Integration dieser Funktionen in den Befehlsablauf bzw. Dialoggestaltung.

Vor dem Hintergrund einer Beschleunigung der Werkstückbeschreibung verfügen einige 2D-CAD-Systeme über Flächenelemente mit geometrischer und technischer Ausprägung. Während geometrische Flächenelemente beispielsweise die Objekte Viereck, Langloch, Paßfeder, Trapez, Parallelogramm, n-Eck, gleichschenkliges und beliebiges Dreieck, Vollkreis, Kreisausschnitt, Kreissegment, Voll- und Halbellipse berücksichtigen, reichen technische Flächenelemente dagegen von diversen Wellenabsätzen, Außengewinden und Welleneinstichen über Durchgangs- und Sacklochbohrungen bis hin zu Innengewinden und Bohrungseinstichen [HAZ-93], Abb. 2.2.

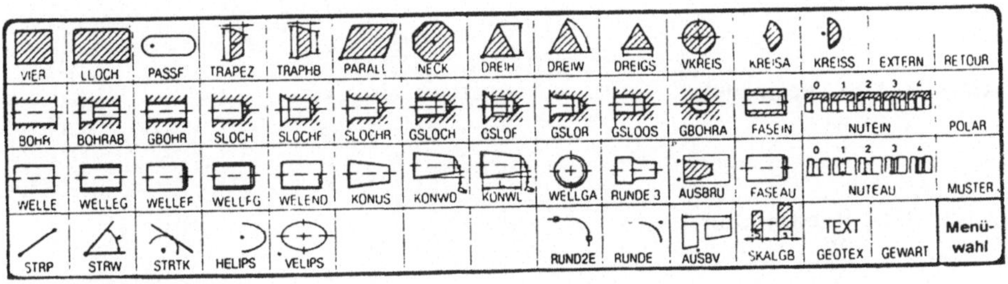

**Abb. 2.2.** Exemplarische Flächenelemente [ISYKON]

Im Rahmen zweidimensionaler CAD-Systeme werden Berechnungsfunktionen bereitgestellt, wie beispielsweise Umfang-, Flächen-, Flächenschwerpunkts- und Flächenträgheitsmomentsberechnungen. Darüber hinaus unterstützen 2D-Systeme neue Arbeitstechniken, die für eine effiziente CAD-Zeichnungsgenerierung maßgeblich sind: einfache Änderung von Maßstab sowie Linien- und Textcharakteristika; Transferieren, Rotieren, Spiegeln, Duplizieren, Verkürzen/Verlängern (Trimmen, Stretchen) von Geometrieelementen sowie Schraffieren von durch Linien begrenzten Bereichen.

Die Anwendung von Systemen auf der Basis von 2D-Modellen beschränkt sich in der Regel im Bereich des Maschinenbaus, des Bauwesens, der Architektur und verwandter Bereiche auf die Zeichnungsgenerierung sowie auf einfachere nachgeschaltete Anwendungen, für die eine zweidimensionale Geometrierepräsentation ausreichend ist, Abb. 2.3. Hierbei ist es - analog zum Reißbrett - Aufgabe des Bedieners, sämtliche notwendigen Ansichten und Schnitte eines Objektes einzeln zu zeichnen und räumliche Ansichten von Objekten selbständig zu berechnen und darzustellen [ROT-90].

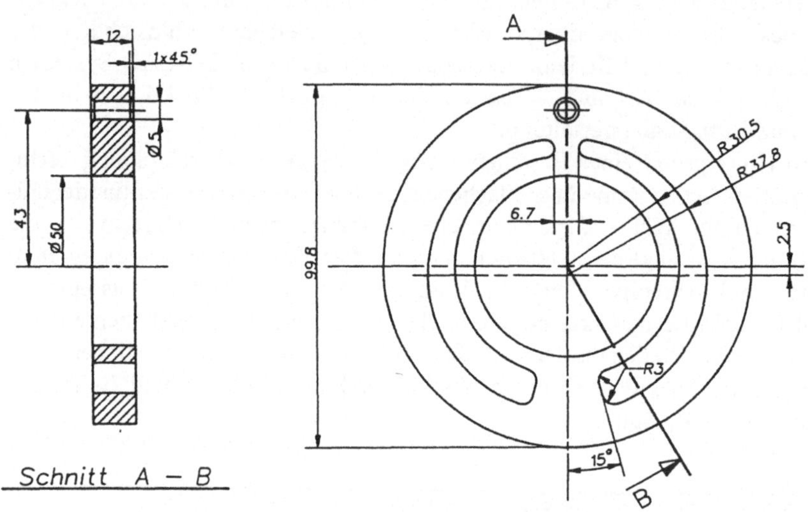


**Abb. 2.3.** 2D-Linienmodell

### 2.1.2 3D-Linienmodell

Im Gegensatz zum 2D-Linienmodell weisen in diesem Modelltyp sämtliche konstruierten Linien eine räumliche Ausdehnung auf und stellen so die Kanten eines Objektes (Drahtmodell) dar, Abb. 2.4. Neben den ebenen Elementen des 2D-Modells, die nun allerdings beliebig im Raum angeordnet sein können, sind zusätzliche numerisch berechenbare Raumkurven (3D-Splines) verfügbar. Zur Definition und Manipulation von Elementen stehen im wesentlichen die gleichen Operationen wie im 2D-Bereich zur Verfügung. Gegenüber dem 2D-Linienmodell sind beim 3D-Linienmodell im wesentlichen folgende Systemphilosophien bzw. Arbeitstechniken zu nennen [ROT-90]:

- Zentralmodelltechnik,
- Rekonstruktionstechnik,
- Aufbereitung von Ansichten,
- 3D-Translationsspurtechnik,
- Schnittgenerierung.

Derartige CAD-Systeme unterstützen das dreidimensionale Konstruieren eines Bauteils mit anschließender Generierung verschiedener Ansichten (views). Die Aufgabe des Anwenders besteht lediglich in der Plazierung der Ansicht (unterschiedliche 2D-Sicht auf das 3D-Modell). Der Vorteil dieser Arbeitstechnik -

im folgenden *Zentralmodell* genannt - liegt in der einfachen Ableitung der erforderlichen Ansichten vom erstellten 3D-Modell. Im Gegensatz dazu besteht im Rahmen der *Rekonstruktionstechnik* die Möglichkeit, Linienelemente in verschiedenen 2D-Ansichten logisch miteinander zu verknüpfen, um somit ein dreidimensionales Bauteil zu generieren.

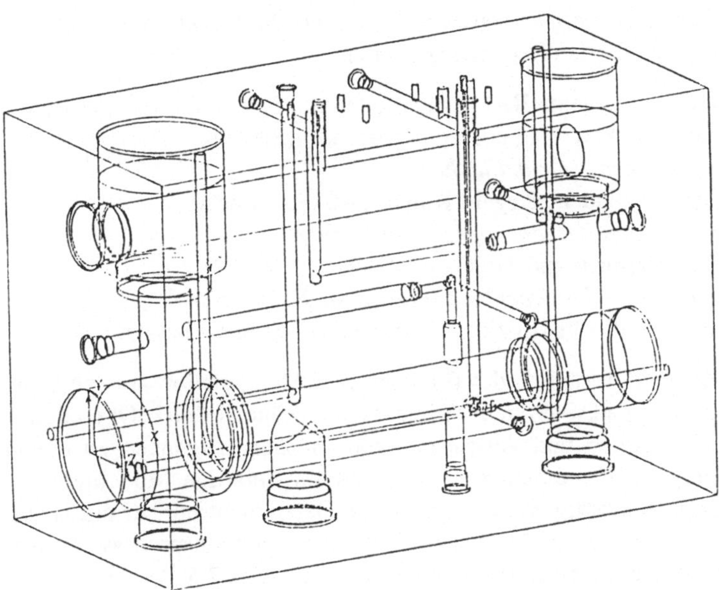

**Abb. 2.4.** 3D-Linienmodell

Beim 3D-Linienmodell - häufig auch 3D-Drahtmodell genannt - können vom System aufgrund des vereinfachten mathematischen Geometriemodells ausschließlich *Ansichten generiert* werden, bei denen sämtliche Kanten sichtbar sind. Die Unterscheidung zwischen Sichtkanten und verdeckten Kanten ist somit nicht möglich. Im Rahmen der 3D-Geometriedefinition unterstützen die meisten Systeme das gleichzeitige Arbeiten in mehreren Ansichten. Darüber hinaus ist es möglich, Geometrieen mit Hilfe der *Translationsspurtechnik* zu erzeugen. Dabei definiert der Anwender eine ebene Kontur und erhält durch die Festlegung einer Translationsrichtung, -distanz sowie eines Skalierungsfaktors ein 3D-Drahtmodell [ABE-90].

Zur Erzeugung von *Schnittdarstellungen* können beim Drahtmodell Schnittebenen definiert werden. Das Ergebnis einer Schnittoperation besteht jedoch nur in Schnittpunkten, die durch nachfolgende Benutzerinteraktionen (Ausblenden verdeckter Kanten, Einfügen von Sicht- und Schnittkanten) aufbereitet werden müssen. Hinsichtlich der Berechnungsfunktionen bestehen in der Regel die gleichen Möglichkeiten wie beim 2D-Drahtmodell [ROT-90].

### 2.1.3 3D-Flächenmodell

Die zur dreidimensionalen Objektbeschreibung verwendeten geometrischen Verfahren lassen sich einteilen in:

- *analytische* Verfahren auf der Basis von Flächengleichungen bzw. Standardvolumina und
- *interpolierende* bzw. *approximierende* (numerische) Verfahren auf der Grundlage von genäherten Flächensegmenten.

Entsprechend erweitert sich beim 3D-Flächenmodell die Palette der geometrischen Elemente und die im Raum beliebig positionierbaren Flächen um:

- *analytisch berechenbare Grundflächen*:
  Ebene im Raum, Zylinder-, Kegel-, Kugel- und Torusfläche.
- *analytisch/numerische berechenbare Profilflächen*:
  Rotations-, Translations- und Trajektionsfläche.
- *analytisch/numerische berechenbare allgemeine Flächen*:
  Regel- und Freiformfläche (Bezier-, Coons- und B-Spline-Fläche).

Die *Freiformflächen* sind bezüglich des Eingabe- und Manipulationsaufwands die aufwendigsten Flächentypen. Sämtliche Einzelflächen können durch Operationen wie Verschneiden, Trimmen und Ausrunden von Flächenübergängen zu einem Flächenkomplex aufbereitet werden. Der Aufwand für derartige Modellierungsverfahren kann nur gerechtfertigt werden, wenn die Daten nicht nur für die Zeichnungsgenerierung, sondern auch für nachgeschaltete Produktionsprozesse (insbesondere für die NC-Programmierung) verwendet werden, Abb. 2.5.

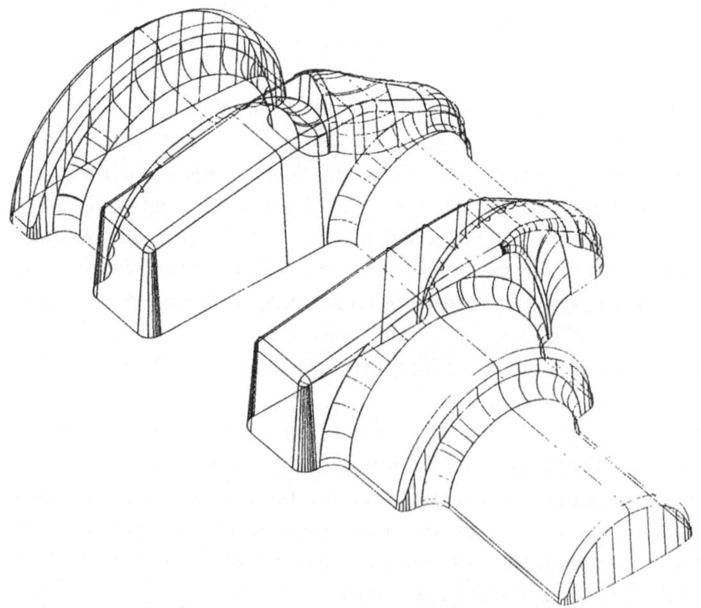

**Abb. 2.5.** 3D-Flächenmodell

Die Handhabung des Systems wird gegenüber den 3D-Linienmodellen durch Arbeitstechniken wie automatisches Ausblenden verdeckter Kanten, automatisches Berechnen von Sichtkanten und Schnittkanten, Flächenschattierung, Berechnungsfunktionen sowie der Kopplung zu komplexen nachgeschalteten Prozessen unterstützt.

Beim Erstellen von Schnittdarstellungen erhält man neben den Schnittpunkten auch die Schnittlinien. Auch die Beurteilung der Glattheit konstruierter Flächen kann mittels dieser Darstellung überprüft werden. Des weiteren können flächenorientierte Berechnungen wie Ermittlung des Flächeninhalts, Flächenschwerpunkts- und Flächenträgheitsmomentsberechnungen durchgeführt werden. Eine Reihe von 3D-Flächensystemen wurden ursprünglich gar nicht für die Zeichnungserstellung entwickelt, sondern für die Programmierung von 3- bis 5-achsigen NC-Fräsmaschinen.

### 2.1.4 3D-Volumenmodell

Die Arbeitstechnik auf der Basis von Volumenmodellen ermöglicht den höchsten Grad an Automatisierung. Geometrische Produkteigenschaften werden vollständig erfaßt, und die Verknüpfung mit technologischen Informationen ist einfacher als bei anderen Modellierungsarten. Gegenüber den Flächenmodellen wird bei den Volumenmodellen zusätzlich die Materialrichtung abgespeichert [ROT-90].

Hinsichtlich der 3D-Modellierung sind vor allem die Verknüpfungsmodelle, die topologisch/geometrischen Strukturmodelle sowie die Produktionsmodelle von Bedeutung, Abb. 2.6.

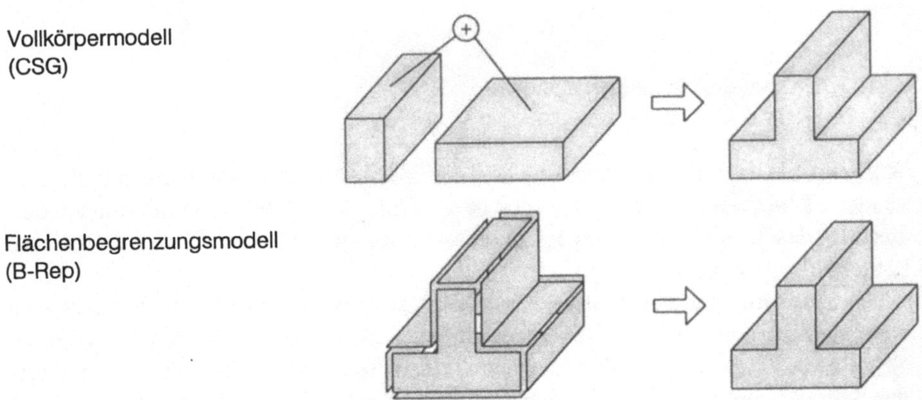


**Abb. 2.6.** Modelle der CAD-Objektrepräsentation

Bei den *Verknüpfungsmodellen* (CSG, Constructive Solids Geometry) kann grundsätzlich zwischen Primitivvolumenmodellen und Halbraummodellen unterschieden werden. Im bevorzugten Primitivvolumenmodell erfolgt der Aufbau komplexer

Bauteilformen durch die mengentheoretische Verknüpfung von Basisvolumina (Quader, Kegel, Kugel und Torus) mittels der Operationen: Vereinigung, Differenz, Durchschnitt und Komplement.

Die *topologisch/geometrischen Strukturmodelle* (B-Rep, Boundary Representation) werden eingeteilt in Polyedermodelle, allgemein analytische Modelle und Freiformflächenmodelle. Ein Volumen wird hierbei durch seine begrenzenden Flächen gebildet, wobei im Modell die Materialrichtung mit abgespeichert wird. Sämtliche geometrischen Daten wie Flächen, Berandungslinien und Punkte werden explizit gespeichert. Die oben genannte Einteilung der Strukturmodelle ergibt sich aus der Art der verwendeten Flächen.

Die *Produktionsmodelle* können in die Kategorien Translations-, Rotations- und Trajektionsmodelle klassifiziert werden, Abb. 2.7.

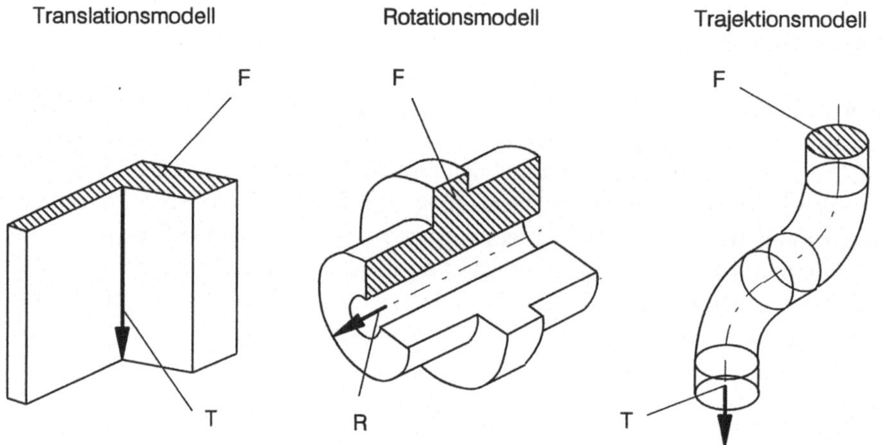


**Abb. 2.7.** Alternative Produktionsmodelle

Während bei den Translationsmodellen die Fläche und ein senkrecht auf ihr stehender Translationsvektor abgespeichert wird, kann beim Trajektionsmodell anstelle des einfachen Translationsvektors eine komplexere Translationskurve berücksichtigt werden.

Das Erstellen von Zeichnungen auf der Basis von Volumenmodellen läßt sich weitgehend automatisieren. Neben der Generierung beliebiger Ansichten, Schnitte, Einzelheiten und perspektifischer Darstellungen mit Oberflächenschattierung kann das Schraffieren von Schnittflächen sowie das Ausblenden verdeckter Kanten ohne Benutzerinteraktion erfolgen, Abb. 2.8.

Darüber hinaus sind geometrisch/physikalische Informationen wie Masse, Volumeninhalt, Schwerpunkt und Trägheitsmoment des Bauteils berechenbar. Ebenso lassen sich Kopplungen zu Finite-Elemente-Systemen und NC-Programmiersystemen herstellen [ROT-90].

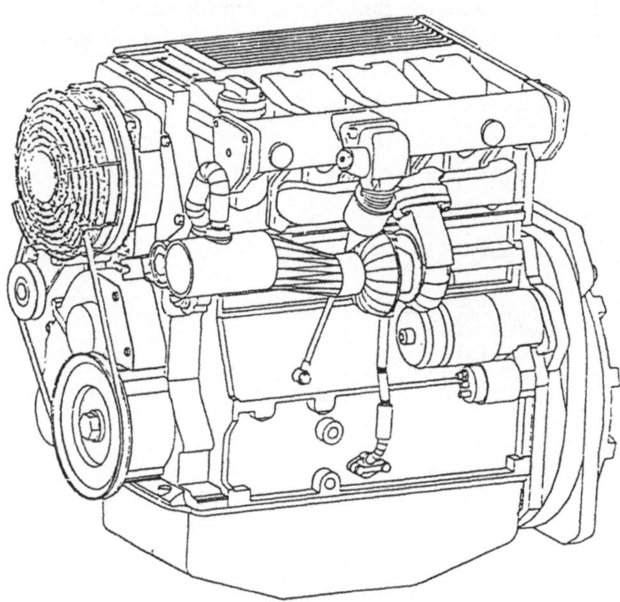

**Abb. 2.8.** 3D-Volumenmodell

### 2.1.5 Produktmodell

Die bisher diskutierten rechnerinternen Modelle wurden im Hinblick auf ihre Funktionalität bei der Geometriebeschreibung dargestellt. Um jedoch den innerhalb von CIM postulierten Anforderungen der Datenmodellierung gerecht zu werden und somit sämtliche Ergebnisse einer Produktdefinition in einem rechnerinternen Modell abbilden zu können, werden *integrative Produktmodelle* benötigt. Prinzipiell bieten sich hierfür das Phasenmodell und die Partialmodelle an [HAA-93a].

Im Rahmen der *Phasenmodellierung* werden für jeden Schritt des Fertigungsprozesses verschiedene Modelle definiert, die mit den speziellen Informationen für die Interaktion mit dem Benutzer korrespondieren. Zur Realisierung dieses Ansatzes sind Funktionen zur Modelltransformation zwischen den einzelnen Modellen notwendig, die jedoch mit Informationsverlusten verbunden sind (vgl. [SEI-85]), Abb. 2.9.

Die zweite Möglichkeit gründet sich auf ein kohärentes Produktmodell, das sämtliche Informationen für jeden der zu unterstützenden Konstruktions- und Fertigungsschritte enthält. Dieses kohärente Produktmodell wurde im Hinblick auf eine transparente Darstellung in logische Cluster, sogenannte *Partialmodelle*, zerlegt. Innerhalb eines Produktmodells werden folgende Partialmodelle unterschieden: Funktionsmodell, technisches Gestaltungsmodell, Geometriemodell, Technologiemodell, Parametriemodell, Darstellungsmodell sowie Fertigungsmodell. Innerhalb der Phase "Funktionsfindung und Prinziperarbeitung" hat das *Funktionsmodell* Gültigkeit und enthält die Elementarfunktionen und deren physikalische Wirkprinzipien.

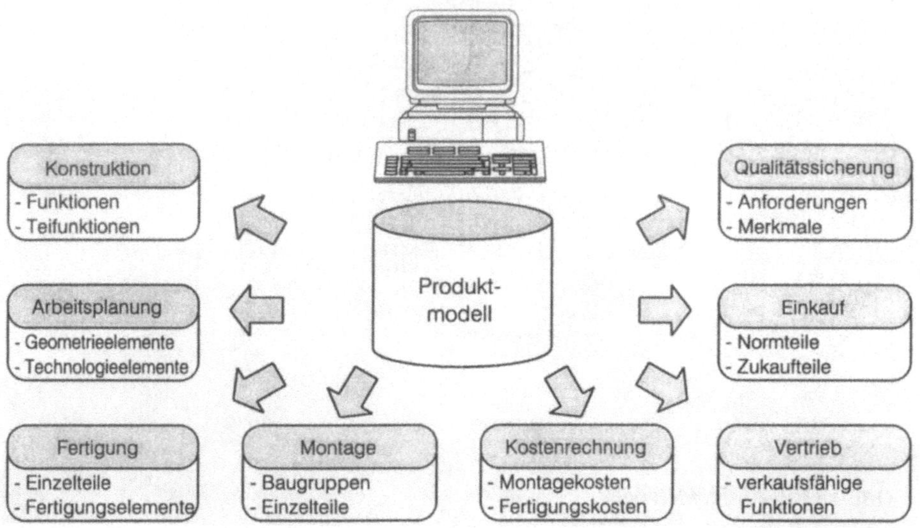


**Abb. 2.9.** Produktmodell zur Abbildung aufgabenbezogener Sichtweisen

Das *technische Gestaltungsmodell* repräsentiert in erster Linie die Struktur eines Produktes und deren Auflösung in Baugruppen, Einzelteile und technische Formelemente. Über die Stücklistenstruktur hinaus können beispielsweise technische Assoziationen zwischen technischen Formelementen definiert werden. Die Produktgeometrie und -topologie sowie geometrische Assoziationen zwischen Objekten werden innerhalb des *Geometriemodells* abgebildet. Technologische Daten des Produktes, wie beispielsweise Werkstoff, Toleranzen, Oberflächenbeschaffenheit und Bearbeitungsverfahren werden durch das *Technologiemodell* repräsentiert. Das *Parametriemodell* enthält Informationen über die mathematische Verknüpfung variabler Produktparameter der Geometrie. Sämtliche darstellungsspezifische Informationen für die Generierung von Ansichten, Schnitten und Zeichnungsunterlagen enthält das *Darstellungsmodell.* Die für die Arbeitsplanung erforderlichen fertigungsbezogenen Daten wie verfügbare Maschinen, Werkzeuge und Vorrichtungen sowie die einzelnen Zwischenzustände des Produktes werden durch das *Fertigungsmodell* erfaßt [ROT-90], Abb. 2.10.

Erst ein derart aufgebautes Produktmodell ermöglicht eine Rechnerunterstützung in sämtlichen Phasen der Produktplanung und -entstehung.

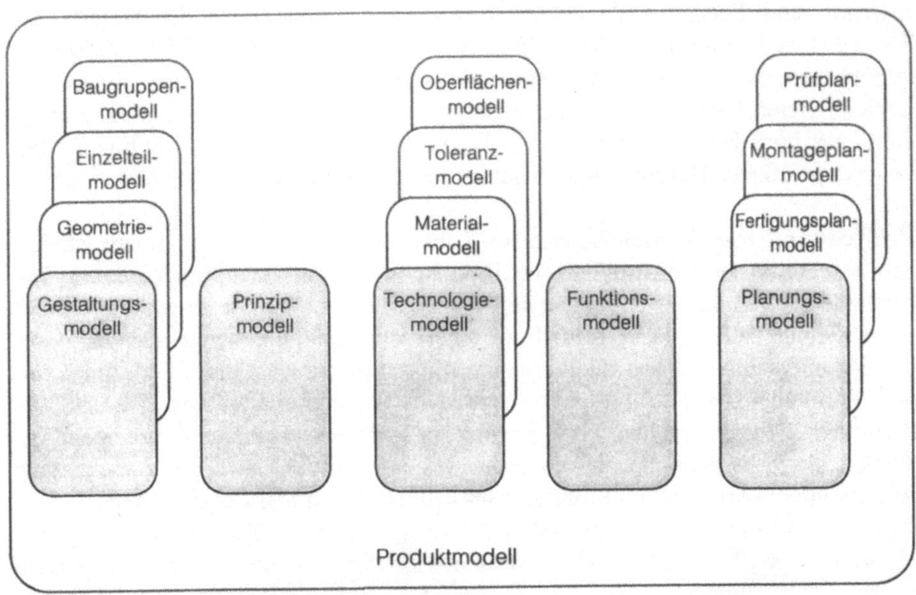


**Abb. 2.10.** Partialmodelle des Produktmodells

### 2.1.6 Featuremodell

Grundlage für den Begriff "Feature" war ursprünglich eine definierte Geometrieanordnung - z.B. ein Flächenverband -, dem ein bestimmtes Fertigungsverfahren zugeordnet werden konnte. Heute wird dieser Begriff allerdings weiter gefaßt:

Feature = Formelement, Merkmal, charakteristische Eigenschaft bzw. Feature oder
Feature = Syntax und/oder Semantik

Beispiele für Features sind [SSR-88], [SCH-89]:

- Features im Entwurf, die zur Erzeugung sowie zur Analyse und Berechnung von Entwürfen eingesetzt werden können.
- Features zur geometrischen Modellierung, d.h. geometrische und topologische Elemente, die stets als Einheit verwendet werden, wie beispielsweise Nut, Bohrung oder Tasche.
- Features für die Arbeitsplanung, bei denen geometrische Formen mit Fertigungsoperationen assoziiert werden.
- Features in Datenbanken, die zusammengehörige Datenelemente gruppieren.
- Features in Expertensystemen, die Objekte durch Attribute, Methoden und eine Vererbungshierarchie repräsentieren.

Sämtlichen Featuretypen ist gemeinsam, daß sie stets ein abstrahierendes Datenmodell repräsentieren. Speziell für den CAD/CAM-Bereich gilt, daß Features im Sinne eines Formelementes eine geeignete Grundlage zur Integration von Konstruktion und Fertigung darstellen. Aus diesem Grund wird der Begriff des Features zunehmend durch die CAD-Entwicklung geprägt, denn die Modellierung mittels Formelementen (Feature-Modelling) zählt heute bereits zum Funktionsumfang vieler CAD-Systeme der gehobenen Preisklasse [HAA-93]. Allerdings dominiert hier der geometrische Aspekt, so daß technologische, funktionale und kontextspezifische Beschreibungen nur unzureichend berücksichtigt werden.

**Verwendung von Formelementen im Konstruktionsprozeß.** Bei diesen Methoden beschreibt der Konstrukteur das Produkt mit Hilfe von Formelementen. Die Methode der *Produktmodellierung beginnend mit dem Rohteil* setzt voraus, daß der Konstrukteur zunächst das Rohteil aus einer vordefinierten Menge auswählt oder mittels unterschiedlicher Modellierungsverfahren generiert. Durch die Subtraktion von Formelementen erfolgt eine sukzessive Annäherung an den Zustand des Fertigteils. Diese Vorgehensweise kommt der späteren spanenden Bearbeitung des Werkstücks sehr nahe, so daß derartige Systeme oftmals auch die automatische Ableitung von Arbeits- und Prüfplan oder dem NC-Programm unterstützen.

Bei der Methode der *additiven und/oder subtraktiven Zusammensetzung der Formelemente* beschreibt der Konstrukteur direkt den Zustand des Fertigteils. Dabei kann unterschieden werden, ob mit fest definierten oder mit frei definierbaren Formelementen modelliert wird, Abb. 2.11.

Im Gegensatz dazu basieren *prozedurale Formelementesprachen* auf einer hierarchischen Beschreibung des Produktes, wobei die unterste Ebene durch Formelemente repräsentiert wird. Die Definition der Formelemente liegt in Form von Unterprogrammprozeduren vor, so daß es sich hierbei um eine Art Konstruktionssprache handelt. Auf dieser Grundlage kann eine rechnerunterstützte Bewertung und Optimierung der Parameter vorgenommen werden.

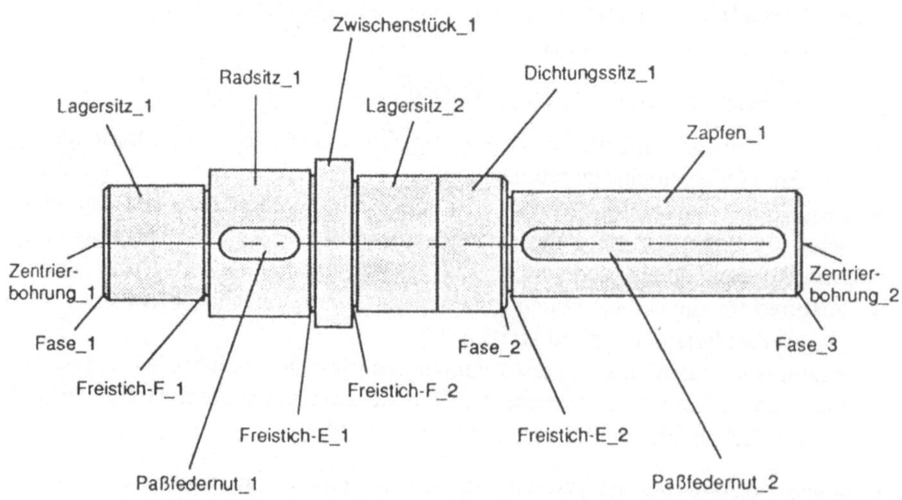


**Abb. 2.11.** Gestaltung einer Getriebewelle auf der Basis vordefinierter Formelemente

## 2.2 CAD-Einsatz beim rechnergestützten Konstruieren

### 2.2.1 Erstellung des Gesamtentwurfs

Heutige CAD-Systeme sind in der Lage, bereits den Entwurfsprozeß im Rahmen der Neukonstruktion zu unterstützen. Durch vermehrte Informationsbereitstellung entlasten sie den Konstrukteur von Routinetätigkeiten und tragen durch die Modellbildung im interaktiven Dialog zur effizienteren Entwurfsgestaltung bei.

Auf der Grundlage von 2D-Anordnungsmodellen oder 3D-Modellen können Alternativen einfach generiert und bewertet werden. Aufbauend auf dem Volumenmodell wird eine schattierte Bildausgabe des Bauteils ermöglicht. Dadurch lassen sich vereinfachte Kollisionsbetrachtungen durchführen. Ferner können Fragen hinsichtlich der Zugänglichkeit und der optimalen Bauteilanordnung beantwortet werden. Durch grafische Ausgabegeräte und EDM-Systeme können die verschiedenen Entwurfsphasen dokumentiert werden, so daß auch zu einem späteren Zeitpunkt der Werdegang des Produktes nachvollziehbar ist.

### 2.2.2 Detaillierung der Einzelteile

Nach der Fertigstellung des Gesamtentwurfs werden die Einzelteile detailliert. Um eventuelle Konsequenzen und Beeinträchtigungen auf die Geometrie benachbarter Bauteile oder Baugruppen sofort zu erkennen, geschieht die Ausarbeitung der Einzelteile zunächst noch am 3D-Modell unter Berücksichtigung des räumlichen Kontextes.

Um bereits in dieser Phase Norm- und Zukaufteile berücksichtigen und komfortabel einfügen zu können, bietet sich der Einsatz von entsprechenden Programmen und Bibliotheken an.

Eine fertigungsgerechte Produktgestaltung kann durch die Bereitstellung von Daten aus der Arbeitsplanung unterstützt werden. Mit einfachen Synthese-Programmen können heute schon Verstöße gegen Gestaltungsrichtlinien erkannt und aufgezeigt werden.

### 2.2.3 Prinzipkonstruktion

Bei industriellen Konstruktionsaufgaben kann teilweise auf sogenannte Lösungsprinzipien zurückgegriffen werden. Dies gilt vereinzelt für die Gestaltung des Gesamtproduktes, weit häufiger jedoch für bestimmte Teilfunktionen. Derartige Lösungsprinzipien basieren in der Regel auf rein physikalischen Effekten und Ähnlichkeitsbeziehungen aus bereits realisierten Konstruktionen.

Sowohl über die Analyse bestehender und bekannter Konstruktionen als auch durch die Ableitung von Ergebnissen aus Tabellenwerken bzw. Materialeigenschaften sowie durch die Aufstellung und Analogie mathematischer Gleichungen lassen sich prinzipielle Ähnlichkeitsbeziehungen formulieren, welche für die konkrete Konstruktionsaufgabe herangezogen werden können.

Hierbei liegt die Rechnerunterstützung insbesondere darin, diese Lösungsprinzipien dem Konstrkteur tabellarisch oder in Form von mathematischen Funktionen anzubieten, mit Hilfe derer eine spezielle Konstruktionslösung abgeleitet werden kann. Das Recherchieren und Analysieren bestehender Konstruktionen nach übertragbaren Lösungsprinzipien setzt ausreichende Informationen über abgewickelte Konstruktionsaufträge voraus, deren Daten aus dem rechnerinternen Modell, aus physikalischen und technologischen Beschreibungen sowie aus mathematischen Formeln abzuleiten sind.

Allerdings setzt dies vielschichtige Datenbeschreibungen der Konstruktionsaufgabe voraus, die weit über das Speichern reiner Zeichnungen hinausgehen und von rechnerinternen Modellen kaum erfüllt werden [ABE-90].

### 2.2.4 Anpassungskonstruktion

Oftmals sind auf der Grundlage einmal entwickelter Produkte für spätere Aufträge unterschiedliche Anpassungskonstruktionen notwendig. Dieser Vorgang umfaßt üblicherweise die Berechnungs-, Detaillierungs- und Zeichnungserstellungsphase und erfolgt interaktiv unter Berücksichtigung bestehender Konstruktionen. Auftragsabhängige Anpassungskonstruktionen nehmen bei den meisten Unternehmen den größten Raum der Konstruktionsaufgaben ein.

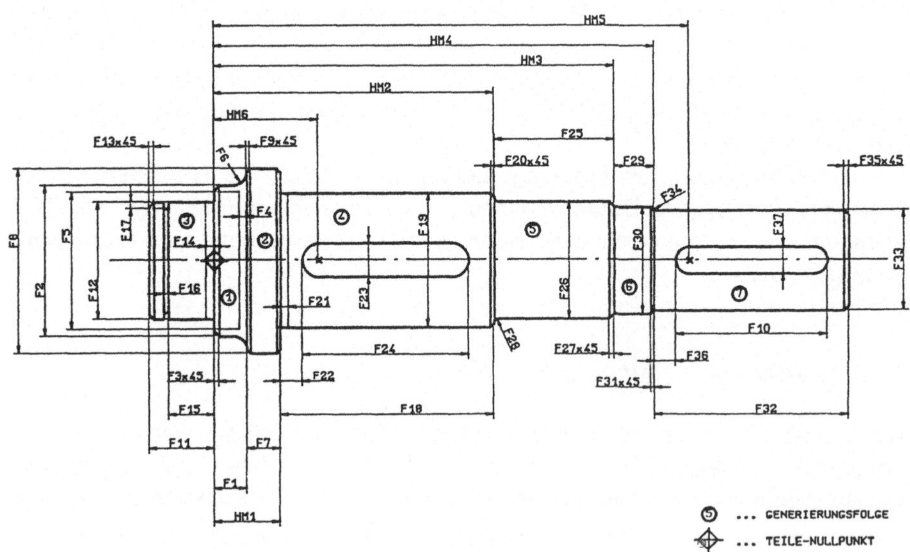


**Abb. 2.12.** Variantenmodell einer Getriebewelle

### 2.2.5 Variantenkonstruktion

Entsprechend einer Maßreihe werden für Produkte einer Baureihe nach Abschluß der Grundkonstruktion eine Variantenbildungen durchgeführt. Der in der Grundkonstruktion festgelegte Algorithmus wird als Variantenprogramm codiert und kann für unterschiedliche Baugrößen verwendet werden.

Davon sind jedoch häufig nicht ganze Produkte, sondern vielmehr Einzelteile oder Baugruppen betroffen, für die diese Konstruktionsmethode anwendbar ist. Abb. 2.12 zeigt das Variantenmodell einer Getriebewelle, mit Hilfe dessen beliebige Wellenvarianten abgeleitet werden können.

### 2.2.6 Ableiten der Werkstattzeichnungen

Ausgehend vom rechnerinternen Modell des detaillierten Bauteils werden die Zeichnungen, Baugruppen und Zusammenstellungen in der üblichen Darstellungsweise erstellt, Abb. 2.13.

Dabei kann die Geometrie des Modells weitestgehend automatisch in die Zeichnung übernommem werden, so daß häufige Fehlerquellen vermieden werden [HER-92]. Verfügen jedoch Konstruktion, Arbeitsplanung und Fertigung mittels Datenzugriff über ein gemeinsames Produktmodell, so verringert sich der Stellenwert der Zeichnung im Unternehmen [ABE-90].

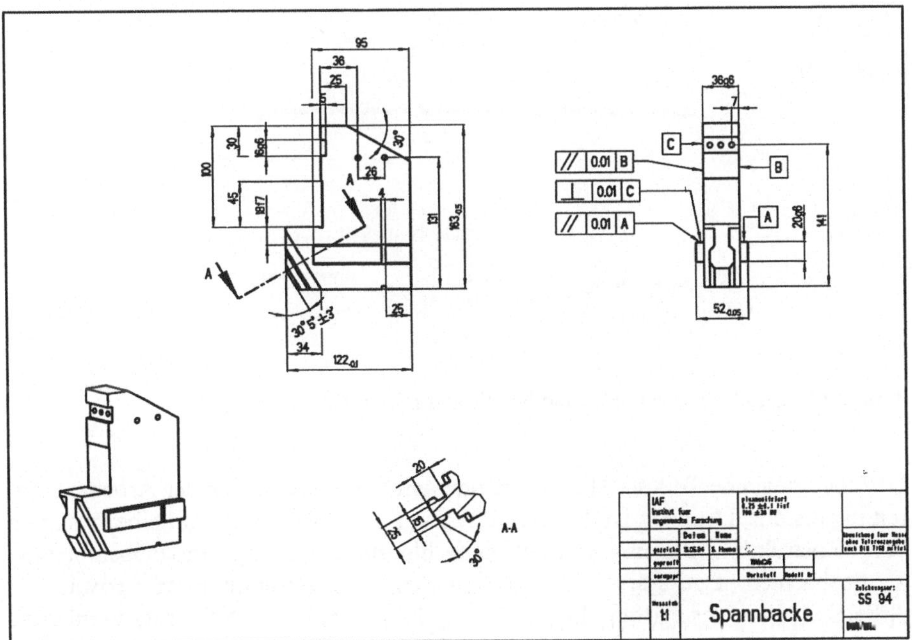


**Abb. 2.13.** Abgeleitete Werkstattzeichnung

## 2.3 Unterstützung paralleler und nachgeschalteter Prozesse

### 2.3.1 NC-Programmierung

Im Rahmen der Realisierung einer durchgängigen CAD/CAM-Prozeßkette können zwei Realisierungstendenzen beobachtet werden [ANC-90]:

1. *Kopplung von CAD- und NC-Programmiersystemen*
   Durch die Kopplung der beiden Systeme wird versucht, die im CAD-System vorliegenden Bauteilinformationen mit Hilfe einer Schnittstelle in das NC-Programmiersystem zu übertragen, um dadurch eine erneute Beschreibung des Bauteills innerhalb des NC-Systems zu vermeiden, Abb. 2.14.
2. *NC-Modul als integrierter Bestandteil eines CAD/CAM-Systems*
   Im Rahmen dieses Lösungsansatzes wird ein NC-Softwaremodul in ein CAD-System integriert, das sämtliche Funktionalitäten für die Generierung von NC-Programmen beinhaltet und in der Lage ist, direkt auf das rechnerinterne Datenmodell des CAD-Systems zuzugreifen. In diesen Zusammenhang wird von CAD/CAM-Systemen gesprochen, Abb. 2.15.

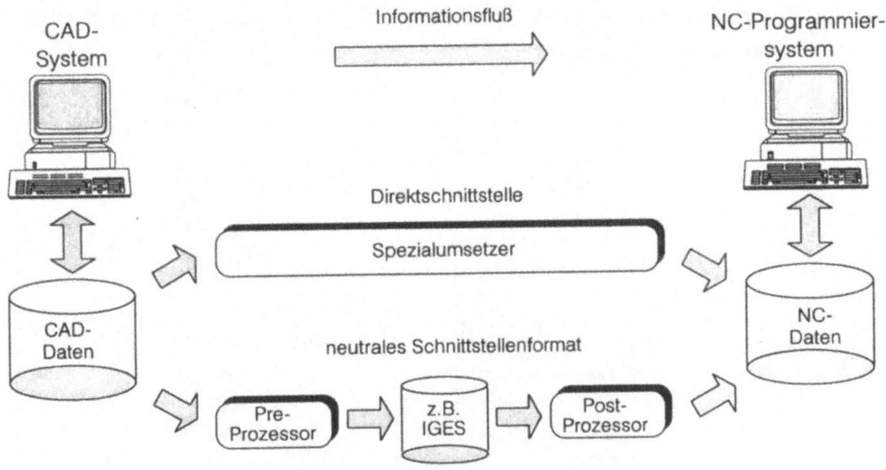


**Abb. 2.14.** Kopplung von CAD- und NC-Programmiersystem

Der überwiegende Teil der NC-Programme wird heute zentral in der Arbeitsvorbereitung erstellt. Dennoch ist der Trend weg von der klassischen Aufgabentrennung von Konstruktion, Planung und Fertigung hin zur integrierten Prozeßbearbeitung zu beobachten. Dadurch werden neue Organisationsstrukturen mit erweiterten Arbeitsinhalten geschaffen. Dies hat zur Folge, daß die NC-Programmierung zukünftig vermehrt dezentral und alternativ an verschiedenen Programmierorten, wie beispielsweise direkt in der Arbeitsvorbereitung, in Werkstattnähe oder sogar direkt an der Maschine durchgeführt wird.

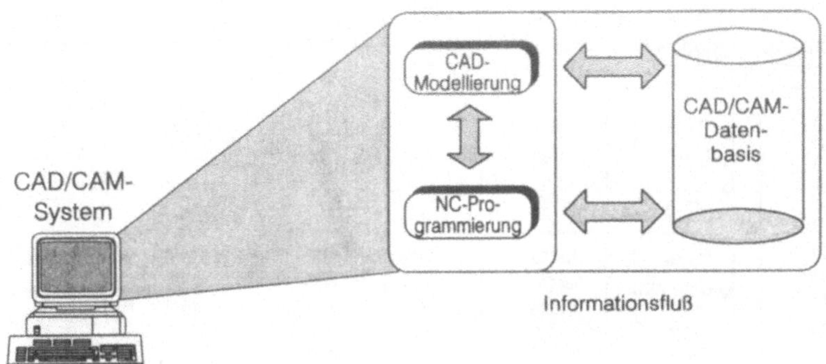


**Abb. 2.15.** Integriertes CAD/CAM-System

Die Frage des optimalen Programmierortes wird entscheidend durch das zu fertigende Teilespektrum und der Fertigungsstruktur bestimmt. Die Programmierung von Großserienteilen erfordert beispielsweise laufzeitoptimierte NC-Programme. Dieser Zielsetzung kann am ehesten die Arbeitsvorbereitung mit Hilfe leistungsfähiger NC-Programmiersysteme gerecht werden. Weiterhin werden NC-Programme für komplexe Werkstücke sowie für eine mehrachsige Fräsbearbeitung vorzugsweise mittels CAD/CAM-Systemen in Werkstattferne generiert. Bei kleineren Stückzahlen und relativ einfachen Werkstücken ist die Verlagerung der Programmerstellung in Werkstattnähe sinnvoll, da innerhalb der Fertigung das Erfahrungswissen des Maschinenbedieners unmittelbar verfügbar und die Programmierung ohne den organisatorischen Umweg über die Arbeitsvorbereitung möglich ist [HAZ-93].

**Möglichkeiten der CAD/NC-Kopplung.** Als Ergebnis des Konstruktionsprozesses liegen Geometrie- und Sachinformationen sowie bearbeitungstechnologische Angaben meist in alphanumerischer und teilweise auch in grafischer Form im CAD-System vor. Diese Daten unterscheiden sich gravierend in Syntax und Semantik von den NC-Steuerinformationen, wie sie von der Steuerung der numerisch gesteuerten Werkzeugmaschine verlangt wird. Aus diesem Grund müssen die fertigungsrelevanten Informationen auf dem Weg vom CAD-System über das NC-Programmiersystem hin zur NC-Steuerung vervollständigt und konvertiert werden. Fehlende bearbeitungstechnologische Angaben müssen innerhalb des NC-Programmiersystems im Dialog und eventueller Einbeziehung von Kopplungssoftware ergänzt werden [ANC-90].

Die Kopplung eines maschinellen NC-Programmiersystems mit einem CAD-System (CAD/NC-Kopplung) basiert auf der Idee, ein vollständiges Teileprogramm unter Nutzung der bereits verfügbaren Geometrieinformation des CAD-

Systems zu erstellen. Dabei werden heute acht Varianten der CAD/NC-Kopplung unterschieden, Abb. 2.16.

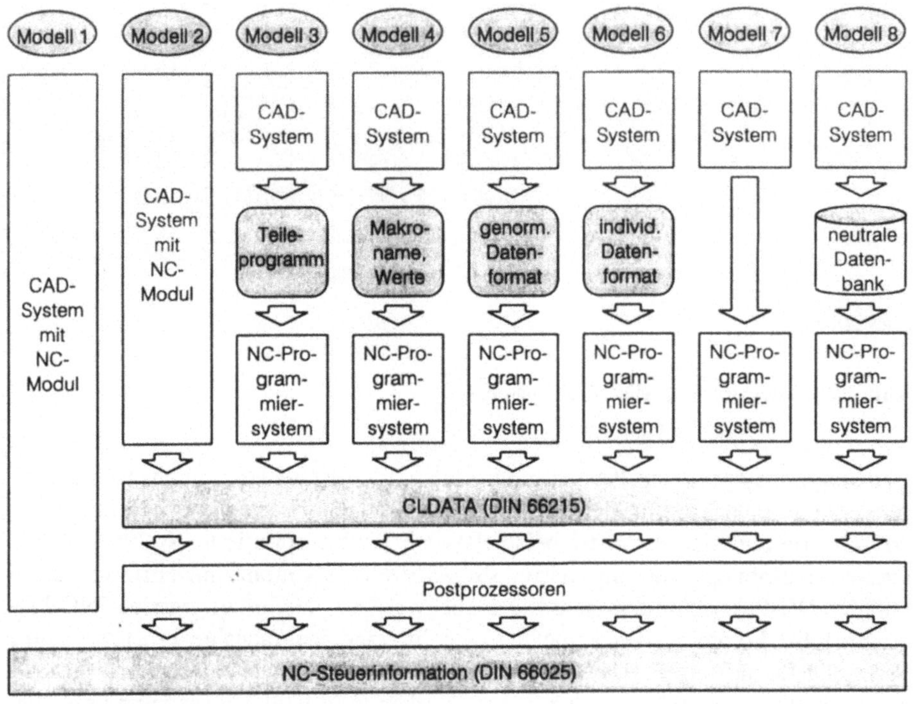


**Abb. 2.16.** Alternative CAD/NC-Kopplungsvarianten

Dabei repräsentieren die Modelle 1 und 2 die Realisierungstendenz eines NC-Moduls als integrierter Bestandteil eines CAD/CAM-Systems. Die Modelle 3 bis 8 zeigen unterschiedliche Kopplungsvarianten zwischen separaten und selbständigen CAD- und NC-Programmiersystemen [SCH-91a], [HAA-93a], [HAZ-93]:

**Modell 1.** Das CAD-System enthält ein spezielles integriertes NC-Modul, mit dessen Hilfe direkt aus den Geometriedaten und der bedienergestützten Eingabe von technologischen Angaben ein steuerungsspezifisches NC-Programm erstellt werden kann. Die Umsetzung der Daten aus dem NC-Modul in das erforderliche NC-Steuerungsformat erfolgt durch Postprozessoren, die in das CAD-System integriert sind. Durch eine unmittelbare Weiterverarbeitung der geometrischen Werkstückinformation existieren die Geometriedaten nur einmal im rechnerinternen Modell des CAD-Systems und eine Übertragung der Werkstückdaten an weitere Systeme ist nicht erforderlich. Nachteilig wirkt sich bei dieser Variante aus, daß zunächst kein maschinen- oder steuerungsneutrales Teileprogramm erzeugt wird, sondern direkt ein maschinenspezifisches NC-Programm. Dies bewirkt, daß zum Zeitpunkt der

Programmerstellung bereits die Bearbeitungsmaschine festgelegt werden muß. Anpassungen des CAD/CAM-Systems an weitere CNC-Steuerungen sind nur mit großem Aufwand realisierbar, da diese Änderungen durch einen programmtechnischen Eingriff in der Kopplungssoftware erfolgen muß. Durch die feste Bindung von CAD-System und integrierten Postprozessoren wird diese Variante nicht der organisatorischen Struktur der meisten Fertigungsbetriebe gerecht. Denn in der Regel werden Konstruktion und NC-Programmierung sowohl räumlich als auch zeitlich getrennt in unterschiedlichen Abteilungen durchgeführt.

**Modell 2.** Im Gegensatz zum ersten Modell wird hier vom NC-Modul des CAD-Systems eine maschinenneutrale Steuerinformation im CLDATA-Format nach DIN 66215 erzeugt. Die Generierung der Steuerinformation für die erforderliche Steuerung erfolgt somit durch externe Postprozessoren. Auch bei dieser Anordnung wird keine Geometrieschnittstelle benötigt. Beim Einsatz neuer Maschinensteuerungen können weitere Postprozessoren beschafft werden, welche die maschinenneutralen Teileprogramme in einem zweiten Schritt in maschinenspezifische NC-Programme übersetzen. Da die Anpassung des CLDATA-Formates sehr schnell durch einen Postprozessor realisiert wird, kann die Maschinenauswahl im Rahmen dieses zweistufigen Prozesses zu einem späteren Zeitpunkt erfolgen. Allerdings ist auch bei dieser Vorgehensweise Konstruktion und NC-Programmierung im allgemeinen nicht in getrennten Abteilungen möglich.

Ferner verwenden die Modelle 1 und 2 auch für die NC-Programmierung einen leistungsfähigen CAD-Rechner, dessen Einsatz sich wesentlich kostenintensiver als ein gewöhnlicher NC-Programmierplatz gestaltet. Aus diesem Grund sollte der Einsatz dieser beiden Modelle wohlüberlegt sein. Insbesondere bei der Bearbeitung von Freiformflächen, die eine 3- bis 5-achsige Bearbeitung erforderlich macht, ist der Einsatz dieses Modells gerechtfertigt und sinnvoll. Denn nur mit Hilfe der beiden ersten Modelle ist es möglich, im Rahmen der NC-Programmierung direkt auf das CAD-Modell zugreifen zu können, um überhaupt eine wirtschaftliche Programmerstellung zu gewährleisten. Weiterhin besteht der gewaltige Vorteil bei einer assoziativen Datenbasis, daß eine Geometrieänderung im CAD-System sofort eine entsprechende Anpassung im bestehenden mehrachsigen NC-Programm zur Folge hat.

**Modell 3.** Die Kopplung zwischen CAD- und NC-Programmiersystem wird über eine Sprachschnittstelle realisiert, so daß das CAD-System die Geometrieinformationen in der Syntax des NC-Programmiersystems übergibt (gelabelte Geometriedaten). Die notwendigen Technologieangaben werden innerhalb des NC-Programmiersystems ergänzt. Die Generierung der NC-Programme erfolgt wiederum mittels bereitgestellter Postprozessoren. Diese Variante wird häufig bei NC-Programmiersystemen ohne grafisch-interaktive Unterstützung angewandt, da somit die Grafikfähigkeit des CAD-Systems ausgenutzt werden kann. Allerdings schränkt diese Lösung die Flexibilität erheblich ein, denn durch die vorgegebene Syntax des NC-Programmiersystems können ausschließlich Geometriedaten an artverwandte Systeme übergeben werden.

**Modell 4.** Die Geometrieerstellung erfolgt im Rahmen dieser Modellanordnung durch eine CAD-Variantenkonstruktion. An das NC-Programmiersystem werden keine Geometrieinformationen übergeben, sondern nur Makronamen und die dazugehörigen Parameterwerte. Enthalten die Makros im NC-Programmiersystem auch vollständige Technologieanweisungen, kann in einigen Fällen eine vollautomatische Generierung der NC-Programme unterstützt werden. Die Voraussetzung besteht jedoch darin, daß im CAD-System Konstruktionsmakros verwendet werden, die innerhalb des NC-Programmiersystems auf korrespondierende Fertigungsmakros verweisen. In diesem Fall werden die Geometriedaten in beiden Systemen abgelegt. Der Einsatz dieser Variante ist ausschließlich bei einem stark standardisierten Teilespektrum sinnvoll, kann dort aber einen gewaltigen Nutzen bewirken.

**Modell 5.** Eine weitere Alternative stellt die Kopplung von CAD-System und NC-Programmiersystem mit Hilfe neutraler Schnittstellen dar (siehe Kap. 2.4.1). Der Datenaustausch erfolgt hierbei mittels entsprechender Prozessoren. Zu diesem Zweck steht eine Reihe genormter Schnittstellenformate - wie beispielsweise IGES, VDAFS und SET - zur Verfügung. Der Vorteil dieser Vorgehensweise ist in der flexiblen Handhabung zu sehen. Mit Hilfe einer einzigen Schnittstelle kann der Datenaustausch zwischen verschiedenen Systemen erfolgen. Allerdings ist die Übertragung der Werkstückinformation von CAD-Systemen zu NC-Programmiersystemen bisher noch nicht zufriedenstellend gelöst.

**Modell 6.** Im Gegensatz zu Modell 5 werden die Daten bei dieser Variante über eine individuell festgelegte Schnittstelle vom CAD- in das NC-Programmiersystem übertragen (siehe Kap. 2.4.3). Diese Schnittstelle kann optimal auf das zu koppelnde NC-Programmiersystem abgestimmt werden, so daß der Informationsgehalt der bereitgestellten Daten maximal ist. Mit einer Direktschnittstelle können jedoch lediglich Daten an ein einziges NC-Programmiersystem übergeben werden. Die Direktschnittstelle wird nicht vom Systemanbieter bereitgestellt und muß entweder selbst entwickelt werden oder von Dritten bezogen werden. Nach jedem Releasewechsel muß die Schnittstelle neu an die veränderte Systemsituation angepaßt werden und gestaltet sich somit sehr zeit- und kostenintensiv.

**Modell 7.** Das NC-Programmiersystem kann unter Umgehung sämtlicher Schnittstellen die Daten direkt aus der CAD-Datenbank auslesen und weiterverarbeiten. Mit Hilfe eines direkten Datenbankaufrufes greift das NC-Programmiersystem auf die CAD-Geometriedaten zu. Bislang haben jedoch erst wenige CAD-Anbieter ihre Datenbanksysteme so konzipiert, daß ein Zugriff von externen NC-Programmiersystemen ermöglicht wird. Die Güte der Informationsbereitstellung ist jedoch bei der Möglichkeit der Nutzung sämtlicher Daten aus dem CAD-Datenbestand noch besser als bei Modell 6.

**Modell 8.** Diese Variante befindet sich derzeit noch im Entwicklungsstadium. Sie zeichnet sich durch eine externe und neutrale Datenbank aus, die sämtliche produktdefinierenden Daten enthält. Sowohl das CAD- als auch das NC-Programmiersystem können Daten in das sogenannte Produktmodell einbringen, auslesen und ändern. Dadurch sind optimale Kopplungsmöglichkeiten zwischen Konstruktion und NC-Programmierung gegeben.

**Organisationsform und Informationsfluß.** Entscheidend für die Einsparungen durch den Einsatz der CAD/NC-Kopplung sind die Anteile von Geometrie und Technologie am Gesamtumfang eines Teileprogramms. Die Geometriedaten können vom CAD-System übernommen werden, während die Technologieangaben das eigentliche Arbeitsergebnis der NC-Programmierung sind. Die CAD/NC-Kopplung verspricht also in jenen Fällen das größte Einsparungspotential, bei denen ein hoher Geometrieanteil vorliegt. Dieser Anforderung werden insbesondere konturintensive Werkstücke gerecht, bei denen die Bearbeitungstechnologien Brennschneiden, Drahterodieren, Drehen, Konturfräsen und Freiformflächenfräsen im Vordergrund stehen. Beispielsweise erreichen komplexere Drehteile einen Geometrieanteil von 50 bis 60%, einfache Werkstücke beim Drahterodieren bis zu 90%. Demgegenüber liegt bei Bohrteilen und bei Bohr-/Frästeilen eines Bearbeitungszentrums durchweg einfache Geometrie vor. Die Geometrieangaben beschränken sich hierbei auf Mittelpunktskoordinaten, Bohrungstiefe, Bohrungsdurchmesser und Gewindeangaben, so daß der Geometrieanteil nur etwa 10 bis 15% ausmacht und der weitaus größere Anteil durch die Technologie beherrscht wird. In solchen Fällen bewirkt weniger die Kopplung als vielmehr die Technologiefähigkeit des NC-Programmiersystems den entscheidenden Ratioeffekt [FRA-91].

Im Rahmen der Festlegung der geeigneten Arbeitsorganisationsform lassen sich gegenwärtig vier Ausprägungen beobachten [SCH-91a], [HAZ-93], Abb. 2.17:

**Strategie 1.** Bei dieser Arbeitsorganisationsform wird vom Konstrukteur lediglich die Fertigteilgeometrie generiert. Alle weiteren Angaben erfolgen durch den NC-Programmierer im Rahmen seiner Tätigkeit am NC-Programmiersystem. Infolge dessen beschränkt sich die Datenbereitstellung über die CAD/NC-Schnittstelle auf die Fertigteilgeometrie. Somit unterscheidet sich die Art der Tätigkeit von Konstrukteur und NC-Programmierer nur unwesentlich von der konventionellen Arbeitsweise ohne Datenübertragung.

**Strategie 2.** Das kennzeichnende Merkmal der zweiten Arbeitsorganisationsform besteht darin, daß sowohl die Fertigteil- als auch die Rohteilgeometrie in enger Zusammenarbeit von Konstrukteur und NC-Programmierer festgelegt wird. Ferner beginnt der NC-Programmierer häufig seine Tätigkeit vor der Datenübertragung am CAD-System, so daß er für seine Arbeit beide Hilfsmittel einsetzt. Dies setzt allerdings voraus, daß der NC-Programmierer auch mit der Handhabung des CAD-Systems vertraut ist und daß darüber hinaus die erforderliche Anzahl von CAD-Arbeitsplätzen zur Verfügung steht.

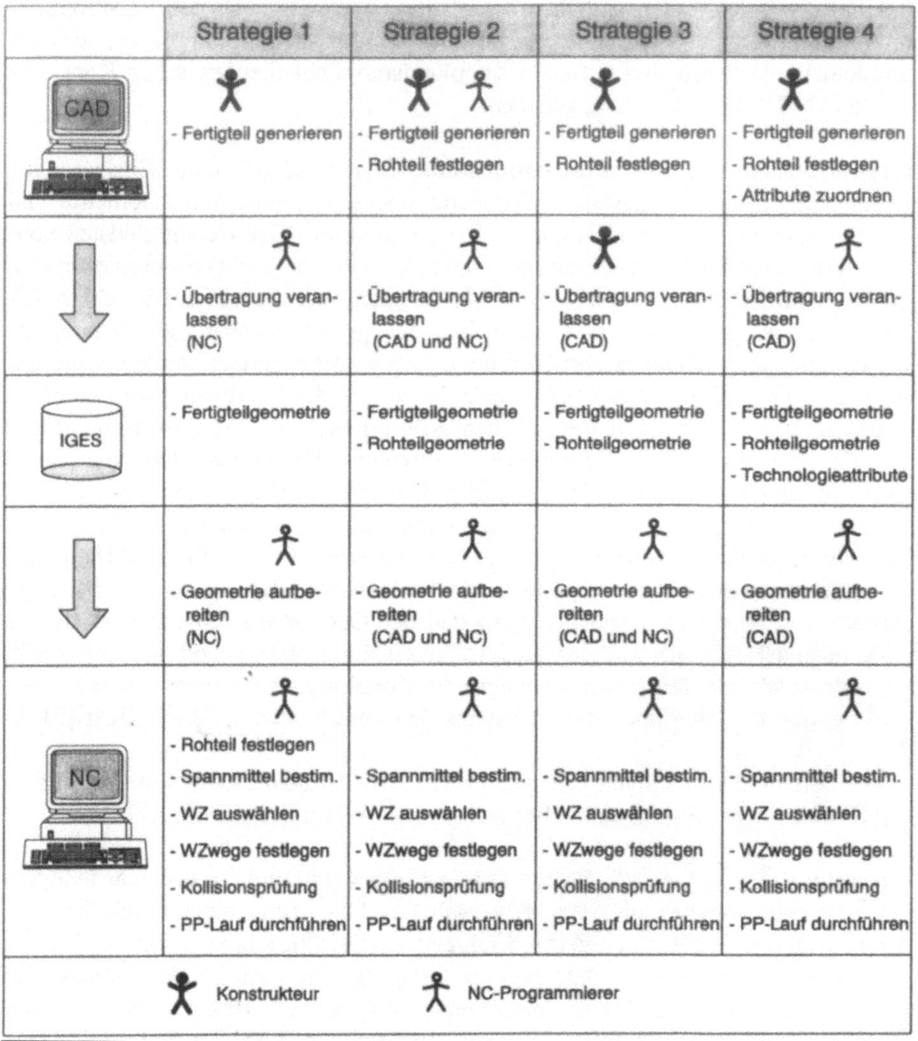

| | Strategie 1 | Strategie 2 | Strategie 3 | Strategie 4 |
|---|---|---|---|---|
| CAD | - Fertigteil generieren | - Fertigteil generieren<br>- Rohteil festlegen | - Fertigteil generieren<br>- Rohteil festlegen | - Fertigteil generieren<br>- Rohteil festlegen<br>- Attribute zuordnen |
| | - Übertragung veranlassen (NC) | - Übertragung veranlassen (CAD und NC) | - Übertragung veranlassen (CAD) | - Übertragung veranlassen (CAD) |
| IGES | - Fertigteilgeometrie | - Fertigteilgeometrie<br>- Rohteilgeometrie | - Fertigteilgeometrie<br>- Rohteilgeometrie | - Fertigteilgeometrie<br>- Rohteilgeometrie<br>- Technologieattribute |
| | - Geometrie aufbereiten (NC) | - Geometrie aufbereiten (CAD und NC) | - Geometrie aufbereiten (CAD und NC) | - Geometrie aufbereiten (CAD) |
| NC | - Rohteil festlegen<br>- Spannmittel bestim.<br>- WZ auswählen<br>- WZwege festlegen<br>- Kollisionsprüfung<br>- PP-Lauf durchführen | - Spannmittel bestim.<br>- WZ auswählen<br>- WZwege festlegen<br>- Kollisionsprüfung<br>- PP-Lauf durchführen | - Spannmittel bestim.<br>- WZ auswählen<br>- WZwege festlegen<br>- Kollisionsprüfung<br>- PP-Lauf durchführen | - Spannmittel bestim.<br>- WZ auswählen<br>- WZwege festlegen<br>- Kollisionsprüfung<br>- PP-Lauf durchführen |

Konstrukteur NC-Programmierer

**Abb. 2.17.** Organisatorische Ablaufstrategien beim Einsatz einer CAD/NC-Kopplung

**Strategie 3.** Im Rahmen dieser Arbeitsorganisationsform ist der Konstrukteur für die Festlegung von Fertigteil- und Rohteilgeometrie verantwortlich. Als Hilfsmittel setzt dieser ausschließlich das CAD-System ein. Die Datenübertragung wird letztlich vom Konstrukteur veranlaßt. Durch Einsatz des CAD-Systems extrahiert der NC-Programmierer die fertigungsrelevanten Geometriedaten. Mit Hilfe des NC-Programmiersystems verarbeitet er die übertragenen Geometrieinformationen und führt die verbleibenden Tätigkeiten durch. Analog zur ersten Variante zeichnet sich diese Arbeitsorganisationsform durch eine strikte Aufgabentrennung zwischen Konstrukteur und NC-Programmierer aus.

**Strategie 4.** Diese abschließende Form der Arbeitsorganisation wird geprägt durch eine geringe Aufgabenteilung zwischen CAD-Konstrukteur und NC-Programmierer. Fertigteil- und Rohteilgeometrie werden wiederum vom Konstrukteur festgelegt. Allerdings beschränkt sich seine Tätigkeit nicht ausschließlich auf die reine Geometriebeschreibung, sondern er ordnet den einzelnen Konturelementen Fertigungsattribute zu, die teilweise für die NC-Programmierung genutzt werden können. Nach Abschluß dieser Technologiezuordnung wird der gesamte Programmierauftrag an den NC-Programmierer übergeben. Weiterhin fällt auf, daß der NC-Programmierer für sämtliche geometrieorientierten Tätigkeiten das CAD-System einsetzt. Aus diesem Grund gelten auch hier analog zur zweiten Organisationsform die Voraussetzungen, daß der NC-Programmierer über ausreichende CAD-Kenntnisse verfügen muß und ferner ausreichend CAD-Arbeitsplätze verfügbar sein müssen.

### 2.3.2 FEM-Berechnung

Bei Berechnungsaufgaben ist vor der Bewältigung des eigentlich physikalisch-technischen Problems in der Regel eine für den Konstrukteur beträchtliche Hürde zu nehmen, die ihn schnell überfordert. Herkömmlicherweise versucht man diesen Umstand durch eine Reduktion der Aufgabenstellung bis zur Lösbarkeit zu entschärfen. Diese Reduktion ist jedoch meist mit einem gewissen Informationsverlust verbunden.

Mit Hilfe rechnerunterstützter Methoden dagegen wird die mathematische Hürde abgebaut und der Konstrukteur kann durch ein ihm vertrautes Vorgehen eine praxisgerechte Lösung finden. Eine dieser Methoden ist die FEM, die eingebettet in die rechnerunterstützte Konstruktion dem Konstrukteur die Möglichkeit bietet, Berechnungen mit bisher ungeahnter Genauigkeit durchzuführen. Mit den so erhaltenen Informationen können dann durch geeignete Varianten Optimierungen von konstruktiven Lösungen durchgeführt werden [GRO-90a].

Die Methode der finiten Elemente wurde überwiegend ingenieurmäßig begründet. In ihren Grundzügen ist sie an die Methoden der Stabstatik angelehnt. Sie konnte jedoch letztlich so verallgemeinert werden, daß sämtliche Aufgabenstellungen lösbar sind, die durch eine Differentialgleichung repräsentiert werden können. Die FEM erlaubt es, aus den ursprünglichen Differentialgleichungen ein System linearer Gleichungen aufzustellen und damit eine Basis für die numerische Berechnung für den Computer zu erreichen. Im wesentlichen gilt dies für die Festkörpermechanik und die gesamte Feldproblematik [KLE-91].

FE-Programme bestehen im allgemeinen aus einer Reihe von Berechnungsmodulen für den Einsatz unterschiedlicher Elementtypen, für die numerischen Integrationsmethoden sowie für Matrizenlösungsverfahren. Hinzu kommen integrierte Pro- und Postprozessoren zur Dateneingabe, zur Ergebnisauswertung und zur Ergebnisdarstellung. Infolge steigender Leistungsfähigkeit der Rechner und der engen Verbindung zur Konstruktion ist es wichtig, daß die FE-Methoden ein integrierter Bestandteil des Berechnungs- und Konstruktionsprozesses werden.

**Netzgenerierung und CAD-Integration.** Entscheidend für den erfolgreichen Einsatz der FE-Methode und ihre Integration in den CAD-Prozeß ist die Nutzung von Pre- und Postprozessoren für die Aufbereitung und Ergebnisdarstellung der Berechnungen. In diesem Zusammenhang treten Netzgeneratoren zur automatischen Erstellung der Netzeinteilung und deren direkte Eingabe in die Berechnungsverfahren in den Vordergrund, Abb. 2.18. Das Netz kennzeichnet die Idealisierung nach Elementtyp, Verdichtung und Aufbau und determiniert grundlegend die Aussagen einer FE-Rechnung.

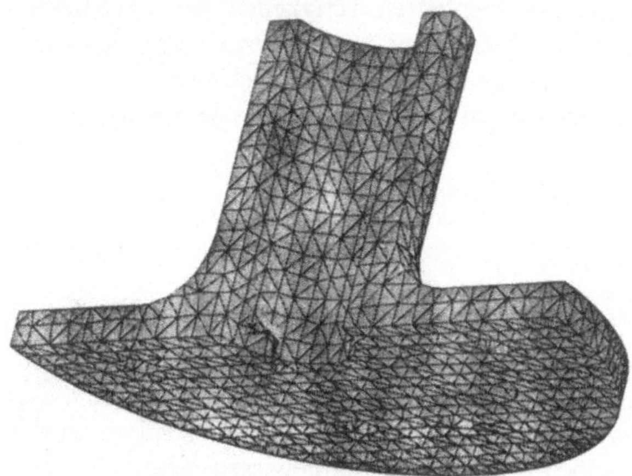

**Abb. 2.18.** CAD-gestützte Netzgenerierung

Da für die Netzbildung kein einheitliches Schema existiert, muß eine Anzahl von Generierungsregeln Berücksichtigung finden [KLE-91]:

- Die Elementknoten sind so zu plazieren, daß die Kräfte möglichst direkt eingeleitet werden können.
- Aus Kompatibilitätsgründen sollen in einem Netz stets nur Elemente eines Typs verbunden werden.
- An Spannungskonzentrationsstellen soll das Netz feinmaschig, an Stellen geringerer Spannungen grobmaschig generiert werden.

Für die *Kopplung von CAD- und FEM-Netzgenerierung* existieren eine Reihe unterschiedlicher Modelle, Abb. 2.19. Der eine Weg besteht darin, die mittels CAD erstellten Daten in ein *separates Netzgenerierungsprogramm* zu übernehmen und losgelöst vom CAD-System eine separate Rechneranwendung durchzuführen. Über Schnittstellen (IGES, VDAFS) lassen sich zwar die CAD-Geometriedaten in das Netzgenerierungsprogramm übertragen, allerdings erlauben sie in der Regel keine Rückübertragung der Ergebnisse.

Eine weitere Möglichkeit besteht in einer *Kombination von CAD- und FE-Netzgenerierung* unter einer gemeinsamen Benutzeroberfläche in Form einer einheitlichen Modellierung. Dadurch lassen sich die geometrischen Netzdaten der CAD-Konstruktion durch die notwendigen Angaben von Material und Knotenbelastung ergänzen. Darüber hinaus verfügen derartige Systeme über eine Vereinfachung der Netzgenerierung. Da jedoch auch in diesem Fall ein anschließender Übergang in ein FE-Berechnungsprogramm erforderlich ist, kann auch bei einer derartigen Kombination keine Rückübertragung der Ergebnisse vom FE-Programm zum CAD-System erfolgen.

Eine zukunftsweisende Möglichkeit ist der sogenannte *FE-Arbeitsplatz*, also eine geschlossene, workstation-basierende Lösung unter einer einheitlichen Datenbasis. Dieser besteht aus einem CAD-Subset zur Geometriemodellierung, einem integrierten Netzgenerator sowie einem internen FE-Berechnungsmodul. Die geschlossene Anwendung erlaubt dem Konstrukteur eine direkte Betrachtung der Berechnungsergebnisse sowie eine direkte Möglichkeit zur Änderung der konstruktiven Bauteilgestalt. Der Nachteil dieser Variante besteht jedoch in der direkten Abhängigkeit der Module und somit in einem immensen Anpassungsaufwand bei der Änderung der Softwarepakete [ABE-90], [HAA-93a].

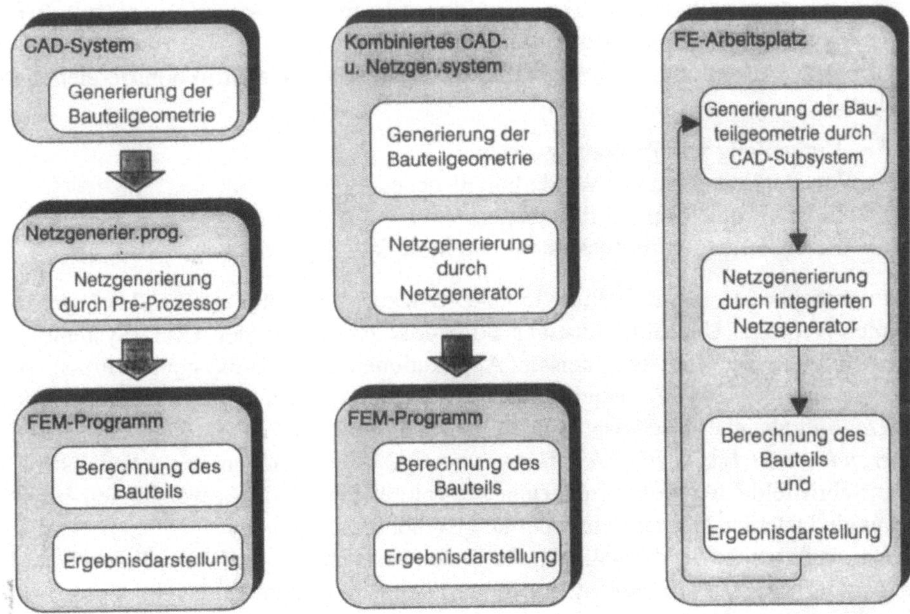


**Abb. 2.19.** Unterschiedliche CAD/FEM-Integrationsmodelle

**Weitere Berechnungsverfahren.** Neben der FE-Methode existieren weitere computerunterstützte Berechnungsverfahren, die einen wertvollen Beitrag zum ganzheitlichen Konstruktionsprozeß liefern. Dabei handelt es sich um folgende Verfahren:

- Boundary-Element-Methode (BEM) [BAU-90],
- Optimierungsberechnung [EHR-86], [FIG-88], [HAA-93a] und
- Bewegungssimulation [ABE-90], [JHP-89], [FUC-90].

### 2.3.3 Technische Datenverwaltung

Eine durchgängige und stets aktualisierte Datenverwaltung im Rahmen einer technischen Auftragsabwicklung ist das Herzstück einer computergestützten Anwendungstechnik. Sie ist nicht nur das Sammelbecken sämtlicher während der gesamten Auftragsabwicklung anfallenden Daten, sondern auch die Quelle der begleitenden Dokumentation. Über die Datenverwaltung treten die verschiedenen Softwaresysteme während ihres Einsatzes in Kommunikation und werden über diese miteinander verbunden. Darüber hinaus bilden sie den Informationsspeicher zur Beantwortung sämtlicher auftretender Fragen bezüglich Lösung und Abwicklung, denn auch heute noch besteht über 50% der Ingenieurtätigkeit aus dem Zusammentragen und Verarbeiten von Informationen [ABE-90].

Bedingt durch die erforderliche Flexibilität werden gerade im technischen Bereich zunehmend relationale Datenbanksysteme eingesetzt. Nachteile wie das ungünstige Antwortzeitverhalten bei großen Datenmengen müssen dabei jedoch in Kauf genommen werden. Darüber hinaus erfordern sie eine entsprechend leistungsfähige Hardware-Ausstattung [EVE-90].

Typische Anwendungen von Datenbanksystemen im Konstruktionsbereich sind folgende:

- Verwaltung von Zeichnungsdaten,
- Unterstützung bei der Wiederholteilsuche,
- Einsatz von Normteilbibliotheken,
- Bereitstellung von Stücklisten- und Materialinformationen.

Die grafische Datenverarbeitung in CAD-Systemen ist durch ein großes Datenvolumen geprägt. Um ein günstiges Antwortzeitverhalten der CAD-Systeme zu gewährleisten, greifen die meisten Applikationen auf Dateisysteme zurück, die speziell auf die CAD-Anwendung ausgerichtet sind. Datenbanksysteme bilden für diese Aufgabe eher die Ausnahme. Die *Verwaltung und Verarbeitung der identifizierenden und beschreibenden Daten* von CAD-Zeichnungen wie beispielsweise die Schriftfelddaten werden dagegen bei zahlreichen CAD-Anwendungen bereits über ein Datenbanksystem vorgenommen, Abb. 2.20.

Ein weiteres Anwendungsgebiet für Datenbanksysteme stellt die *Wiederholteilsuche* dar. Im Zusammenhang mit einer datenbankgestützten Zeichnungsverwaltung bietet es sich an, wiederverwendbare Teile und Baugruppen über charakteristische Sachmerkmale in einer Datenbank zu beschreiben. Durch geeignete Suchalgorithmen kann damit die Wiederverwendung vorhandener konstruktiver Lösungen deutlich vereinfacht werden [EVE-90].

Der verstärkte Einsatz von *Normteilbibliotheken* auf der Basis der Kennzeichnung identifizierender Schlüssel erlaubt das Wiedereinsetzen der Teile in verschiedenen Zeichnungen. Eine Änderung dieses spezifischen Bauteils führt dann automatisch zu einer in sämtlichen Konstruktionsaufträgen durchgehenden Aktualisierung. Für den Ingenieur bedeutet die Nutzung dieser Informationen ein Nachschlagen in Bildkatalogen, um die betreffenden Identifikationen finden und einsetzen zu können.

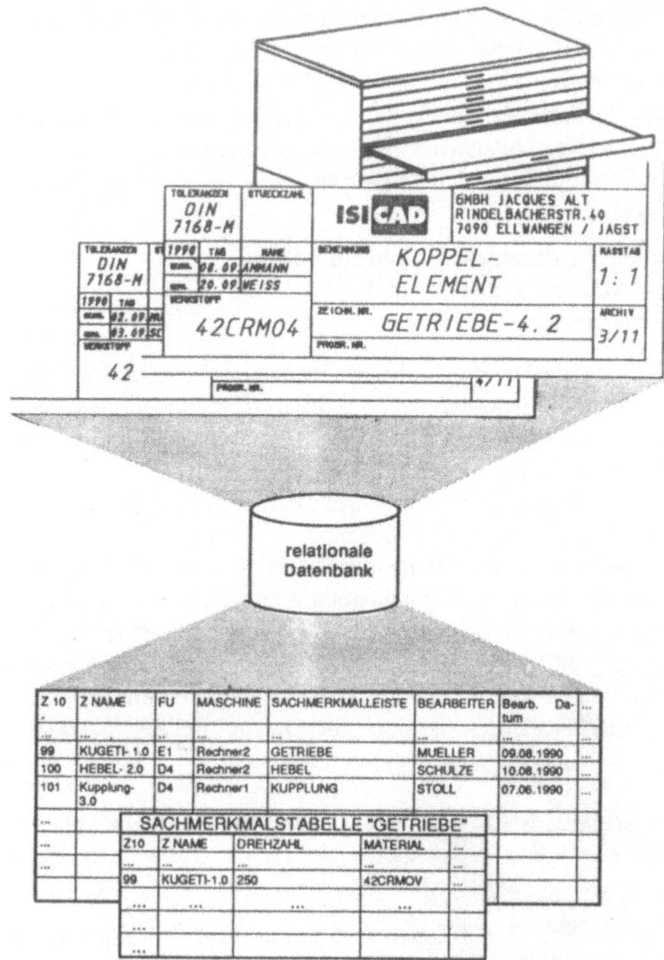


**Abb. 2.20.** Verwaltung der CAD-Zeichnungen

Zu den wichtigsten konstruktionsbeschreibenden Daten zählen sicherlich die *Bereitstellung von Stücklisten und Materialinformationen*. Dies umfaßt die Informationen über Kosten und Bestellbedingungen der verwendeten Materialien, Daten hinsichtlich der Fertigungstechnologie in Verbindung mit der Konstruktion von spezifischen Formelementen sowie die Erstellung und Verwaltung von Konstruktionsstücklisten für die anschließende Fertigungsaufbereitung.

Dieses relativ umfangreiche Spektrum an Informationen und Datenarten innerhalb der Konstruktion wird in der Regel mit Hilfe getrennter Datenbanken realisiert. Diese Vorgehensweise hat den Vorteil, daß unabhängig von der eingeführten EDV-Unterstützung diese Datenbasen sukzessive erstellt und gepflegt werden können [ABE-90].

**Engineering Database.** Neuerdings wird im Bereich der technischen Datenbanken von Engineering Database (EDB) bzw. von Technischen Informationssystemen (TIS) gesprochen. Derartige Systeme stellen die wesentlichen Funktionen zur Verwaltung und Organisation technischer Daten und Unterlagen sowie die Integrationsdrehscheibe innerhalb der verschiedenen CIM-Komponenten dar.

Insbesondere in den USA sind für solche Systeme auch andere Begriffe gebräuchlich, wie beispielsweise:

- Engineering Document Management System (EDMS),
- Product Information Management (PIM) und
- Product Data Management System (PDMS).

Unabhängig von der Bezeichnung ist bei sämtlichen Systemen die Grundfunktionalität identisch: Speichern und Verwalten von Produktinformationen, wie beispielsweise 3D-Modelle, Zeichnungen, Stücklisten, NC-Programme, Arbeitspläne sowie technische Dokumente jeglicher Art.

Anwender einer EDB sind Designer, Konstrukteure, Technische Zeichner, Fertigungsplaner, Werkstattverantwortliche, also Sachbearbeiter und Manager nahezu aller betrieblichen Bereiche. Die Verknüpfung des EDM-Systems mit anderen CIM-Komponenten ist von zentraler Bedeutung, doch auch traditionell erzeugte Produktunterlagen - wie z.B. manuelle Zeichnungen - können verwaltet werden.

Während die Hardwareplattform eines EDB-Systems variieren kann und Anwendungen auf Zentralrechnern, vernetzten Workstations, Personalcomputern und alfanumerischen Terminals lauffähig sind, so ist doch die Datengrundlage stets eine relationale Datenbank.

**Funktionen von EDB-Systemen.** EDB-Systeme verfügen im wesentlichen über 5 Hauptfunktionen [EHS-91]:

- *Zugriffskontrolle und Datenschutz*
  Festlegung von Zugriffsrechten auf Daten und Funktionen, Privilegienverwaltung und deren Kontrolle sowie Verwaltung der Benutzer und Benutzergruppen.
- *Verwaltung und Organisation*
  Änderungswesen, Datentransport und -verteilung, Mailing, Dateiverwaltung und Systemkonfigurierung.
- *Schnittstellen*
  Datenbank, Druck- und Plotterausgaben, Produktdatenaustausch, Anwendungsfunktionen und Erzeugersysteme (CAD, NC, DTP).
- *Visualisierung*
  Darstellung von Pixel- und Vektorinformationen, Scannen von manuell erstellten Dokumenten.
- *Anwenderfunktionen*
  Verwaltung von Projekten, Archivierung technischer Produktdaten, Such- und Selektionsfunktionen für Norm- und Standardteile, Verwaltung von werkstattrelevanten Informationen und Entscheidungslogiken.

## 2.4 Schnittstellen für den CAD-Datenaustausch

Die Nutzung technischer Produktinformationen für parallele oder nachgeschaltete Prozesse weist im wesentlichen folgende Vorteile auf [AND-93]:

- Vermeidung der Mehrfacheingabe von Daten,
- Eliminierung von Fehlerquellen,
- Mehrfachverwendung von Daten,
- Beschleunigung des Datenaustausches und
- Integration bestehender CA-Inseln.

Hinsichtlich des rechnerunterstützten Austausches von Konstruktionsdaten lassen sich drei grundsätzliche Schnittstellenkonzepte unterscheiden, Abb. 2.21:

- Datenaustauschformate,
- prozedurale Schnittstellen und
- programmierte Schnittstellen.

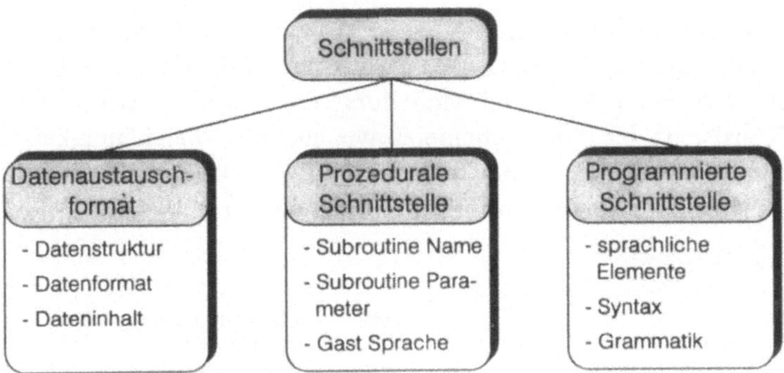


**Abb. 2.21.** Schnittstellenkonzepte

### 2.4.1 Datenaustauschformate

Der Datentransfer zwischen CAD-Systemen erfolgt heute meist mit neutralen Datenaustauschformaten. Im Bereich der mechanischen Konstruktion liegen für den Austausch technischer Daten und CAD-Zeichnungen derzeit im wesentlichen die Formate IGES, VDAFS und SET vor. Diese Entwicklungen werden überbetrieblich im Rahmen von Normungsgremien erarbeitet und von den CAD-Anbietern durch die Bereitstellung entsprechender Datenumsetzungsprogramme forciert. So müssen die Systemanbieter für ihr CAD-System bezüglich jedes unterstützten Formates jeweils zwei Umsetzungsprogramme liefern. Dies ist zum einen der Präprozessor zur Umwandlung des spezifischen, systeminternen Datenformates des Sendesystems in die neutrale Form und zum anderen den Postprozessor zur erneuten Umwandlung des neutralen Formats in das jeweils erforderliche systeminterne Format des Zielsystems, Abb. 2.22.

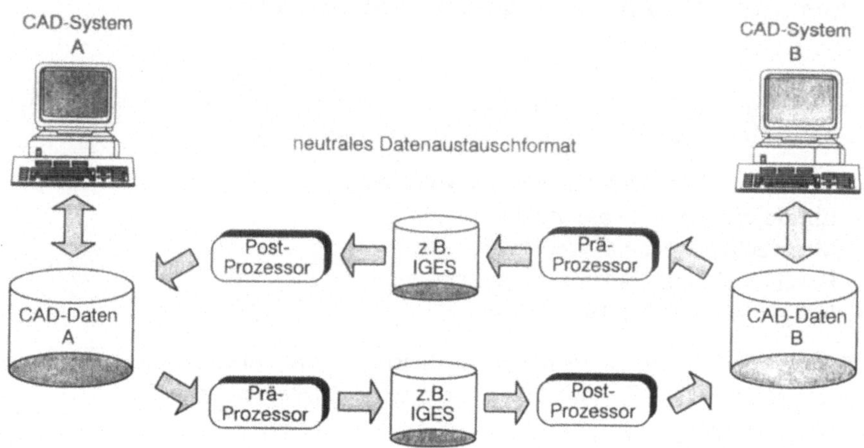


**Abb. 2.22.** Datentransfer mit Hilfe von neutralen Datenaustauschformaten

Bei der Realisierung ist jedoch von entscheidender Bedeutung, daß zwischen den Partnern eine durchgängige Vereinbarung über die Art der Anlieferung von CAD-Daten hinsichtlich Darstellungsform und Modellursprung getroffen wird. Diese muß sowohl die Konsistenz der Daten garantieren wie auch die Unabhängigkeit in der Systemauswahl gewährleisten. Dabei ist jedoch zu berücksichtigen, daß die neutralen Datenformate heute unterschiedliche Zielrichtungen aufweisen [ANC-90], Abb. 2.23.

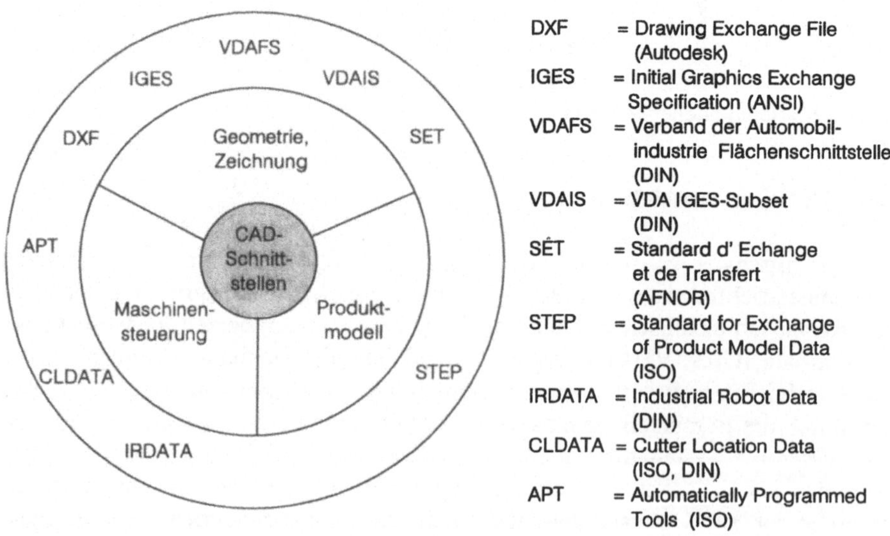


**Abb. 2.23.** Übersicht der relevanten Schnittstellenformate

**IGES.** IGES (*Initial Graphic Exchange Specification*) [NBS-88] wendet sich mit seinem Datenformat an einen großen Anwendungskreis, insbesondere an die mechanische Konstruktion mit ihren 2D-Zeichnungsmodellen, dem 3D-Kantenmodell oder dem 3D-Flächenmodell. Darüber hinaus lassen sich an Zeichnungen gekoppelte Attribute und Textbeschreibungen übertragen. IGES eignet sich jedoch bisher (Version 4.0, Norm ANSI Y 14.26 M) nicht dafür, derartige Attribute funktionsgerecht als Bestandteil des Modells weiterzuverarbeiten, wie etwa die Angabe von Toleranzen oder die Vorgabe von Bearbeitungsschritten. In den meisten Fällen ist eine automatische Umwandlung über die IGES-Datei ohne nachträgliche CAD-Bearbeitung und Kontrolle innerhalb des importierenden Systems unmöglich [SCH-91].

Eine IGES-Datei ist logisch in fünf getrennte Sektionen eingeteilt. Dabei übernehmen die einzelnen Sektionen unterschiedliche Aufgaben [ANC-90]:

- Die *Start-Section* erlaubt die Angabe eines lesbaren Kommentars für den Empfänger der IGES-Datei.
- Die *Global-Section* beinhaltet Informationen, die den Präprozessor beschreiben und somit dem Postprozessor die Interpretation der IGES-Datei ermöglichen.
- Die *Directory Entry Section* beinhaltet ein Verzeichnis aller Elemente, die in der IGES-Datei enthalten sind.
- Die *Parameter Data Section* enthält die elementspezifischen Parameter zu jedem Element der Datei.
- Die *Terminate Section* markiert das Ende einer IGES-Datei und enthält zu Kontrollzwecken die Anzahl der Datensätze pro Section.

Die verfügbaren IGES-Elemente lassen sich in drei Kategorien einteilen: *Geometrie Entities* für die Beschreibung der geometrischen Form, *Annotation Entities* für die Beschreibung von Bemaßung und technologischen Informationen und *Structure Entities* für die Beschreibung von logischen Beziehungen in einer Produktdefinition [AND-93]. Ferner definiert IGES drei verschiedene Darstellungen der Daten in einer Datei. Die fest formatierte IGES-Datei ist die gebräuchlichste Form. Weitgehend ungenutzt bleiben die komprimierte IGES-Datei sowie die binäre Darstellung einer IGES-Datei.

Merkmal einer IGES-Datei im Standardformat ist ein starres Dateiformat mit einer auf 80 Zeichen pro Zeile festgelegten Darstellung. Die Zugehörigkeit einer jeden Zeile zu einer der fünf Sektionen ist an Hand einer Kennung in der Spalte 73 erkennbar. In jeder Sektion werden die Zeilen von 1 aufsteigend durchnummeriert, so daß jede Zeile in der Datei eindeutig referenzierbar ist. Die Informationseinheit der IGES-Datei ist das Entity. Jedes Entity wird durch eine 3-stellige Ziffernfolge - der Entity-Nummer - identifiziert. Die Entities von IGES lassen sich in 4 Gruppen klassifizieren:

- Elemente zur Beschreibung der Objektgestalt,
- Strukturelemente,
- Bemaßungselemente und
- vordefinierte Assoziationen.

Die Beschreibung der Objektgestalt kann mit Hilfe einfacher Geometrieelemente, FEM-Elemente oder mittels CSG-Modelle erfolgen. Für die Repräsentation technischer Zeichnungen können Bemaßungselemente verwendet werden. Die Strukturierung einer Zeichnung wird durch Strukturierungselemente unterstützt. Allerdings handelt es sich hierbei um keine bindende Vorschrift. Somit kann festgestellt werden, daß die Semantik der Daten nicht eindeutig festgelegt ist [ANC-90].

**VDAIS.** Aufgrund der Tatsache, daß die von den CAD/CAM-Herstellern angebotenen IGES-Prozessoren zu unterschiedliche Leistungen aufweisen, wurde vom Verband der deutschen Automobilindustrie auf der Basis von IGES 3.0 bzw. 4.0 die Schnittstelle VDAIS (VDA - IGES Subset) entwickelt.

Die Spezifikation von VDAIS enthält [VAJ-90]:

- mehrere Leistungsstufen für die zu übertragenden Elemente,
- definierte Prozessorfunktionen,
- Richtlinien für Parametereintragungen,
- Vorschriften für die Konvertierung von systemspezifischen Elementen sowie
- erforderliche Organisationsdaten.

Der Leistungsumfang von VDAIS umfaßt in Anlehnung an IGES Geometrieelemente (2D- und 3D-Basisgeometrieen sowie Regelflächen), Bemaßungselemente und Anwendungen (polynominale und vollständig rationale Freiformgeometrieen) [ANC-90].

Durch die Beschränkung auf weniger Elemente kann eine zuverlässigere Implementierung von IGES mit leistungsfähigeren Optionen für den Datenaustausch zwischen unterschiedlichen Systemen erreicht werden. VDAIS stellt somit eine Subsetdefinition zu IGES dar. Eine Umsetzung dieser Spezifikation in entsprechende Prozessoren hat teilweise schon stattgefunden, so daß mehrere Systemanbieter VDAIS bereits unterstützen [MAC-91].

**VDAFS.** Das Austauschformat *VDAFS* (VDA Flächenschnittstelle) wurde vom Verband der deutschen Automobilindustrie speziell für die Übertragung von Freiformflächen beliebigen Grades entwickelt [MUN-87]. Eine derartige Flächenschnittstelle wurde notwendig, weil mit IGES ausschließlich die Übertragung von Freiformkurven und -flächen bis zum 3. Grad möglich war und somit den Anforderungen der im Automobilbau eingesetzten Flächensystemen nicht genügte. Analog zur IGES-Beschreibung ist auch die VDAFS-Datei sequentiell mit einer festen Satzlänge von 80 Zeichen unter Verwendung des ASCII-Zeichensatzes aufgebaut. Aufgrund der Einschränkung von VDAFS auf die Unterstützung von Freiformkurven und -flächen und deren Basiselemente sowie der Einfachheit des Schnittstellenformats sind die benötigten Prozessoren problemlos zu realisieren. Dies zeigt sich darin, daß heute nahezu jedes CAD-System über VDAFS-Prozessoren verfügt [AND-93]. Die VDAFS liegt mittlerweile auch als deutsche Norm DIN 66301 vor.

Die VDAFS beschränkt sich auf einen minimalen Satz von Geometrieelementen wie Einzelpunkt, Punktfolge, Punktfolge mit Richtungsvektoren, Kurve in Polynomdarstellung und Fläche in Polynomdarstellung. Für die Elementbeschreibung wurde ein APT-ähnliches Format gewählt, das eine kompakte und effiziente Speicherung erlaubt.

Aufgrund der Einschränkung von VDAFS auf die Übertragung von Freiformkurven und Freiformflächen und der Einfachheit des Schnittstellenformats sind die benötigten Prozessoren recht schnell zu realisieren. Dies zeigt sich darin, daß für immer mehr CAD-Systeme VDAFS-Prozessoren angeboten werden. Probleme treten allerdings in den Fällen auf, in denen unterschiedliche Flächengrade in den kommunizierenden Systemen verarbeitet werden. Der Datenaustausch erfordert deshalb zumeist genaue Absprachen zwischen Sender und Empfänger [ANC-90].

**DXF.** Dat Datenformat DXF (Drawing Exchange Files) wurde von der Firma AutoDESK AG mit dem Ziel entwickelt, Zeichnungsinhalte zwischen dem PC-orientierten CAD-System AutoCAD und anderen Programmen zu gewährleisten. Aufgrund der dominierenden Marktstellung von AutoCAD im PC-Bereich kann von DXF als einem Quasi-Standard gesprochen werden. Das DXF-Format legt Zeichnungsinformationen nach einer genau definierten Reihenfolge als ASCII-Zeichen ab. Aufgrund der einfachen Datenstruktur und der weiten Verbreitung von AutoCAD unterstützen heutige CAD-Systeme vermehrt diese Datenschnittstelle mit entsprechenden Prä- und Postprozessoren [HAH-91].

Eine DXF-Datei kann generell in 5 Abschnitte unterteilt werden [AUT-91]:

- Header: In diesem Abschnitt finden sich allgemeine Informationen zur Zeichnung.
- Tables: Dieser Abschnitt enthält Definitionen bekannter Funktionen, wie beispielsweise Linientyp-, Layer-, Schriftstil- und Ausschnitts-Tabelle.
- Blocks: Sämtliche in der Zeichnung enthaltenen Blöcke und deren Elemente sind in diesem Abschnitt definiert.
- Entities: Dieser Abschnitt beschreibt alle Zeichnungs-Elemente sowie deren Block-Referenzen. Zeichnungselemente sind Punkte, Linien, Kreise, Bögen, Solide, Polylinien, 3D-Maschen, 3D-Flächen, Scheitelpunkte, Bemassungen, Symbole, Texte, Attributdefinitionen und Blockreferenzen. Jedem Element kann ein Name, ein Layer, ein Linientyp oder eine Farbinformation zugeordnet werden, wenn diese von den Standard-Werten abweichen.
- EOF: Markierung für das Dateiende (End Of File).

Ferner besteht die gesamte DXF-Datei aus einer Vielzahl von Gruppen, wobei jede Gruppe exakt aus zwei Zeilen besteht. Die erste Zeile einer Gruppe ist der Gruppen-Code (rechtsbündige, maximal dreistellige Ziffer), der den Datentyp festlegt. Die zweite Zeile legt den Gruppenwert fest, dessen Format in erster Linie von der Art der Gruppe abhängig ist. Somit enthält das DXF-Format eine komplette Beschreibung einer Zeichnung, die neben dem eigentlichen Zeichnungsinhalt auch Definitionen von Layern, Linientypen oder Schriftstilen umfaßt.

**SET.** Die Schnittstelle *SET* (Standard d'Echange et de Transfert) [AFN-85] entstand in Frankreich bei der Firma Aerospatiale und liegt seit 1985 bei der französischen Normungsinstitution AFNOR als Norm vor. Ziel dieses Datenaustauschformates ist ein 100%-iger Informationsaustausch auf der Basis einer generalisierten Datenbank für die Modelldaten der 2D- und 3D- Linien- und Flächengeometrien sowie sämtlicher Zeichnungen der beteiligten Systeme. Inzwischen liegen weitere Dokumente vor, die eine Erweiterung der SET-Norm um die Beschreibung von Volumeninformationen, Finite-Element-Modelldaten und physikalisch-mathematischen Daten vorsehen. Herausragende Unterschiede gegenüber IGES sind das kompakte Datenformat, die Vermeidung starrer Dateibereiche mit häufiger Verzeigerung untereinander sowie die Anwendung von Vererbungsmechanismen. Mittlerweile wird diese Schnittstelle von einer Vielzahl von CAD-Systemen unterstützt [SCH-91].

Das vorrangige Ziel von SET besteht darin, die Datenübertragung von CAD/CAM-Systemen zu unterstützen. SET wird in erster Linie in der europäischen Luftfahrtindustrie für die AIRBUS-Entwicklung eingesetzt. Aus diesem Grund orientiert sich die Spezifizierung der Elemente sowie die Festlegung der Funktionalität primär an den Anforderungen des Flugzeugbaus [SCH-91]. Mittlerweile unterstützen jedoch eine Vielzahl von CAD/CAM-Systemen diese Datenschnittstelle.

SET definiert keinerlei Restriktionen der Übertragungsdateien hinsichtlich Dateistruktur und Dateiformat. Somit kann eine kompakte Darstellung der Daten in Dateiform erfolgen. Mit Hilfe der Definition hierarchisch strukturierter Bereiche können durch Vererbungsmechanismen eine erhebliche Reduzierung des Datenvolumens im Vergleich zu IGES erzielt werden.

Innerhalb einer SET-Datei kann zwischen 3 verschiedenen Hierarchiestufen unterschieden werden [AND-93]:

- der SET-Datensektion,
- dem Ensemble sowie
- dem Subensemble.

Die grundlegende Informationseinheit ist der Block, der weitere Unterblöcke enthalten kann. Die mittels SET übertragbaren Modelle sind Kanten- und Flächenmodelle, B-Rep-Modelle, FEM-Modelle, technische Zeichnungen und wissenschaftliche Daten. Toleranzangaben, Materialeigenschaften und organisatorische Angaben können mit SET nicht über eigene Modelle beschrieben werden, sondern werden als Bestandteil einer technischen Zeichnung in Form von Bemaßungselementen repräsentiert [ANC-90].

**STEP.** Aus den Erfahrungen der aufgeführten genormten Datenaustauschformaten sowie weiteren primär forschungsorientierten Formaten wie PDES oder CAD*I werden längerfristige Weiterentwicklungen und zwar in weltweiter Abstimmung angestrebt. Mit Hilfe von *STEP* (Standards for the Exchange of Product Definition Data) als internationale Vereinbarung sollen zukünftig die nationalen Standards IGES, VDAFS und SET abgelöst werden [AND-93]. Darüber hinaus ist eine Produktbeschreibung mit Hilfe von STEP nicht nur auf die Konstruktionsumgebung beschränkt, sondern ermöglicht eine Modellverträglichkeit über sämtliche Phasen des Produktentstehungsprozesses [GAS-92].

Ziel der STEP-Entwicklung ist es, den Austausch von produkt- und produktionsbezogenen Daten des gesamten Produktlebenszykluses für sämtliche Anwendungen in einem Unternehmen zu ermöglichen. Randbedingungen sind hierbei die Minimierung des Speicherbedarfs, die Effizienz der Umsetzung rechnerintern gespeicherter Daten in extern gespeicherte Information, die Allgemeingültigkeit und Konsistenz der Modelle, die logische Spezifikation von Zusammenhängen sowie die Unterstützung der Entwicklung und Implementierung der Schnittstelle durch Konzepte und Software [ANC-90].

Die Entwicklung der Informationsmodelle erfolgt in drei Schichten: Application-, Logical- und Physical Layer. Bei der Einhaltung dieser Vorgehensweise sollen diese Schichten ein Garant für eine kontinuierliche und fehlerfreie Entwicklung darstellen.

Im Application Layer sollen Anforderungen an die zu entwickelnden Schemata aus der Anwendungssicht spezifiziert werden. Im Logical Layer werden diese Anforderungen in eine allgemeine Informationsstruktur umgesetzt. Für STEP und PDES wurde eigens hierfür die Sprache EXPRESS entwickelt, die eine objektorientierte Definition von Informationsstrukturen erlaubt. Die für den Anwender relevante Interpretation dieser Informationsstruktur ist letztlich im Physical Layer definiert. Eine Abbildung der Information kann dabei auf eine Datei, eine Datenbank oder gar innerhalb eines wissensbasierten Systems erfolgen. Die Spezifikation von STEP sieht Referenzmodelle zur Beschreibung der Bauteilgestalt, für Toleranzen, sowie für Oberflächen - und Materialeigenschaften vor. Diese Basismodelle sollen spezielle Anwendungen wie FEM, Bauwesen, Elektrik und Elektronik, Schiffsbau, Präsentation und Zeichnungswesen unterstützen [AND-93].

### 2.4.2 Prozedurale Schnittstellen

Im Gegensatz zu den Datenaustauschformaten ermöglichen prozedurale Schnittstellen zum einen durch Abfrageroutinen den Zugriff auf existierende Modelle und zum anderen mittels Modellierungsoperationen die Änderungen bestehender oder die Generierung neuer Modelle. Somit sind dem Entwickler weiterreichende Werkzeuge gegeben, um CAD-Modelle direkt modifizieren zu können. Die bedeutendsten Vertreter der prozeduralen Schnittstellen sind insbesondere die beiden Programmformate AIS und VDAPS.

**AIS.** *AIS* (Applications Interface Specification) [PRA-86] wurde vom CAM*I - einer von der Industrie getragenen Vereinigung mit der Aufgabe der CAM-Forschung - vorgeschlagen. AIS als eine Sammlung von spezifischen Fortran-Routinen ist ein Vorschlag für die Standardisierung einer CAD-Modellierungs-Schnittstelle. Mit Hilfe von AIS soll die einfache Anbindung eigener Applikationen unabhängig vom verwendeten CAD-Modellierer ermöglicht werden. Für den Konstruktionsbereich sind die Abfrage geometrischer Daten sowie die Generierung, das Löschen und das Modifizieren von CAD-Modellen die relevanten Funktionen dieser Schnittstelle. Dabei reichen die Abfragemöglichkeiten bis hin zu topologischen Informationen und ermöglichen darüber hinaus den Aufbau einer semantischen Modellbeschreibung mit nichtgeometrischen Datenanteilen.

**VDAPS.** Im Hinblick auf den systemneutralen und EDV-gerechten Austausch sowie die Bereitstellung von DIN-Norm- und Variantenteilen wurde vom DIN (Deutsches Institut für Normung) und dem VDA gemeinsam die *VDAPS* (VDA Programmierschnittstelle) [DIN-66304] entwickelt. Analog zur herkömmlichen Dokumentation von Normteilen in Form von Sortenzeichnungen und Maßtabellen für die verschiedenen Ausprägungen wurde ein prozeduraler Ansatz gewählt. Dabei werden mit Hilfe von Variantenprogrammen (in Fortran 77) die speziellen Ausprägungen des Normteils generiert. Diese Erzeugnislogiken operieren auf der Grundlage standardisierter Maßdateien, die ebenfalls vom DIN in Form der CAD-NT (CAD-Normteil-Datei) [DIN-14] definiert wurden. Bisher unterstützt VDAPS das Einfügen von Norm- und Zukaufteilen auf der Basis eines 3D-Linienmodelles. Erklärtes Ziel besteht jedoch darin, zukünftig auch 3D-Volumenmodelle zu unterstützen [SCH-91].

### 2.4.3 Programmierte Schnittstellen

Die Modelldaten innerhalb eines CAD/CAM-Systems werden rechnerintern in binär codierter Form abgespeichert. Das Format dieser Daten ist abhängig vom jeweiligen CAD/CAM-System, der verwendeten Rechner-Architektur sowie der Software-Release des Systems. Der systemspezifische Aufbau, sowie Inhalt und Struktur der CAD/CAM-Software werden von den meisten CAD/CAM-Anbietern nicht offengelegt, so daß der Zugriff auf systemspezifische Modelldaten in der Regel nur mit dem gleichen System auf identischer Hardware möglich ist. Um den Datenaustausch zwischen zwei verschiedenen Systemen zu gewährleisten, besteht neben der Verwendung von genormten und neutralen Schnittstellenformaten auch die Möglichkeit, eine direkte Umwandlung von einem systemspezifischen Format in das gewünschte Zielformat mit Hilfe von speziell entwickelten Konvertierungsprogrammen zu realisieren, Abb. 2.24.

Eine direkte Umwandlung der Modelldaten erlaubt zumindest theoretisch eine Optimierung des Übertragungsergebnisses für das jeweilige Systempaar. Eine Direktumwandlung erfordert jedoch für jedes Systempaar ein individuell entwickeltes Umwandlungs- bzw. Konvertierungsprogramm, das darüber hinaus bei jedem Releasewechsel eines der beteiligten Systeme angepaßt werden muß. Im Gegensatz zu den Prozessoren von neutralen Schnittstellen werden Umsetzungsprogramme für Direktschnittstellen in der Regel nicht vom Systemhersteller angeboten. Diese Programme müssen deshalb entweder vom Anwender selbst entwickelt und gewartet werden, oder von dritter Seite bezogen werden. Dabei sollte nicht unterschätzt werden, daß die Anpassung an neue Software-Releases nur mit einem erheblichen Aufwand sowie einem entsprechenden zeitlichen Versatz zum System-Update erfolgen kann.

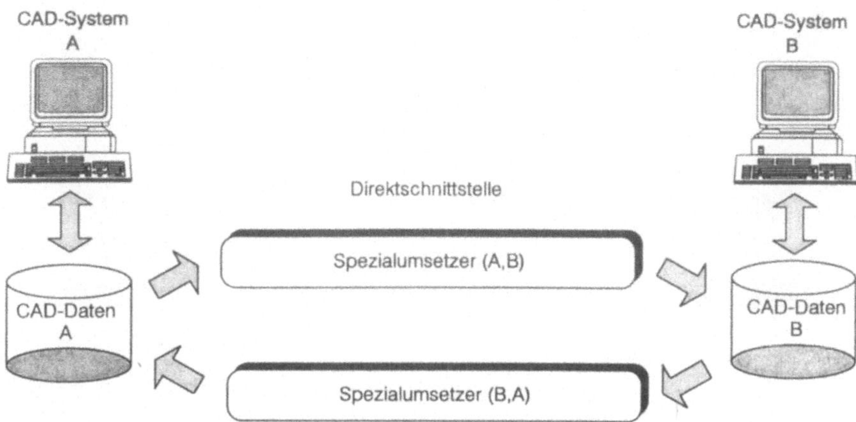


**Abb. 2.24.** Datenaustausch mit Hilfe einer Direktschnittstelle

Ferner steigt die Anzahl der notwendigen Umsetzungsprogramme mit der Anzahl der zu integrierenden CAD/CAM-Systeme stark an, Abb. 2.25. Für N = Anzahl der verschiedenen CAD-Systeme und n = Anzahl der erforderlichen Umsetzungsprogramme gilt:

$$n = N^2 - N$$

Aus diesem Grund sollte eine direkte Umsetzung der Modelldaten auf Konfigurationen mit einer relativ homogenen Systemlandschaft beschränkt bleiben.

Beispielsweise geht die Firma Mercedes-Benz AG nach einer langjährigen Kopplung ihrer beiden strategischen CAD/CAM-Systeme CATIA (Einsatz in der allgemeinen mechanischen Konstruktion im Aggregatbereich) und SYRKO (eigenentwickeltes System für die Flächenmodellierung im Karosseriebereich) mit Hilfe der neutralen Schnittstelle VDAFS 2.0 dazu über, ein direktes Konvertierungsprogramm einzusetzen. Die Motivation für diese Vorgehensweise besteht in der Optimierung des Datenaustausches hinsichtlich Funktionalität und Geschwindigkeit. Dieser Schritt soll ferner einen Beitrag für die weitere Integration der beiden Systeme leisten [MOH-91].

Weiterhin ist beim Einsatz einer Direktschnittstelle darauf hinzuweisen, daß im Rahmen der Konvertierung für den Anwender nahezu keine Möglichkeit besteht, auf den Prozeß und somit auch auf die Qualität der Datenübertragung Einfluß zu nehmen. Der gesamte Ablauf beschränkt sich auf das Einlesen der CAD/CAM-Modelldaten des Sendersystems sowie die Ausgabe im Format des Empfängersystems. Sämtliche Vorgänge der Datenkonvertierung werden selbständig vom Umsetzungsprogramm durchgeführt und hängen folglich ausschließlich von dessen Leistungsfähigkeit ab. Auftretende Fehler lassen sich im allgemeinen nicht analysieren und können nur durch eine Programmänderung reduziert werden [ZIM-91].

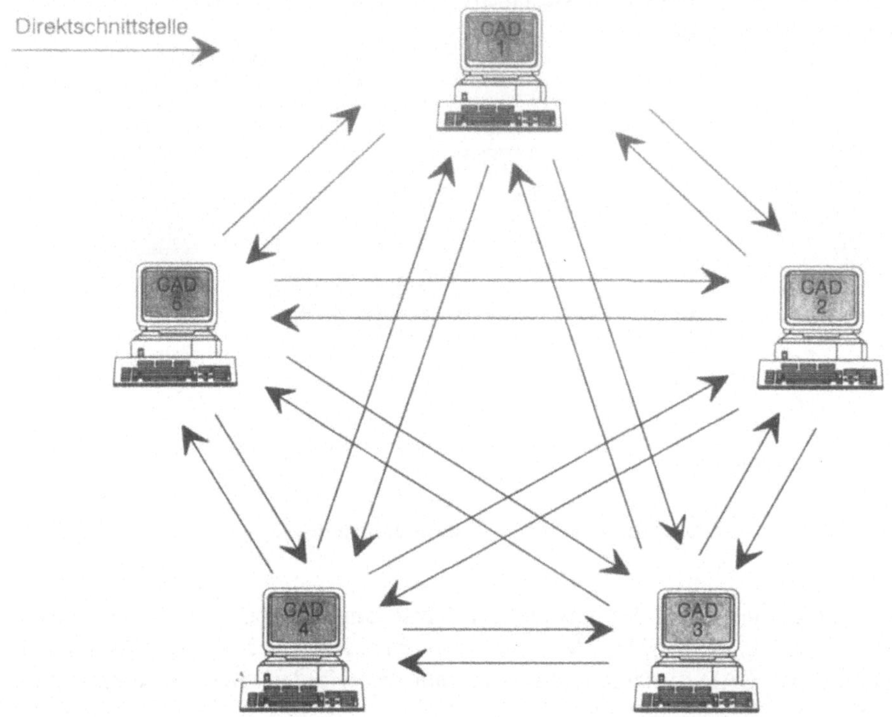


**Abb. 2.25.** Anzahl der Direktschnittstellen bei einer Polygon-Konfiguration

**Datei-Adaption.** Treten beim Einsatz genormter Schnittstellen trotz umfassender Absprache der am Übertragungsprozeß beteiligten Parteien dennoch fehlerhafte CAD/CAM-Daten auf, besteht die Möglichkeit, sogenannte Adaptions-Programme einzusetzen.

Mit derartigen Zusatzprogrammen können IGES-Dateien sowohl beim Senden als auch beim Empfangen durch kundenspezifische Tabellen modifiziert werden. Durch Einsatz solcher Programme kann eine signifikante Verbesserung der gesamten Übertragungsqualität erzielt werden, so daß nur noch ein minimaler Nacharbeitungsaufwand geleistet werden muß [ZIM91]. Ein Beispiel für ein derartiges Zusatzprogramm ist das Programmpaket ASTRID (Adaptions-, Sicherungs- und Testprogramme für IGES- und VDAFS-Dateien). Diese ursprüngliche Eigenentwicklung der BMW AG kann zur Prozessorvalidierung, zur Fehlersuche beim Produktivdatenaustausch sowie zur prinzipiellen Überprüfung der Normkonformität sowohl bei der Archivierung als auch beim Senden und Empfangen der Dateien eingesetzt werden. Dieses Adaptionssystem hat zwei wesentliche Aufgaben zu erfüllen. Zum einen müssen vorhandene Unterschiede zwischen den beteiligten CAD/CAM-Systemen ausgeglichen werden und zum anderen muß für die nachfolgende Applikation die IGES-Datei aufbereitet werden [SCT91].

# 3 Rationalisierungspotentiale im CAD-Umfeld

Der gegenwärtige Stand der CAD-Technologie innerhalb der mechanischen Konstruktion zeichnet sich dadurch aus, daß auf dem Markt verfügbare CAD-Systeme sowohl im Bereich der 2D- als auch im 3D-Bereich weitestgehend ausgereift sind [KRL-89]. Die primären Einsatzgebiete heutiger CAD-Systeme beschränken sich größtenteils auf die Erstellung von Konstruktionszeichnungen und Stücklisten [SHB-89]. Obwohl die eigentliche Effizienz einer CAD-Anwendung - insbesondere im 3D-Bereich - erst mit der Informationsbereitstellung oder der Integration nachgeschalteter Prozesse erreicht wird, wird dies erst in weniger als 5% aller CAD-Anwendungsfälle genutzt [HER-92]. Rationalisierungserfolge beim Einsatz der CAD-Technologie wurden in der Vergangenheit in erster Linie auf dem Gebiet der Änderungs- und Variantenkonstruktion erzielt [SPU-88], [ABE-90a]. Diese Vorzüge einer Effizienzsteigerung werden durch neuartige 3D-CAD-Systeme mit parametrischem Kern durch den Einsatz von Formelementen (sogenannte Features, näheres in Kap. 3.2.3) und der Gewährleistung einer bi-direktionalen Assoziativität weiter ausgebaut. Damit ist die direkte und wechselseitige Verbindung zwischen dem 3D-Modell, den daraus abgeleiteten 2D-Zeichnungen sowie den Explosionsdarstellungen von Baugruppen gemeint [HER-92]. Allerdings kann heute bei keiner kommerziellen CAD-Anwendung von einer eigentlichen Unterstützung des Konstruktionsprozesses durch den Rechnereinsatz gesprochen werden [ROT-91].

## 3.1 Schwachstellen heutiger CAD-Systeme

Marktübliche CAD-Systeme sind heute in keiner Weise an die verschiedenen Konstruktionsphasen angepaßt und werden insbesondere durch die fehlende Unterstützung geistig-schöpferischer Tätigkeiten in erster Linie in der Ausarbeitungsphase eingesetzt. Die Leistungsfähigkeit der einzelnen Systeme ist dabei in erheblichem Maße abhängig von der Nutzung der angebotenen Funktionen sowie von anwenderspezifischen Ergänzungen und Erweiterungen.

### 3.1.1 Unvollständiger und unzureichender Elementevorrat

Ein Großteil der CAD-Systeme unterstützen die Konstruktion ausschließlich durch Primitivelemente, wie Punkt, Linie, Regel- oder Freiformfläche. Daher besteht nahezu keine Möglichkeit der Zuordnung technologischer oder funktionaler Informationen zu den geometrischen Elementen [ROT-91].

Trotz der Unterschiede zwischen den etablierten Modellierern ist die Arbeitsweise bei kommerziellen CAD-Systemen ähnlich. Zunächst generiert der Konstrukteur notwendige Konstruktionshilfspunkte oder -linien und erzeugt auf dieser Grundlage die bauteilbeschreibenden Flächen. Im Falle der Volumenmodellierung verwendet er geometrische Primitive, die er mit Hilfe verfügbarer Funktionen zum Bauteil kombiniert. Unabhängig von der Modellierungsart steht jedoch stets die Verpflichtung im Vordergrund, das zu konstruierende Produkt mit Hilfe vieler Konstruktionshilfsschritte zu generieren.

Diese Vorgehensweise kann insbesondere bei komplexen Bauteilen dazu führen, daß das Auffinden eines möglichen Erzeugungsweges mehr Zeit beansprucht, als das Anstellen der eigentlichen funktionalen Betrachtungen.

Derartige Modellierungsprobleme beeinträchtigen zudem die Erzeugung alternativer Gestaltungsvarianten, wenn der Anwender erst nach mühevoller und zeitaufwendiger Modellierungsarbeit zumindest ein CAD-Modell generiert hat [SCH-92].

Selbst die sogenannten featurebasierten CAD-Systeme der neuen Generation beschränken sich im wesentlichen auf die Geometriemodellierung. Denn zunächst enthalten die verfügbaren Standard-Formelemente keine Technologiedaten. Erst mit Hilfe umfangreicher Programmierschnittstellen ist es möglich, begrenzte semantische Informationen abzubilden. Nicht zuletzt wird der Anwendungskomfort bei CAD-Systemen mit parametrischem Ansatz durch die Reihenfolge der Feature-Instanziierung bestimmt, so daß in ungünstigen Fällen eine Modelländerung wesentlich erschwert wird.

### 3.1.2 Komplizierte Systemhandhabung

Das Systemhandling insbesondere bei 3D-Systemen ist kompliziert und erschwert oftmals die Umsetzung der gedanklichen Produktvorstellung des Konstrukteurs durch eingeschränkte Modellierungs- und Änderungsfunktionen [GRB-89].

Die Unterteilung einer Konstruktionsaufgabe oder Gesamtfunktion in untergeordnete Aufgaben bzw. Teilfunktionen richtet sich nicht nach Grenzen physikalischer Objekte. Einerseits kann ein betrachtetes Objekt aus mehreren elementaren Objekten - beispielsweise Gewinde, Nut oder Bohrung - bestehen und andererseits aus komplexen Objekten wie gesamten Baugruppen aufgebaut sein [DYL-91].

Um jedoch vom Konstrukteur verwendete Detaillierungshierarchien wie beispielsweise "vom Abstrakten zum Konkreten" oder "vom Wesentlichen zum weniger Wesentlichen" unterstützen zu können, muß die Struktur von Konstruktionsobjekten ebenfalls solche Hierarchien repräsentieren können. Dies gilt von der Baugruppe bis hin zum atomaren Grundelement [SCH-92].

### 3.1.3 Mangelnde Kopplungsfähigkeit

Die informationstechnische Kopplung oder Integration der Funktionsbereiche Berechnung, Arbeitsplanung und NC-Programmierung ist nur unzureichend gelöst. Technologische Basisinformationen wie Toleranzen, Oberflächenangaben oder Fertigungsverfahren sind nur rudimentär vorhanden und können meist nicht für die automatische Kopplung mit den nachgeschalteten Systemen verwendet werden [KRL-89], [TÖR-89].

Darüber hinaus ist aus den Daten des rechnerinternen Modells nicht mehr nachvollziehbar, inwieweit Details einer Lösung im Hinblick auf die Funktion eines Bauteils entscheidende Bedeutung aufweisen. Doch gerade diese Informationen sind Ausgangsbasis für die Auswahl des Fertigungsverfahrens und der Fertigungsmittel [ROT-91].

### 3.1.4 Unzureichende Unterstützung

Die Phasen der Funktionsfindung und Prinzipfestlegung werden durch bisherige CAD-Systeme nicht unterstützt. Ferner erfährt der Konstrukteur im Prozeß der Lösungsfindung bzw. der Ähnlichkeitssuche nur unzureichende Unterstützung [GRB-89].

Eine dialogunterstützte Konstruktion der Wirkstruktur, welche die funktionelle und räumliche Anordnung der Funktionsstruktur sowie die gewünschte Wirkungsweise des Produktes auf prinzipieller Ebene darstellt, wird von heutigen CAD-Systemen nicht unterstützt [MEK-92].

### 3.1.5 Problematik der Schnittstellen

Der Einsatz einer Schnittstelle hat in der Regel immer einen gewissen Informationsverlust zur Folge. Dabei bestimmen zahlreiche Einflußfaktoren die Qualität der auszutauschenden CAD/CAM-Daten. Abb. 3.1 zeigt eine exemplarische Datenübertragung zwischen zwei CAD/CAM-Systemen und macht auf die entsprechenden Einflußfakoren innerhalb des Übertragungsprozesses aufmerksam.

Selbst der Austausch im systeminternen Format (native Format) zwischen zwei Arbeitsplätzen mit derselben CAD/CAM-Software ist nicht immer problemlos. Die Kompatibilität unterschiedlicher CAD/CAM-System-Versionen ist nicht immer gegeben. Ein Beispiel hierfür ist das System CATIA, bei dem nicht in jedem Fall eine Abwärtskompatibilität gewährleistet werden kann. Ähnliche Probleme können bei der Verwendung von verschiedenen Betriebssystem-Versionen auftreten.

Der Datenaustausch zu anderen Betriebssystem-Umgebungen desselben CAD/CAM-Systems kann weitere Probleme aufweisen. Wird ein System sowohl auf dem Großrechner als auch auf Workstations eingesetzt, so ist in der Regel vor der Datenübertragung ein Konvertierungslauf für die erforderliche Betriebssystemanpassung erforderlich. Werden die CAD/CAM-Modelldaten mit Hilfe von

Bändern ausgetauscht, so ist die Benutzung derselben System-Utilities für die Bandbeschreibung zwingend einzuhalten.

Darüber hinaus verfügen Workstations oftmals über keine oder weniger leistungsfähige Bandmaschinen als ein Großrechner. Teilweise können Daten nur in ganz bestimmten Bandformaten ausgetauscht werden. Im Rahmen einer homogenen Hardware-Landschaft dienen oftmals Streamer-Tapes für den Datenaustausch. Aufgrund der fehlenden Standardisierung eignen sich diese Streamer jedoch nicht für den Datenaustausch zwischen Anlagen unterschiedlicher Hersteller. In diesem Zusammenhang ist es keine Seltenheit, daß auf Disketten im DOS-Format zurückgegriffen werden muß [MOH-91].

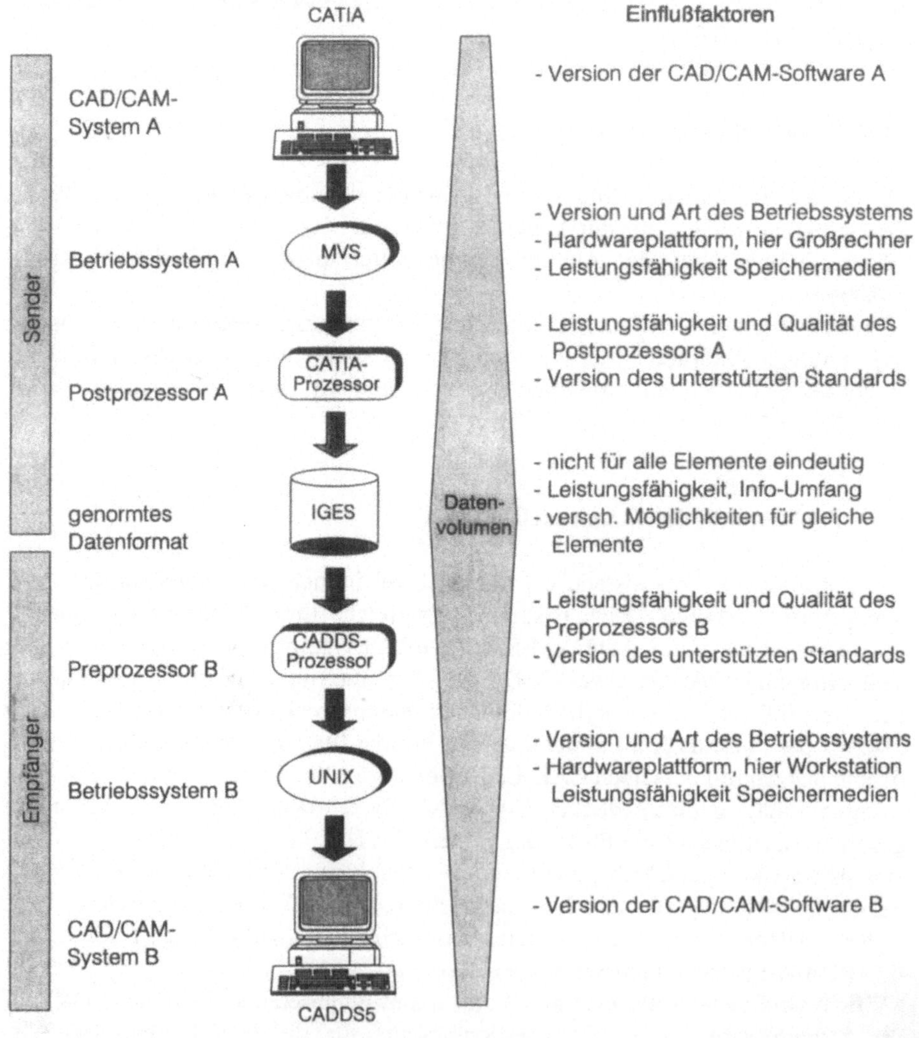


**Abb. 3.1.** Einflußfaktoren bei der CAD/CAM-Datenübertragung

## 3.2 Neue CAD-Ansätze

### 3.2.1 Dreidimensionale Konstruktion

Nach wie vor werden die meisten komplexen Bauteile manuell am Reißbrett konstruiert und gestaltet. Vereinzelt werden heute zwar schon 2D-CAD-Systeme eingesetzt, jedoch beschränkt sich dieser Einsatz ausschließlich auf die Anpassung bereits bestehender Konstruktionen. Beispielsweise hat die CAD-gestützte Neukonstruktion von Getriebegehäusen heute noch keine nennenswerte Bedeutung. Dieser Umstand ist darin begründet, daß für die detaillierte Beschreibung eines komplexen Gußgehäuses ein 2D-CAD-System nicht mehr ausreicht, was den Einsatz eines 3D-CAD-System erforderlich macht (vgl. [RÄS-91]).

Bisher wiesen derartige Systeme gravierende Mängel auf, wie beispielsweise unfreundliche Benutzerführung, komplizierte Bauteilmodellierung, aufwendige Einarbeitung und teuere Hardware.

Allerdings liegt heute eine veränderte Situation vor. Sie ist gekennzeichnet durch leistungsfähigere Hardware und einer neuen Generation von CAD-Systemen mit völlig neuartigen Konzepten, wie beispielsweise der parametrischen und featureorientierten Bauteilgestaltung, der assoziativen Datenbasis sowie der objektorientierten interaktiven Benutzeroberfläche. Diese hard- und softwaretechnischen Weiterentwicklungen erlauben eine dreidimensionale Produktmodellierung, zumal durch eine dreidimensionale Konstruktion zahlreiche Vorteile genutzt werden könnten [HAA-95]:

**Rückkehr zur funktionsorientierten Arbeitsweise.** Durch die Einführung der zweidimensionalen CAD-Systeme wurde dem Konstrukteur eine ihm fremde Arbeitsweise aufgezwungen. Obwohl der Konstrukteur funktionsorientiert denkt, mußte er seine gedanklichen Funktionselemente immer wieder in Linienelemente auflösen. Mit Hilfe der Bereitstellung eines dreidimensionalen Feature-Konzeptes wird es nun möglich, daß der Konstrukteur seine gedanklichen Schritte mit entsprechenden dreidimensionalen Formelementen unmittelbar umsetzen und visualisieren kann.

**Einfachere Geometriemodifikation.** Eine Geometrieänderung am 2D-CAD-System macht eine manuelle Änderung in sämtlichen Bauteilansichten, Schnitten und ggf. in Einzelheiten erforderlich. Mit Hilfe eines 3D-Systems mit assoziativer Datenbasis reicht eine einmalige Änderung des Volumenmodells aus, um alle betroffenen Ansichten entsprechend zu aktualisieren.

**Garantie einer konsistenten Bauteilbeschreibung.** Bei der Geometriebeschreibung mit zweidimensionalen CAD-Systemen besteht die Gefahr, daß zwischen den einzelnen Ansichten bzw. Schnitten und Einzelheiten Inkonsistenzen vorliegen, da die einzelnen Ansichten nicht logisch miteinander verknüpft sind. Beim 3D-Volumenmodell entsprechen die Ansichten verschiedenen Sichten auf ein und dasselbe CAD-Bauteilmodell.

**Grundlage für die Überwachung der Konstruktion.** Im Hinblick auf eine Überprüfung der Einhaltung von Gestaltungsregeln während des Konstruktionsprozesses - beispielsweise die Vermeidung von Hinterschneidungen oder Materialanhäufungen - sind 2D-Ansichten und Schnitte völlig unzureichend, da sie komplexe Bauteile nicht eindeutig beschreiben können. Ferner wird eine Feature-Modellierung vorausgesetzt, um die Gestaltungsregeln mit dem Konstruktionskontext in Verbindung zu bringen. Eine Feature-Erkennung aufgrund einer zweidimensionalen Bauteilgestaltung, die auf Linienelementen basiert, ist aufgrund der Geometriekomplexität nicht möglich.

**Visuelle Bauteilüberprüfung und räumliche Veranschaulichung durch schattierte Bildausgabe.** Je komplexer die Bauteilgeometrie, desto langwieriger ist der gedankliche Einarbeitungsprozeß hinsichtlich der räumlichen Vorstellung. Mit Hilfe einer schattierten Bildausgabe können viele Verständnisfragen vermieden werden.

**Kollisionsbetrachtungen.** Auf der Grundlage des Volumenmodells und der schattierten Darstellung des Bauteils lassen sich Kollisionsbetrachtungen durchführen, wie beispielsweise die Anordnung von bewegten Teilen oder der Verlauf von Bohrungskanälen.

**Montagesimulation.** Bereits während der Konstruktionsphase kann der Montageablauf in der Zusammenbaudarstellung durchgespielt werden. Fragen hinsichtlich der Zugänglichkeit und der optimalen Bauteilanordnung können somit beantwortet bzw. unterstützt werden.

**Grundlage für die Kopplung mit einem wissensbasierten System.** Erst eine dreidimensionale Bauteilbeschreibung definiert die Gestalt komplexer Produkte eindeutig. Ansichten bzw. Schnitte im 2D-System können komplexe Bauteile nicht vollständig und eindeutig abbilden. Durch die Verwendung eines dreidimensionalen Feature-Konzeptes können die erforderlichen Funktionselemente ausgehend vom CAD-System auch im wissensbasierten System durch entsprechende Repräsentationsformen abgebildet werden. Auf dieser Grundlage wird eine Konstruktionsüberwachung möglich.

**Grundlage für die Kopplung mit einem Kosteninformationssystem.** Auf der Basis einer dreidimensionalen Produktbeschreibung wird die Möglichkeit geschaffen, den eindeutig beschreibbaren räumlichen Kontext des Bauteils an ein entsprechendes Kosteninformationssystem zu übertragen, mit dessen Hilfe überschlägig die Herstellkosten zu jedem Zeitpunkt des Konstruktionsprozesses ermittelt werden können. Mit einer derartigen Kombination kann ein wesentlicher Beitrag zur konstruktionsbegleitenden Kalkulation und somit zur Kostensenkung im Konstruktionsprozeß durch Kostenvergleiche unterschiedlicher Gestaltungsvarianten geleistet werden.

**Grundlage für die Ableitung und Fertigung des Gießereimodells.** Im Rahmen der konventionellen Gußteilentwicklung wird zunächst das Fertigteil in seiner Gestalt bestimmt. Das Ergebnis der Produktentwicklung ist eine Konstruktionszeichnung. Auf der Basis dieser Bauteilbeschreibung fertigte der Gießereifachmann eine Modellzeichnung an, die sich von der Konstruktionszeichnung durch form- und gießereitechnische Ergänzungen wie Kerne u. a. unterscheidet. Im weiteren Verlauf erstellt der Modellbauer nach dieser Zeichnung die Modelleinrichtung, die in der Regel aus dem Modell und den zugehörigen Kernkästen besteht. Diese Modelle werden je nach Gußstückzahl aus Holz, Kunstharz, Metall, Polystyrol oder Wachs hergestellt. Mit Hilfe dieses Modells wird schließlich in der Formerei die eigentliche Sandform als verlorene Form angefertigt. Durch die 3D-Modellierung besteht nun die Möglichkeit, unter Berücksichtigung der Schwundmaße und der erforderlichen Bearbeitungszugabe das Gußrohteil und damit das Gießereimodell direkt am CAD-System zu konstruieren und auf dieser Grundlage die NC-Programmierung für eine mehrachsige Fräsbearbeitung durchzuführen.

**Einbaubetrachtungen des Bauteils oder der Baugruppe in das übergeordnete Aggregat.** Durch die Bereitstellung des Produktes als dreidimensionales Volumenmodell kann der Kunde den Einbau simulieren. Neben Kollisionsbetrachtungen können Einbauraum, Zugänglichkeit und andere Montageaspekte untersucht werden.

**Geometriebereitstellung für die NC-Bearbeitung.** Im Hinblick auf die erforderliche NC-Bearbeitung des Werkstücks können die Geometriedaten direkt von einem internen NC-Modul bzw. einem externen NC-Programmiersystem genutzt und weiterverarbeitet werden.

**Geometriebereitstellung der Bauteildaten für die FEM-Berechnung.** Das dreidimensionale Volumenmodell kann ohne langwierige Geometrieaufbereitung in das FEM-System übertragen und dort vermascht werden. Somit kann schnellstmöglich eine rechnergestützte Bauteilberechnung durchgeführt werden. Ferner wird die Grundlage für eine FEM-basierende Gestaltoptimierung geschaffen, indem die innerhalb des FEM-Systems analysierte und optimierte Bauteilgeometrie wiederum der CAD-Datenbasis bereitgestellt wird.

**Geometriebereitstellung für das Vermessen mit einem CNC-Koordinatenmeßgerät.** Auf der Grundlage des 3D-Volumenmodells kann die Meßprogrammerstellung wesentlich beschleunigt werden. Davon betroffen sind sowohl die bearbeiteten Werkstücke als auch die Guß- und Schmiedemodelle. Ferner wird durch die Kopplung mit einem CNC-Koordinatenmeßgerät ein direkter Soll-Ist-Vergleich zwischen dem konstruierten und dem gefertigten Gehäuse ermöglicht.

### 3.2.2 Multidirektionale Assoziativität

Vor dem Hintergrund einer widerspruchsfreien Produktdefinition ergeben sich entscheidende Vorteile durch die multidirektionale Assoziativität. Konkret ist hiermit die direkte und wechselseitige Verbindung bzw. Abhängigkeit sämtlicher bauteilbeschreibender Unterlagen gemeint. Dies betrifft insbesondere das 3D-Modell, die daraus abgeleiteten 2D-Zeichnungen und Explosionsdarstellungen von Baugruppen, FEM-Netze und NC-Programme. Unerheblich ist dabei, in welchen Dokument ein bauteilbeschreibender Parameter geändert wird. In jedem Fall hat diese Produktmodifikation eine entsprechende Anpassung in sämtlichen vorhandenen Dokumenten zur Folge.

Änderungen in einer 2D-Ansicht werden somit auch im 3D-Volumenmodell berücksichtigt. Selbst eine geometriebetreffende Änderung im NC-Programm hat Auswirkungen auf die Modellbeschreibung. Grundlage hierfür ist eine einheitliche Datenbasis. Während bisherige CAD-Systeme und NC-Programmiersysteme mit Hilfe von genormten Schnittstellenformaten die relevanten Geometriedaten austauschen mußten, wird durch die multidirektionale Assoziativität eine durchgängige Parametrik innerhalb des technischen Produktentstehungsprozesses gewährleistet.

Durch die Unterstützung einer multidirektionalen Assoziativität kann der bisherige Aufwand für die Einarbeitung von Änderungen in die Konstruktionsunterlagen und Fertigungsdokumentation wesentlich verringert werden. Doch nicht nur die Zeitersparnis steht hierbei im Vordergrund, sondern auch die Reduzierung der Fehlerquote beim Beherrschen der Auswirkungen unterschiedlicher Änderungszustände von Teilen und Baugruppen ist von zentraler Bedeutung [HER-92].

### 3.2.3 Featurebasierte Produktmodellierung

Der Begriff des Features - zu deutsch: Formelement - steht für eine Bauteilbeschreibung unter Berücksichtigung von geometrischen und technologischen Aspekten. Erste Entwicklungsarbeiten auf diesem Gebiet basierten auf dem Ansatz, die Geometriedefinition für NC-Programmier- und CAP-Systeme zu vereinfachen [PRA-84], [PRA-88], [SSR-88]. Ursprünglich wurden die jeweiligen Features spezifischen Fertigungsoperationen zugeordnet. Heute wird der Begriff des Features weiter gefaßt. Da Features mittlerweile in zahlreichen Anwendungsgebieten verwendet werden, existiert keine allgemeingültige Definition. Im Konstruktionsbereich beschreibt ein Feature meist ein geometrisches Element mit zusätzlichen nichtgeometrischen Attributen (vgl. [ROT-91], [SCH-92]).

Die Methoden des Feature-Einsatzes lassen sich generell in vier Bereiche klassifizieren, Abb. 3.2:

- manuelle Feature-Identifikation,
- automatische Feature-Erkennung,
- featurebasiertes Modellieren und
- Definition von Features.

**Manuelle Feature-Identifikation.** Die *manuelle Feature-Identifikation* ist die einfachste und zugleich fehleranfälligste Möglichkeit, eine Feature-Struktur zu generieren. Der CAD-Anwender selektiert dabei im Rahmen eines interaktiven Dialogs bereits vorhandene Geometrieelemente und definiert durch entsprechendes Zusammenfassen die jeweiligen Features. Verfahren für die manuelle Feature-Identifikation wurden sowohl für B-Rep- als auch für CSG-Modelle entwickelt. Somit ist es möglich, verschiedene Geometrieelemente zu einem Feature zusammenzufassen. Diese Feature-Daten können durch technologische Informationen - wie beispielsweise Angaben zur Toleranz und Oberflächengüte - erweitert werden [SSR-88], [SKJ-90], [EHS-92]. Doch die Feature-Identifikation weist zahlreiche Probleme auf. So ist es kaum möglich, Nachbarschaftsbeziehungen und Zwangsbedingungen zu erfassen, eine vollständige Repräsentation zu ermöglichen oder eine Übereinstimmung des identifizierten Bauteils mit dem realen Objekt zu garantieren [SCH-92], [SNS-92]. Diese Methode der Erzeugung einer Featurestruktur setzt eine Programmierschnittstelle voraus und kann bei konventionellen bzw. nicht-featureorientierten CAD-Systemen eingesetzt werden.

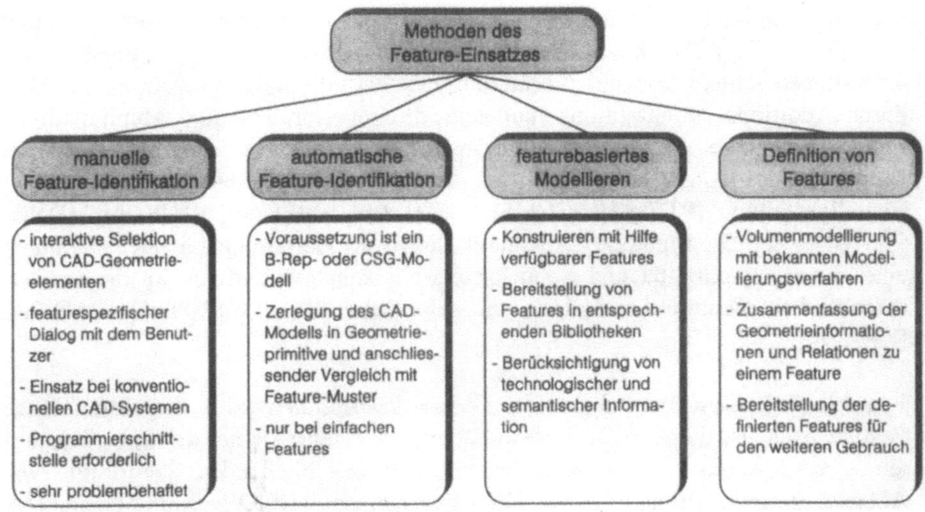


**Abb. 3.2.** Methoden des Feature-Einsatzes

**Automatische Feature-Erkennung.** Die Methoden der *automatischen Feature-Erkennung* basieren auf der Idee, aus den einzelnen Elementen des CAD-Geometriemodells mit Softwareunterstützung signifikante Identifikationsmerkmale eines Features zu erkennen. Die bekannten Verfahren beruhen entweder auf der Mustererkennung [HEA-84], [SAG-88], [KAP-89], auf der partiellen Volumenzerlegung [WOO-82], [SSR 88], auf der Manipulation der CSG-Baumdarstellung [LEF-87], auf Erkennungsmethoden mit neuronalen Netzwerken oder Feature-Analysen mit Hilfe von Regeln eines wissensbasierten Systems [PSW-89], [KRL-89]. Der Einsatz einer automatischen Feature-Erkennung beschränkt sich auf einfache Bauteile mit ausschließlich geometrischen Angaben. Technologiedaten müssen analog zur Feature-Identifikation nachträglich manuell ergänzt werden. Abgesehen von den zahlreichen Identifikationsproblemen gelten dieselben Einschränkungen der manuellen Feature-Identifikation auch für die automatische Feature-Erkennung.

**Featurebasierte Modellierung.** Bei der *featurebasierten Modellierung* beschreibt der Konstrukteur das Produkt mit Hilfe von bereitgestellten Features. Das gewünschte Feature wird dabei aus einer Feature-Bibliothek ausgewählt und im Anschluß an die entsprechende Skalierung und Lagebestimmung im Konstruktionskontext plaziert. Nichtgeometrische Angaben sowie Zwangsbedingungen können bereits während der Generierung spezifiziert werden. Die entsprechenden Nachbarschaftsbeziehungen resultieren automatisch aus der Plazierung des Features im Konstruktionskontext. Featurebasierte Modellierer können generell in zwei Klassen unterschieden werden: dekompositorische und kompositorische Verfahren. Dekompositorische Modellierer basieren auf einer destruktiven Vorgehensweise und orientieren sich stark an Fertigungsoperationen. Die verwendeten Features entsprechen Volumensubtraktionen, mit deren Hilfe zunächst ausgehend von einem definierten Rohteil Schritt für Schritt das gewünschte Fertigteil gestaltet wird [PTC-87], [CTM-88], [TUA-88], [JOC-88], [SDR-90]. Im Gegensatz dazu unterstützen kompositorische Verfahren eine featurebasierte Bauteilmodellierung durch Additions-, Subtraktions- und hybride Generierungs- und Manipulationsfunktionen. Diese Art der Modellierung orientiert sich in erster Linie an der Denkweise des Konstrukteurs und ermöglicht ihm vielfältige Freiheitsgrade bei der Bauteilgestaltung [PTC-87], [CCP-88], [SDR-90], [MFR-90], [HJK-90], [DNO-91], [SNS-92]. Die Methode der featurebasierten Modellierung zeichnet sich durch eine enorme Flexibilität und Benutzerfreundlichkeit aus und scheint die vielversprechendste Feature-Anwendung zu sein [SSR-88], [TÖR-89a], [PAH-90], [KRA-90].

**Feature-Definition.** Im Rahmen der *Feature-Definition* wird das zu definierende Feature zunächst durch bekannte Modellierungsverfahren eines volumenorientierten CAD-Systems beschrieben. Nach einer anschließenden Definition von Abhängigkeiten zwischen den einzelnen Parametern wird die gesamte Geometrieinformation zusammengefaßt und als Feature abgespeichert. Das neudefinierte Feature kann nun im weiteren Konstruktionsablauf vom Konstrukteur aufgerufen und mit aktuellen Konstruktionsparametern spezifiziert werden [ROT-91]. Auf diese Weise beschränkt sich die Auswahl des Konstrukteurs nicht auf die vom System angebotenen Standard-Features, sondern der Anwender kann selbständig eigene Features definieren, um eine weitere Effizienzsteigerung bei der Bauteilmodellierung zu erzielen.

### 3.2.4 Bauteilgestaltung mit technologieorientierten Funktionselementen

Um eine integrierte Sichtweise auf den Produktentstehungsprozeß zu ermöglichen - d. h. sowohl Aspekte nachgeschalteter Prozesse bereits zum Konstruktionszeitpunkt zu berücksichtigen sowie die Unterstützung dieser nachgeschalteten Prozesse (Kalkulation, Arbeitsplanung und NC-Programmierung) nach Abschluß der Konstruktionsphase - müssen den einzelnen Features neben der geometrischen Beschreibung auch Informationen über Funktion bzw. Teilfunktion sowie Technologie zugeordnet werden. Dabei sollte sich die Abgrenzung der Features bzw. Konstruktionselemente am Vorstellungsvermögen des Konstrukteurs orientieren. Die Objekte und Teilobjekte, welche dem Konstrukteur bekannt sind, sollen deshalb auch als diskrete Objekte im Rechner dargestellt werden. Dabei kann folgende Definition hinsichtlich der Klassifikation der konstruktiven Objekte zugrunde gelegt werden, Abb. 3.3:

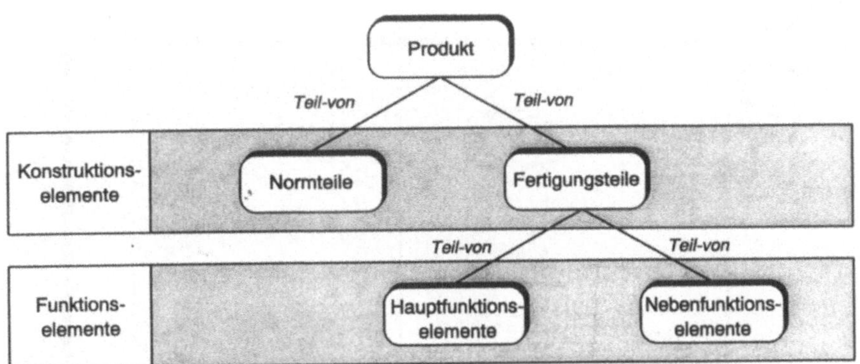


**Abb. 3.3.** Klassifikation der konstruktiven Objekte

Ein Produkt besteht generell aus Konstruktionselementen, die grundsätzlich in Norm- und Fertigungsteile unterschieden werden. Diese funktional und technologisch bestimmten Konstruktionselemente bilden somit die Grundlage für die Stückliste.

Die Fertigungsteile (z.B. Gehäuse, Wellen und Zahnräder) ihrerseits gliedern sich in Haupt- und Nebenfunktionselemente, die im folgenden als Funktionselemente bezeichnet werden. Ein Funktionselement repräsentiert somit im Gegensatz zum Konstruktionselement nur eine Teilfunktion. Am Beispiel der Getriebewelle bestehen solche Teilfunktionen unter anderem in der Aufnahme von Lagern, Zahnrädern oder Dichtungselementen. Bei der Bestimmung dieser Teilfunktionen stehen die Hauptfunktionselemente im Vordergrund. Die Aufgabe der Nebenfunktionselemente besteht darin, bereits existierende Hauptfunktionselemente in ihrer Form zu modifizieren (vgl. [HAA-92a], [HAA-93], [HMZ-94], [HAA-95]), Abb. 3.4.

Für die Fertigungsplanung sind aus dem Kreis der Konstruktionselemente ausschließlich die Gruppe der Fertigungsteile von Bedeutung. In der Entwurfsphase erstellt der Konstrukteur mit Hilfe der auf dem Menue bereitgestellten Funktionselemente sein zu modellierendes Bauteil. Neben der Geometriebeschreibung und Teilfunktionsbestimmung müssen jedem Funktionselement umfassende technologische Informationen zugeordnet werden. Derartige Technologieinformationen umfassen beispielsweise die Festlegung der Passungen und Toleranzen, die Bestimmung von Oberflächenangaben, Form- und Lagetoleranzen sowie die Auswahl des Fertigungsverfahrens. Die zu definierenden Funktionselemente, insbesondere die Hauptfunktionselemente, müssen über ein Höchstmaß an technologischen Angaben verfügen. Aus diesem Grund können keine bereits bekannten Standard-Features Berücksichtigung finden, sondern es müssen vielmehr am jeweiligen Fertigungsteil bzw. -prozeß orientierte Formelemente definiert werden.

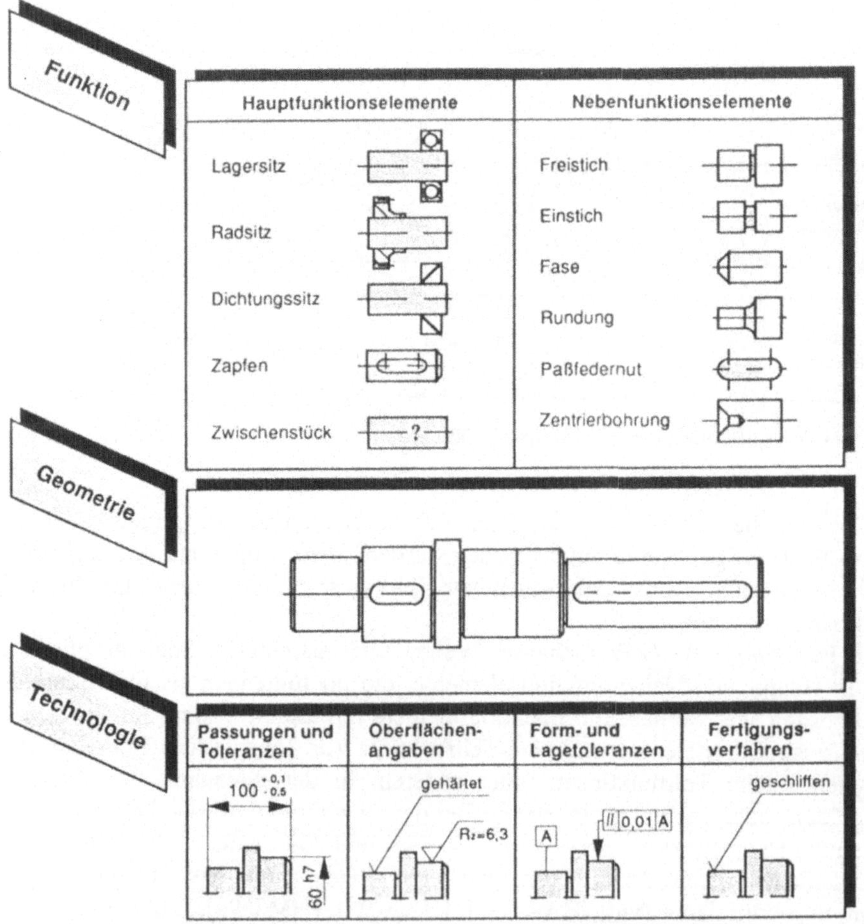


**Abb. 3.4.** Aspekte technologieorientierter Funktionselemente am Beispiel Getriebewelle

Der Definition der technologieorientierten Funktionselemente kommt eine zentrale Bedeutung zu. Ihre Gestalt entscheidet über die Akzeptanz des Konstruktionssystems beim Anwender, den Komfort der Bauteilmodellierung, die Berücksichtigung von Aspekten nachgeschalteter Prozesse und letztlich über den erforderlichen Bearbeitungszeitraum in der Konstruktionsphase. Die Beschreibung der Funktionselemente muß nach einer Analyse des zu unterstützenden Produktspektrums durchgeführt werden. Bei der Aufteilung der konstruktiven Objekte in Haupt- und Nebenfunktionselemente muß darauf geachtet werden, eine dem konventionellen Konstruktionsablauf entsprechende, sinnvolle Aufteilung zu finden und gleichzeitig die jeweiligen Fertigungsaspekte zu berücksichtigen, ohne jedoch die gestalterische Freiheit insbesondere bei der Modellierung komplexer Bauteile gravierend einzuschränken.

Im Gegensatz zu allgemeingültigen Features orientieren sich die technologieorientierten Funktionselemente wesentlich stärker am zu modellierenden Produktspektrum, dessen Besonderheiten sowie den damit verbundenen Bearbeitungsverfahren (vgl. Kap. 5.1). Damit besteht der wesentliche Vorteil der technologieorientierten Funktionselemente im Vergleich zu den Standard-Features einerseits in der wesentlich kürzeren Modellierungsphase und andererseits in der weiterreichenden Unterstützung nachgeschalteter Prozesse (vgl. [HAA-93c], [HAA-94], [HAA-94b], [HMZ-94a]). Dem steht jedoch entgegen, daß für jeden Gegenstandsbereich eigene Funktionselemente definiert und implementiert werden müssen. Doch diesem Nachteil kann durch die Bereitstellung eines Funktionselemente-Editors begegnet werden, der es dem Anwender erlaubt, ohne Programmierkenntnisse entweder mit Hilfe einer Beschreibungssprache oder eingebettet in einen interaktiven Dialog neue Funktionselemente zu definieren und in einer zentralen Bibliothek abzulegen.

### 3.2.5 Default-Unterstützung

Um den Eingabeaufwand des Anwenders in seinem Umfang auf das Wesentliche zu beschränken, können bereits bei der Wertezuweisung von Feature-Parameter im CAD-System allgemeingültige Aussagen als voreingestellte Standardwerte (engl.: Defaults) unterstützt werden. Die Default-Werte werden in externen Textdateien - den Default-Werte-Dateien - abgelegt, um so einen ständigen Zugriff der CAD-Erweiterung zu ermöglichen. Der Vorteil dieser Datenhaltung besteht darin, daß die Werte ohne neue Programmübersetzung an die Anforderungen des Benutzers angepaßt werden können. Für die Realisierung des Funktionselemente-Konzeptes ist dieser Datentyp von besonderer Bedeutung. So können sämtliche Technologieparameter der Haupt- und Nebenfunktionselemente als Defaults abgebildet werden. Zum Zeitpunkt des Feature-Aufrufs erfolgt ihre Wertezuweisung und sie besitzen solange Gültigkeit, bis sie vom Anwender überschrieben werden. So kann beispielsweise beim Parameter "Bearbeitungsverfahren" des Features "*Lagersitz*" der Default-Wert "drehen" zugewiesen werden. Die Speicherung dieser Werte erfolgt idealerweise in bauteilspezifischen Dateien, beispielsweise getrennt für Gehäuse, Zahnräder und Wellen.

Neben den konstanten Default-Werten für eher einfache Features wurde für komplexere Formelemente die Gruppe der kontextsensitiven Default-Werte implementiert, die entweder durch Formeln oder durch Tabellen gesteuert werden. Beim Einsatz von Formel-gesteuerten Default-Werten spezifiziert der Anwender nur einen Teil der Feature-Parameter, während die restlichen Werte berechnet werden. Am Beispiel des geradverzahnten Ritzels mit Evolventenverzahnung wird die gegenseitige Abhängigkeit der Feature-Parameter Modul (m), Zähnezahl (z), Kopfkreisdurchmesser ($d_a$) und Teilkreisdurchmesser (d) unterstützt [HMZ-94]:

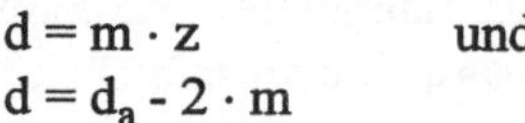

$$d = m \cdot z \qquad \text{und}$$
$$d = d_a - 2 \cdot m$$

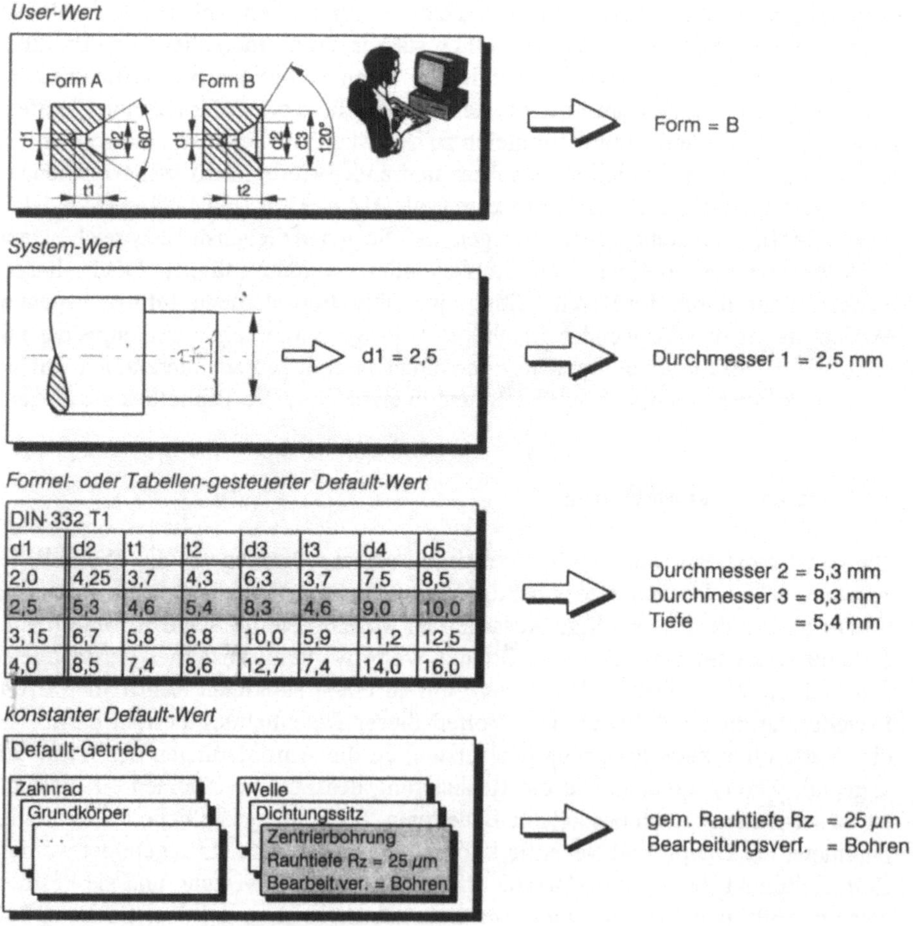

*User-Wert*

Form A

Form B

Form = B

*System-Wert*

d1 = 2,5

Durchmesser 1 = 2,5 mm

*Formel- oder Tabellen-gesteuerter Default-Wert*

DIN 332 T1

| d1 | d2 | t1 | t2 | d3 | t3 | d4 | d5 |
|---|---|---|---|---|---|---|---|
| 2,0 | 4,25 | 3,7 | 4,3 | 6,3 | 3,7 | 7,5 | 8,5 |
| 2,5 | 5,3 | 4,6 | 5,4 | 8,3 | 4,6 | 9,0 | 10,0 |
| 3,15 | 6,7 | 5,8 | 6,8 | 10,0 | 5,9 | 11,2 | 12,5 |
| 4,0 | 8,5 | 7,4 | 8,6 | 12,7 | 7,4 | 14,0 | 16,0 |

Durchmesser 2 = 5,3 mm
Durchmesser 3 = 8,3 mm
Tiefe = 5,4 mm

*konstanter Default-Wert*

Default-Getriebe

Zahnrad
Grundkörper
...

Welle
Dichtungssitz
Zentrierbohrung
Rauhtiefe Rz = 25 μm
Bearbeit.ver. = Bohren

gem. Rauhtiefe Rz = 25 μm
Bearbeitungsverf. = Bohren

**Abb. 3.5.** Parameter-Hierarchie am Beispiel der Zentrierbohrung

Hier reicht deshalb die Festlegung von zwei der vier Parameter aus, um die jeweils fehlenden Werte zu bestimmen. Dagegen konzentriert sich der Einsatz der Tabellen-gesteuerten Default-Werte in erster Linie auf Funktionselemente, deren Parameter durch eine Norm oder Richtlinie bestimmt werden können. So reicht beispielsweise beim Aufruf einer Zentrierbohrung die Auswahl des betreffenden Wellenabsatzes sowie die Festlegung der Gestaltungsform, um sämtliche ableitbare Geometrie-Parameter der Zentrierbohrung durch eine Steuertabelle zu bestimmen, Abb. 3.5. Bei sämtlichen Feature-Parametern wird die Herkunft des Wertes vermerkt, wobei grundsätzlich 5 Zustände unterschieden werden:

- Statischer Default-Wert,
- Formel-gesteuerter Default-Wert,
- Tabellen-gesteuerter Default-Wert,
- System-Wert und
- User-Wert.

Während System-Werte beispielsweise von einem gekoppelten wissensbasierten System gesetzt werden, resultieren User-Werte stets aus einer Parameter-Bestimmung durch den Anwender. Entsprechend der Aufzählungsreihenfolge besitzt der Default-Wert die geringste und der User-Wert die höchste Priorität, Abb. 3.5. Im Falle der Forderung einer Parameteränderung durch ein wissensbasiertes System dürfen sämtliche Default-Werte automatisch geändert werden, während Änderungen von User-Werten ausschließlich durch einen Benutzerkommentar angezeigt und nur durch Zustimmung des Anwenders modifiziert werden dürfen. Nur auf dieser Grundlage wird die Akzeptanz eines Konstruktionssystems gewährleistet und eine unbemerkte Änderung durch das wissensbasierte System verhindert.

### 3.2.6 Wissensverarbeitung

In diesem Abschnitt soll erläutert werden, auf welche Weise bestehende CAD-KI-Systeme die Darstellung und Integration von konstruktionsrelevantem Wissen realisiert haben. Im Rahmen der wissensbasierten Unterstützung der Konstruktion tritt das Problem auf, daß neben dem Wissen über verfügbare Konstruktionselemente und deren methodischen Hintergrund auch der Zugriff auf die Geometrie realer Funktionselemente als Bestandteil einer existierenden Zeichnung gewährleistet werden muß. Die Anwendung und Verknüpfung von heuristischem Wissen auf der Basis geometrischer und topologischer Daten steht daher bei KI-unterstützten CAD-Systemen im Vordergrund. Im wesentlichen lassen sich drei Varianten unterscheiden (vgl. Kap. 4.2.2) [RAD-88]:

- rein regelbasierte Systeme,
- gemischte Struktur aus Objekten und Regeln,
- rein objektorientierte Systeme.

**Regelbasierte Systeme.** Rein regelbasierte Systeme verwenden neben Regeln keinerlei weitere Strukturen. Sämtliches Wissen sowie die Kontrollflußsteuerung ist in dieser Form abgelegt. Auf einer regelbasierten Grundlage sind vorwiegend Konfigurationssysteme realisiert, welche aus einer vorgegebenen Menge von Lösungen die optimale selektieren. Daher sind diese Typen am ehesten mit klassischen Expertensystemen vergleichbar, innerhalb derer die Lösungsfindung durch die Beantwortung von Fragen oder die Eingabe von Fakten gesteuert wird. Sie erzeugen keine neuen Elemente für die Lösungsmenge und besitzen keine Struktur zur Speicherung von Geometrieelementen und deren topologische und funktionale Beziehungen. Ihr primäres Einsatzgebiet liegt in der Konzeptions- bzw. in der frühen Entwurfsphase.

Die wichtigsten Verarbeitungsprinzipien sind:

- Forward-Chaining (für die Grobkonfiguration bzw. den Grobentwurf),
- Backward-Chaining (für die Feinkonfiguration bzw. den Feinentwurf),
- Parameter-Optimierung (bei der Variantenkonstruktion).

**Gemischte Struktur aus Regeln und Objekten.** Systeme dieser Struktur stellen eine Zwischenlösung zwischen rein regelbasierten und rein objektorientierten Systemen dar. Die Einführung einer Objektstruktur und -hierarchie erlauben eine weitergehende Unterstützung als die rein regelbasierten Systeme.

Zusätzlich zur Verarbeitung von Wissen über Bauteile und deren Verwendung können hier auch die topologische Struktur und die Teilehierarchie repräsentiert und somit eine weitergehende Wissensverarbeitung ermöglicht werden.

Das Wissen ist allerdings nach wie vor in Form von Regeln oder Regelpaketen abgelegt (vgl. PROLOG) und umfaßt neben der Ablaufsteuerung vorwiegend Design-Regeln. Den Einsatz derartiger Systeme finden wir vorwiegend bei der Merkmalserkennung (Feature Extraction), die Bestandteil der Konzeptions- und Detaillierungsphase ist. Dabei speichern die Regeln das Wissen zur Erkennung von Merkmalen. Die Features und CAD-Objekte werden jedoch als Objekte verwaltet.

**Objektorientierte Systeme.** Bei rein objektorientierten Systemen wurde das Prinzip der gemischten Systeme zu einer einheitlichen Struktur weiterentwickelt. Innerhalb solcher Systeme werden auch Regeln in Form von Objekten dargestellt. Es existieren somit zum einen Regelobjekte, die das Verhalten weiterer funktionaler Objekte beschreiben und zum anderen Objekte, die das Wissen direkt in ihrer Struktur repräsentieren.

Rein objektorientierte Systeme bieten eine ideale Struktur für flexible und variierbare CAD-KI-Systeme. Dabei können Objekte unterschiedliche Formen annehmen:

- *Features* (Geometrie, Topologie, Material, Toleranzen),
- *Regeln* (Designmodifikation, Entwurfsüberprüfung, Kostenschätzung, Ableitungsregeln),
- *Constraints* (technische und physikalische Beziehung zwischen Features),
- *Funktionen* (funktionale Beziehungen).

Zwischen den Elementen eines objektorientierten Systems sind im wesentlichen zwei Arten von Beziehungen realisiert, die meist sogar gleichzeitig auftreten. Zum einen wird mit Hilfe eines Baumes die Teilehierarchie bzw. die Produktstruktur festgelegt. Als Beispiel dafür kann ein Getriebe angeführt werden, das aus mehreren Zahnrädern, Wellen und einem Gehäuse besteht. Zum anderen wird ein semantisches Netzwerk verwendet, um die funktionalen, technischen und geometrischen Beziehungen zwischen beliebigen Objekten zu repräsentieren. Dieses Netz von Objekten legt somit sämtliche Abhängigkeiten der beteiligten Objekte fest, die für eine Wissensverarbeitung eine wichtige Voraussetzung sind.

**Entscheidungstabellensysteme.** Eine gewisse Ähnlichkeit zur regelbasierten Wissensverarbeitung weist die konventionelle Programmiermethode mittels Entscheidungstabellen auf. Hierbei gliedert sich der Entwurfsprozeß in zwei Schritte. Zunächst wird das Problem in Entscheidungsbäume zusammengefaßt und anschließend in Entscheidungstabellen formuliert. Auf dieser Grundlage kann eine automatische Prüfung auf Eindeutigkeit, Vollständigkeit, Widerspruchsfreiheit und Redundanzfreiheit erfolgen. Beim Sequentialisierungsprozeß werden die Entscheidungstabellen häufig in konventionelle Programme eingegliedert.

Eine Entscheidungstabelle ermöglicht eine übersichtliche Darstellung von Sachwissen in der Form "wenn ..., dann ...", bzw. mittels Bedingungs- und Aktionsteil. Der Bedingungsteil ist vertikal durch Regelnummern unterteilt, Abb. 3.6. Hinsichtlich der semantischen Interpretation können Eintreffer und Mehrtreffer-Entscheidungstabellen unterschieden werden [JÜF-89].

**Verbale Formulierung**

- Wenn Dicke < 3 und Breite < 100 und Länge < 2500, dann wähle Ausgangsmaterial "Band" und führe Bearbeitung auf Maschine Nr. 1030 durch.
- Wenn Dicke < 3 und Breite >= 100 und Länge < 2500, dann wähle Ausgangsmaterial "Tafel" und führe Bearbeitung auf Maschine Nr. 1030 durch.
- Wenn Dicke >= 3 und Länge < 2500, dann wähle Ausgangsmaterial "Tafel" und führe Bearbeitung auf Maschine Nr. 1040 durch.
- Wenn Länge >= 2500, dann kann das Werkstück nicht gefertigt werden.

**Entscheidungstabelle**

| | Regel 1 | Regel 2 | Regel 3 | Regel 4 |
|---|---|---|---|---|
| Dicke | < 3 | < 3 | >= 3 | |
| Breite | < 100 | >= 100 | | |
| Länge | < 2500 | < 2500 | < 2500 | >= 2500 |
| Material | Band | Tafel | Tafel | nicht |
| Maschine | 1030 | 1030 | 1040 | fertigbar |

**Abb. 3.6.** Entscheidungstabelle für die Arbeitsplanung

# 4 Neue Einsatzgebiete von CAD-Anwendungen

## 4.1 Konstruktionsbegleitende Kalkulation

Obwohl der Wunsch einer Kostenfrüherkennung seit jeher im Maschinenbau besteht, befindet sich die konstruktionsbegleitende Kalkulation noch im Anfangsstadium der industriellen Nutzung. Das Ziel der konstruktionsbegleitenden Kalkulation ist die Überprüfung der Einhaltung von Kostenvorgaben für das Produkt sowie die Minimierung der Kosten. Auf dieser Grundlage können erforderliche Änderungen noch während des Konstruktionsprozesses vorgenommen werden.

Ehrlenspiel unterscheidet in diesem Zusammenhang einen großen und einen kleinen Regelkreis [EHR-80]. Der momentane Zustand in den Unternehmen ist dadurch gekennzeichnet, daß das Produkt zunächst in der Konstruktion gestaltet und im Anschluß daran in der Arbeitsvorbereitung und Kalkulationsabteilung die Kostenanalyse durchgeführt wird. Ist nun infolge der Kostenanalyse eine Änderung notwendig, so sind die entsprechenden Maßnahmen nur mit einem erheblichen Aufwand zu realisieren. Während diese Vorgehensweise den großen Regelkreis repräsentiert, nimmt die konstruktionsbegleitende Kalkulation die Stellung des kleinen Regelkreises ein. Hier kann bereits während des Konstruktionsprozesses das Kostenziel kontrolliert werden und gegebenenfalls mit Hilfe von kostensenkenden Maßnahmen noch vor Abschluß der Konstruktionsarbeit korrigiert werden.

Die Aufgaben der konstruktionsbegleitenden Kalkulation orientieren sich an den Schritten des Konstruktionsprozesses und können in drei Bereiche gegliedert werden [BBS-90]:

- Bereitstellung von Kosteninformationen,
- Kostenberechnung und
- Kostenminimierung.

### 4.1.1 Kalkulationsarten und Kalkulationsverfahren

Die Kalkulation hat nach [DUB-90] die Aufgabe, die beim Produktentstehungsprozeß entstanden Kosten auf die absatzfähigen und innerbetrieblichen Leistungen zu verrechnen.

Je nach Erstellungszeitpunkt einer Kalkulation wird zwischen folgenden Kalkulationsarten unterschieden:

- Vorkalkulation,
- Zwischenkalkulation und
- Nachkalkulation.

Durch das Kalkulationsverfahren wird der rechnerische Aufbau einer Kalkulation festgelegt, d.h. die Art und Weise der Kostenzurechnung ist von der Kalkulationsart unabhängig. Die Anwendung eines Kalkulationsverfahrens ist dabei abhängig von der Produktzahl, vom Produktprogramm und von den Produktionsverfahren. Die Anwendungsmöglichkeiten und die verschiedenen Kalkulationsverfahren können prinzipiell in vier Klassen unterteilt werden:

- *Divisionskalkulation* (für ein gleichartiges Erzeugnis),
- *Äquivalenzziffernkalkulation* (für unterschiedliche aber verwandte Erzeugnisse),
- *Zuschlagskalkulation* (für unterschiedliche, nicht verwandte Erzeugnisse),
- *Kalkulation von Koppelprodukten* (wenn im Prozeß mehrere Produkte gleichzeitig anfallen).

**Divisionskalkulation.** Die Divisionskalkulation ist das einfachste Kalkulationsverfahren und wird bei Massenfertigung angewandt. Bei ihr werden die Gesamtkosten einer Periode durch die gesamte hergestellte Menge geteilt und erhält dadurch die Herstell- bzw. Selbstkosten. Bei der Divisionskalkulation lassen sich 2 Unterformen unterscheiden, die sich nach dem möglichen Differenzierungsgrad der Produktion richten. Liegt eine einstufige Produktion vor, d.h. der Betriebsprozeß läßt sich nicht unterteilen, wird die einstufige Divisionskalkulation angewandt. Kann der Betriebs- oder Produktionsprozeß jedoch aufgeteilt werden (mehrstufige Produktion), so kann die mehrstufige Divisionskalkulation verwendet werden [OLF-91], [DIN-32992a].

**Äquivalenzziffernkalkulation.** Die Äquivalenzziffernkalkulation ist nach [OLF-91] eine Divisionskalkulation im weiteren Sinne. Sie setzt keine Einproduktunternehmung voraus, sondern geht bei einer Mehrproduktunternehmung davon aus, daß die Kosten von artverwandten Erzeugnissen (z.B. Bleche unterschiedlicher Dicken, verschiedene Biersorten etc.) in einem klar definierten Verhältnis stehen, das durch die Äquivalenzziffer ausgedrückt wird. Auch hierbei wird zwischen einer einstufigen und einer mehrstufigen Methode unterschieden [VDI-2234].

**Zuschlagskalkulation.** Das in der industriellen Praxis weitverbreitetste Kalkulationsverfahren ist die Zuschlagskalkulation. Hier werden die Einzelkosten direkt und die Gemeinkosten über Zuschläge indirekt auf die Kostenträger zugerechnet. Sie wird in Unternehmungen angewandt, bei denen die Anzahl der in einem Abrechnungszeitraum bearbeiteten Arten von Kostenträgern relativ groß oder fertigungstechnisch eine geringe Verwandtschaft vorhanden ist. Die Zuschlagsätze werden im allgemeinen über den Betriebsabrechnungsbogen (BAB) ermittelt. Dabei wird eine Proportionalität zwischen Einzel- und Gemeinkosten unterstellt.

Als einfachstes, aber auch ungenauestes, Verfahren findet die *summarische Zuschlagskalkulation* im wesentlichen nur in Kleinbetrieben Verwendung. Dabei werden die Gemeinkosten nur auf eine Bezugsgröße (z.B. Fertigungslohnkosten) verrechnet.

Nach [VDI-2234] ist die differenzierte Zuschlagskalkulation das in der Praxis gebräuchlichste Kalkulationsverfahren. Bei ihr werden die Gemeinkosten nicht pauschal zugerechnet, sondern verursachungsgemäß berücksichtigt. Dabei wird eine Trennung der Gemeinkosten in die Bereiche Material, Fertigung, Verwaltung und Vertrieb vorgenommen. Um die Gemeinkosten verursachungsgerecht zuordnen zu können, werden als Basis für die Verrechnung die in den einzelnen Bereichen entstandenen Einzelkosten herangezogen. Bei Vertrieb und Verwaltung werden die Herstellkosten als Basis verwendet. Mit dem dadurch entstehenden Schema lassen sich die Selbstkosten und die Herstellkosten ermitteln.

Um den Gemeinkostenblock noch weiter aufzuschlüsseln, wurde die *Zuschlagskalkulation mit Maschinenstundensätzen* - oft auch als Maschinenstundenrechnung bezeichnet - eingeführt. Dabei wird das Ziel verfolgt, die Gemeinkosten dadurch verursachungsgerechter zuzuordnen, indem Maschinenstundensätze eingeführt und so maschinenabhängige Gemeinkosten direkt dem Kostenträger zugeschlagen werden können. Um dies umsetzen zu können, werden die Maschinenkosten aus dem Maschinenstundensatz und der Fertigungszeit pro Werkstück ermittelt und fließen direkt in die Kalkulation ein. Entsprechendes ist auch mit den Werkzeug- und Vorrichtungskosten möglich. Die Restfertigungsgemeinkosten werden als Gemeinkostenzuschlag den Fertigungslohnkosten zugerechnet (vgl. Kap. 5.2.3).

**Kalkulation von Koppelprodukten.** Diese Art der Kalkulation wird nur der Vollständigkeit halber hier erwähnt, da sie für den Maschinenbau keine nennenswerte Bedeutung besitzt. Sie findet in der petro-chemischen Industrie ihre Anwendung sowie in sämtlichen Unternehmungen - beispielsweise Kokereien - in denen aus denselben Ausgangsmaterialien gleichzeitig mehrere verschiedene Produkte entstehen. Da hierbei eine starke gegenseitige Abhängigkeit der Produkte auftritt, ist eine verursachungsgerechte Zuordnung der Kosten nicht möglich.

### 4.1.2 Methoden der konstruktionsbegleitenden Kalkulation

Die verschiedenen Methoden der konstruktionsbegleitenden Kalkulation orientieren sich an den bekannten Phasen des Konstruktionsprozesses, denn abhängig vom jeweiligen Konstruktionsstadium sind unterschiedliche Informationen verfügbar. Daher können generell pauschale und analytische Verfahren unterschieden werden [SIR-91], [SCH-85], Abb. 4.1.

*Pauschale Verfahren* werden eingesetzt, sofern noch keine geometrischen oder fertigungstechnischen Daten vorhanden sind. Grundlage dieser Verfahren sind

Kostenschätzungen mit Hilfe von Kenngrößen oder Ähnlichkeiten zu früheren Bauteilen.

Dagegen verwenden *analytische Verfahren* bereits vorhandene Geometriedaten, aus denen über systematische Kalkulationsschemata die entsprechenden Kostenberechnungen durchgeführt werden. Dabei ist zu unterscheiden, ob lediglich Geometriedaten als Ausgangsbasis zur Verfügung stehen, oder ob bereits Fertigungsdaten berücksichtigt werden können.

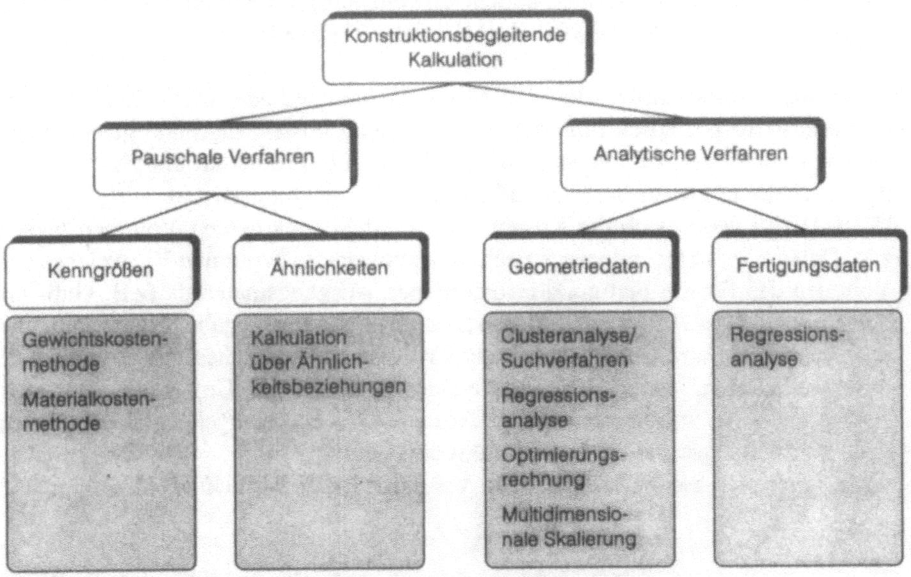


**Abb. 4.1.** Methoden der konstruktionsbegleitenden Kalkulation

**Gewichtskostenmethode.** Die Gewichtskostenmethode ist ein Verfahren, das insbesondere bei großen Werkstücken oder großen Stückzahlen relativ genaue Ergebnisse liefert, da dort der Materialanteil und folglich auch der Materialkostenanteil an den Herstellkosten sehr hoch ist. Bei diesem Verfahren, das in der Praxis sehr häufig Anwendung findet, werden Aussagen über die zu erwartenden Kosten eines Kalkulationsobjekts anhand seines Gewichts getroffen. Da der Gewichtsanteil und damit verbunden die Materialkosten insbesondere bei Gußteilen den Hauptkostenträger darstellt, wird in erster Linie im Gußbereich häufig die Gewichtskostenmethode herangezogen. Zur Kalkulation wird eine spezifische Gewichtskostenfunktion gebildet, die je nach Proportionalität der Herstellkosten zum Gewicht unterschiedliche Gestalt annehmen kann. Diese Gewichtskostenfunktion wird häufig über eine Analyse mehrerer Objekte mit ähnlichen Produkteigenschaften aufgestellt und bildet die Beziehung zwischen Gewicht $G$ in kg zu Gewichtskostensatz $HK_g$ in DM/kg ab:

$$HK = HK_g \cdot G$$

Der Gewichtskostensatz ermittelt sich aus der Division von Herstellkosten/Gewicht von bereits kalkulierten Produkten bzw. Bauteilen. Da diese Form der Gewichtskostenfunktion mittels moderner Interpolationsverfahren problemlos auf den Rechner übertragbar ist, kann auf sehr einfache Weise bereits in der Entwurfsphase eine Abschätzung der entstehenden Kosten durchgeführt werden.

Im Hinblick auf die Aktualität der Gewichtskostenfunktion wird die starre Beziehung zwischen Gewicht und Kosten durch die Einführung eines Multiplikators angepaßt, welcher die Höhe der jährlichen Teuerungsrate berücksichtigt. Dadurch wird die für Kurzkalkulationen übliche Abweichung des Ergebnisses nicht beeinträchtigt bzw. vergrößert [EHR-85], [MÜL-91], [ORE-89].

**Materialkostenmethode.** Bei der Materialkostenmethode wird eine konstante Kostenstruktur bezüglich Material- und Fertigungskosten zugrunde gelegt. Somit wird vorausgesetzt, daß bezogen auf eine bestimmte Produktart ein gleichbleibendes Verhältnis zwischen Materialkosten und Fertigungskosten vorliegt. Nach [VDI-2225a] lassen sich die Kosten eines Produkts aus dessen Volumen berechnen. Dabei wird unterschieden zwischen Bruttowerkstoffvolumen $V_b$, welches dem Volumen des für die Fertigung erforderlichen Ausgangsmaterials (z.B. Guß- und Schmiedeteile im Anlieferungszustand mit Bearbeitungszugabe, Halbzeuge, Bleche) entspricht, und dem Nettowerkstoffvolumen $V_n$, welches das Volumen des fertigbearbeiteten, einbaufertigen Werkstücks bestimmt. Um vom Nettowerkstoffvolumen $V_n$ zum Bruttowerkstoffvolumen $V_b$ zu gelangen, muß der prozentuale Bearbeitungszuschlag $z_b$ eingeführt werden.

Die Beziehung zwischen den beiden Volumina lautet folglich:

$$V_b = V_n \cdot (1 + z_b)$$

Sind die Werkstoffkosten je Volumeneinheit $k_v$ bekannt, so lassen sich die Brutto-Werkstückkosten je Teil wie folgt berechnen [VDI-2225b]:

$$W_b = V_b \cdot k_v$$

$W_b$ = Brutto-Werkstückkosten in DM
$V_b$ = Bruttowerkstoffvolumen in $cm^3$
$k_v$ = Werkstoffkosten je Volumeneinheit in $DM/cm^3$

Die eigentlichen Materialkosten (M) setzten sich jedoch aus der Summe der Brutto-Werkstoffkosten, der Kosten für die Zulieferung (Z) und den zugehörigen Gemeinkosten zusammen:

$$M = (W_b + G_w) + (Z + G_z)$$

$G_w$ = Werkstoffgemeinkosten
$G_z$ = Zuliefergemeinkosten

In der praktischen Anwendung werden die Gemeinkosten als prozentuale Zuschläge $g_w$ und $g_z$ verwendet (folgende Mittelwerte gelten als Richtwerte: $g_w$ = 0,25 oder 25% ; $g_z$ = 0,15 oder 15%).

$g_w$ = Werkstoffkosten-Zuschlagsfaktor

$g_z$ = Zulieferkosten-Zuschlagsfaktor

Um die Herstellkosten zu ermitteln, müssen die absoluten Materialkosten MK mit dem prozentualen Materialkostenanteil M' nach Tabelle in VDI 2225 wie folgt ins Verhältnis gesetzt werden:

$$HK = (MK / M') \cdot 100\%$$

Der Materialkostenanteil M' verhält sich bei kleineren Konstruktionsänderungen nahezu konstant. Dabei ist ersichtlich, daß dieses Verfahren sehr stark auf Änderungen in der Kostenstruktur reagiert. Für die Genauigkeit des Verfahrens ist die technische wie kostenmäßige Ähnlichkeit von entscheidender Bedeutung, da von einem bekannten und konstanten Verhältnis zwischen Material- und Fertigungskosten ausgegangen wird. Eine Aktualisierung ist auch bei diesem Verfahren über Teuerungszuschläge möglich [HOW-90], [ORE-89], [VDI-2225a], [VDI-2235].

**Kurzkalkulation über Ähnlichkeitsbeziehungen.** Bei der Kalkulation über Ähnlichkeitsbeziehungen werden zwei Arten von Ähnlichkeitsgesetzen unterschieden. Zum einen sind summarische Ähnlichkeitsgesetze bekannt, die Kostenwachstumsgesetze für Bauteile (Gruppen/Maschinen) direkt darstellen und einzelne Fertigungspositionen unberücksichtigt lassen. Ihr Einsatz konzentriert sich darauf, bei Bauteilen die wesentlichen Kostenabhängigkeiten zu erkennen und aus ihnen Regeln abzuleiten. Zum anderen existieren differenzierte Ähnlichkeitsgesetze, bei denen zunächst die Wachstumsgesetze der Fertigungsteile (für die angewandten Fertigungsverfahren) erfaßt werden und daraus im zweiten Schritt Kostenwachstumsgesetze für diese Bauteile abgeleitet werden. Aufgrund der verursachungsgerechten Vorgehensweise sind nur geringe Abweichungen gegenüber der Vorkalkulation zu verzeichnen.

Bei beiden Verfahren wird der Stufensprung $\varphi$ eingeführt, der das Verhältnis zwischen dem ursprünglichen Entwurf (Grundentwurf mit Index "0") und einem neuen Entwurf (sogenannter Folgeentwurf mit Index "1") beschreibt:

$$\varphi_{HK} = HK_1 / HK_0$$

Üblicherweise wird bei diesem Verfahren hinsichtlich der Ähnlichkeit von Entwürfen unterschieden in streng geometrisch ähnlich - d.h. alle Baugrößen verändern sich um denselben Faktor (Baureihe) - und geometrisch-halbähnlich - d.h. gewisse Größen verändern sich um verschiedene Maßstabsfaktoren.

Bei geometrisch-halbähnlichen Entwürfen wird der Stufensprung der Herstellkosten zu einer Funktion verschiedener Stufensprünge. Daraus wird ersichtlich, daß sich summarische Ähnlichkeitsgesetze eher für geometrisch ähnliche Bauteile (meist Baureihen) eignen, da bei geometrischer Halbähnlichkeit lediglich eine unzureichende Genauigkeit erzielt werden kann [EHR-85], [DIN-32992b].

**Mathematisch-statistische Kalkulationsverfahren.** Wenn sich bei Maschinenteilen bzw. Fertigungsgängen die Kosten und ihre Entstehung nicht mehr nach physikalischen Beziehungen errechnen lassen, muß auf statistische Zusammenhänge zurückgegriffen werden. Dies kann beispielsweise bei Gußteilen der Fall sein, wenn eine Vielfalt von empirischen oder geschätzten Größen in die Kalkulation eingehen. Da bei statistischen Verfahren erst durch eine große Anzahl von untersuchten Produkten relativ gesicherte und exakte Ergebnisse erzielt werden können, müssen bei der Anwendung bzw. Auswertung solcher Verfahren sehr große Mengen an Daten analysiert werden. Dabei bietet sich der Rechner als Hilfsmittel an, um diese Aufgabe in kurzer Zeit zu bewältigen

Die mathematisch-statistischen Verfahren bilden über Kostenfunktionen die Abhängigkeit zwischen den Kosten und den sie beeinflußenden Größen (z.B. Material, Volumen, Gewicht) ab. Dabei entspricht das Ergebnis einer Kostenfunktion den Herstellkosten. Nachfolgend werden die verschiedenen mathematisch-statistischen Verfahren kurz erläutert.

**Suchverfahren/Clusteranalyse.** Dieses Verfahren arbeitet mit einer geometrischen Interpretation des Ähnlichkeitsbegriffs, d.h. der Zusammenhang zwischen Merkmalsähnlichkeit und Kostenähnlichkeit wird über geometrische Größen beurteilt. Das Maß für die Ähnlichkeit wird hierbei durch den Abstand einzelner Objekte in einem multidimensionalen Merkmalsraum repräsentiert. Die Dimensionen dieses Merkmalsraumes werden durch kostenrelevante Merkmale der Objekte gebildet. In diesem mehrdimensionalen Raum werden alle bereits kalkulierten Objekte eingefügt und in einem Rechnersystem verwaltet. Soll nun ein neues Objekt kalkuliert werden, so wird es in diesem Raum abgebildet und der Minimalabstand zu einem der vorhandenen Objekte errechnet. Das Objekt mit dem geringsten Abstand ist das Ähnlichste. Daraus resultiert, daß auch die Kosten am ähnlichsten sind, d.h. die Ist-Kosten des bereits kalkulierten Objekts werden zu den Schätzkosten des zu kalkulierenden Objekts.

Die Clusteranalyse ist ein Verfahren, um unterschiedliche Objekte zu Gruppen zusammenzufassen. Dabei ist es wichtig, daß die Objekte einen möglichst hohen Ähnlichkeitsgrad aufweisen.

**Regressionsanalyse.** Das Ziel dieses Verfahrens ist die Erstellung einer mathematisch-funktionalen Beziehung zwischen einem bzw. mehreren unabhängigen Merkmalen (Einflußgrößen) und einem abhängigen Merkmal (Zielgröße). Als Einflußgrößen kommen nach [DIN-32992b] folgende Merkmale in Betracht:

- Geometrische Einflußgrößen (z.B. Länge, Breite, Zahl der Flächen),
- physikalische Einflußgrößen (z.B. Leistung, Gewicht, Werkstoffkennwerte),
- fertigungstechnische Einflußgrößen (Art und Anzahl der Fertigungsverfahren oder -schritte) oder
- organisatorische Einflußgrößen (Losgröße, Losintervalle).

Die Regressionsverfahren unterteilen sich:

- nach der Anzahl der Einflußgrößen (einfache und multiple bzw. mehrfache Regression),
- nach der Art des funktionalen Zusammenhangs (lineare und nichtlineare Regression),

- nach der Auswahlprozedur (schrittweise Verfahren und All Possible Components).

Um die Regressionsrechnung anwenden zu können, müssen die Parameter bekannt sein, die einen Einfluß auf die Kosten ausüben. Auf diesen Parametern basiert die Formulierung des Kostenmodells, das den funktionalen Zusammenhang zwischen den Einflußgrößen und den Kosten möglichst genau abbilden soll (vgl. Kap. 5.2.1 und 5.2.2).

Mögliche Modelle können sein:

- Lineares Modell: $FK = a + b_1 \cdot P_1 + b_2 \cdot P_2 + ...$,
- Logarithmisches Modell: $FK = a + b_1 \cdot \lg P_1 + b_2 \cdot \lg P_2 + ...$
- Exponential-Modell: $FK = a + e^{b1 \cdot P1} + e^{b2 \cdot P2} + ...$

Ist das Kostenmodell festgelegt (z.B. lineares Modell), so w7erden mit Hilfe der Regressionsrechnung a und $b_i$ derart bestimmt, daß die Summe der quadratischen Abweichungen zwischen geschätzten Fertigungskosten $FK_{i\ gesch.}$ und den beobachteten Werten $FK_i$ ein Minimum ergeben. Als Maßstab für die Genauigkeit der Anpassung gilt das Bestimmtheitsmaß B.

Das Bestimmtheitsmaß zeigt das Verhältnis des Anteils der Streuung der Punkte auf der Geraden zur Gesamtstreuung. Es kann Werte zwischen 0 und 1 annehmen und liegt in der Praxis bei B = 0,8 - 0,9. Beim Wert 1 ist eine vollständige Kostenerklärung durch das Kostenmodell möglich, beim Wert 0 gibt es keine Erklärungsmöglichkeit. Auf das Problem der Auswahl signifikanter Parameter kann an dieser Stelle nicht eingegangen werden. Der interessierte Leser sei hierbei auf die einschlägige Literatur verwiesen ([KRE-85], [ORE-89], [MÜL-92], [DIN-32992b], [BEK-82]).

**Optimierungsrechnung.** Die Optimierungsrechnung wurde von Baumann [BAU-82] erstmals zur Kostenuntersuchung eingesetzt. Analog zur Regressionsrechnung ist auch hier die Bildung eines Kostenmodells notwendig. Dagegen müssen nur Beobachtungsgrößen für die Zielgröße (z.B. Fertigungskosten FK) vorliegen, während die Einflußgrößenwerte unbekannt sein können. Für diese Parameter werden zunächst nach logischen Überlegungen Ausgangswerte gesetzt, die anschließend so lange variiert werden, bis eine möglichst gute Annäherung der mit dem Kostenmodell geschätzten Werte an die beobachtete Zielgröße erreicht wird (vgl. [EHR-85]). Die verschiedenen Optimierungsverfahren unterscheiden sich in der Strategie der Parameteränderung.

Bei deterministischen Verfahren werden die Parameter nach einem fest vorgegebenen Prinzip geändert, während bei den stochastischen Verfahren die Änderung nach Zufallszahlen erfolgt. Dabei sind die deterministischen Verfahren besser für den Rechnereinsatz geeignet, da sie weniger zeitkritisch sind [FIG-88].

Die Optimierungsrechnung ist bezüglich des Zeitaufwands und der Kompliziertheit umfangreicher als die Regressionsanalyse, die Ergebnisse sind jedoch besser erklärbar und meist genauer, da ein verursachungsgerechter Hintergrund besteht [EHR-85], [KRE-85], [ORE-89].

**Multidimensionale Skalierung.** Dieses Verfahren soll nur der Vollständigkeit halber erwähnt werden. Es ermöglicht einen Eindruck der Ähnlichkeit seitens des Anwenders durch die Darstellung der Ähnlichkeitsstruktur von Objekten im niedrigdimensionalen Raum (2D, meist 3D). Dabei werden die Objekte nicht nach exakten Merkmalsähnlichkeiten gruppiert, sondern nur über den Eindruck der Ähnlichkeit, der beim Anwender entsteht (intuitives Ähnlichkeitsempfinden). Zur Bewertung der Ähnlichkeit steht eine Punkteskala von 0 (völlig identisch) bis 10 (nicht identisch) zur Verfügung.

Durch diese Art der Klassifizierung, die auf dem subjektiven Empfinden des Menschen basiert, kann es zu sehr unterschiedlichen Ergebnissen bezüglich der Ähnlichkeit führen. Dabei ist es nicht auszuschließen, daß einige Entscheidungen nicht nachvollziehbar sind.

### 4.1.3 Kosteninformationssysteme

Die primäre Zielsetzung eines Kosteninformationssystems ist die Abschätzung und gegebenenfalls die Reduzierung der Produktkosten durch die Bereitstellung von Kosteninformationen in sämtlichen Phasen des Produktentstehungsprozesses. Damit verbunden ist die Verringerung des Konstruktionsaufwandes sowie ein durch Standardisierung der Bauteile und Baugruppen eingeleiteter Kostensenkungsprozeß. Die Online-Bereitstellung der Kosteninformationen parallel zur Arbeit des Konstrukteurs setzt voraus, daß eine datentechnische Kopplung zwischen CAD-System und dem eigentlichen Kostenmodul besteht. Hierbei werden an ein Kosteninformationssystem vier Basisanforderungen gestellt:

- einfache Nutzung,
- ausreichende Genauigkeit,
- ausreichende Aktualität und
- vertretbarer Aufwand bei der Erstellung und Aktualisierung.

Bereits realisierte Kosteninformationssysteme wurden meist in Forschungseinrichtungen entwickelt und konnten in der Regel nur mit einem beträchtlichen Aufwand an konkrete Unternehmenssituationen angepaßt und industriell eingeführt werden. Ferner ist zu erkennen, daß sich jedes Kosteninformationssystem auf ein abgegrenztes Werkstückspektrum konzentriert. So wurden zahlreiche Systeme für rotationssymmetrische Bauteile entwickelt, wie beispielsweise REKOST (Ermittlung der Relativkosten) [RAD-84], ZWEI.D (zweidimensionale Geometriebereitstellung für die Kostenermittlung) und KOSTKALA (Kostenkalkulation) [KRE-85], CAD-KI (eingebettetes Kostenmodul in CAD-KI-Umgebung) [JÄM-91] und XKIS (extendiertes Kosteninformationssystem) [SCH-92], [EHS-92a]. Während bei derartigen Kosteninformationssystemen für relativ einfache Geometrien die Kosten meist vollautomatisch ermittelt werden, müssen bei Systemen für kubische Bauteile oftmals vom Anwender manuelle Zusatzinformationen eingegeben werden. Als bedeutendste Vertreter für die Unterstützung komplexer Gußteile sind neben der Gußstückklassifikation und Richtpreisformel von Pacyna [PAC-80],

[PHR-82] die beiden Kosteninformationssysteme GUSSKAL [EHP-86] und KIS [EHH-86], [HIL-91] zu nennen. Abschließend kann festgestellt werden, daß ein Großteil der bisher realisierten Kosteninformationssysteme den Übergang vom forschungsorientierten Prototypen zum industriell genutzen Konstruktionssystem nicht geschafft hat.

## 4.2 Wissensbasierte Konstruktionsunterstützung

Die Künstliche Intelligenz (Artificial Intelligence), kurz KI, untersucht und bearbeitet Aktivitäten, wie Planen, Verstehen, Erstellen, Sehen und Erkennen. Es handelt sich somit um jene menschlichen Tätigkeiten, die mit Hilfe der Datenverarbeitung simuliert und damit einer naturwissenschaftlichen Betrachtungsweise und gleichzeitig einer ingenieurmäßigen Verwendung zugeführt werden [ABE-90]. Wissensbasierte Systeme bzw. Expertensysteme als Teilgebiet der Künstlichen Intelligenz zählen derzeit zu den wichtigsten und am häufigsten diskutierten Entwicklungsgebieten moderner computergestützter Anwendungen.

Eine eindeutige Definition sowie die Abgrenzung zu herkömmlichen Softwaresystemen wird durch das Fehlen allgemein anerkannter Kriterien erschwert. Hinzu kommt, daß in der Literatur einerseits zwischen wissensbasierten Systemen und Expertensystemen unterschieden wird und andererseits die beiden Begriffe teilweise synonym verwendet werden. HARMON u. a. [HAK-89], [HMM-89] verstehen unter der Bezeichnung Wissenssysteme kleinere Systeme zur Lösung von begrenzten und spezifischen Problemstellungen, die meist vom Anwender selbst erstellt werden. Als Expertensysteme werden hingegen große hybride Systeme bezeichnet, die mit konventionellen Methoden nur mit erheblichen Aufwand zu entwickeln sind.

Ausgehend vom Begriff des Wissens sollen im folgenden die wesentlichen Kennzeichen von wissensbasierten Systemen und Expertensystemen gegenübergestellt werden. Forschungsarbeiten der Künstlichen Intelligenz führten zu einer Klassenbildung von Wissen mit Bezug auf ihre Verarbeitungsmöglichkeiten durch den Rechner (vgl. [HKG-88], [ALL-84], [BIB-84], [HAB-83], [SCH-86]). Dabei fällt jedoch auf, daß sich die einzelnen Arten in ihrer Abgrenzung überschneiden. Generell kann das Wissen in zwei Bereiche klassifiziert werden, Abb. 4.2:

- Faktenwissen und
- heuristisches Wissen.

**Faktenwissen.**. Faktenwissen ist statisches und dynamisches Sachwissen, bestehend aus Daten, Fakten und Methoden bzw. Algorithmen. Es beschreibt Gegenstände, Erscheinungen und Zusammenhänge, die objektiv gewiß sind. Faktisches Wissen kann weiter in folgende Arten unterteilt werden [SPE-89]:

- Kausales Wissen: wird durch Ursache-Wirkungs-Beziehungen beschrieben. Z. B. die kausale Abhängigkeit: wenn A, dann B.

- Typologisches Wissen: auch prototypisches Wissen, ist gekennzeichnet als Schnittmenge von Eigenschaften im Beschreibungsraum. Z. B. die Aussage: Getriebe sind von Menschen erzeugte Produkte.
- Terminologisches Wissen: umfaßt die Gesamtheit der üblichen Begriffsbildungen innerhalb eines Fachgebietes. Z. B. die Definition: Drehen ist Spanen mit geometrisch bestimmter Schneide.
- Relatives Wissen: auch kontextabhängiges Wissen, gilt ausschließlich im Zusammenhang mit einer definierten Situation. Z. B. die Feststellung: Wasser kocht bei 100 Grad Celsius.
- Abgeleitetes Wissen: wird durch die Herleitung aus vorhandenem, unmittelbarem Wissen gebildet. Wissensbasierte Systeme verwenden hierfür Inferenz- bzw. Schlußfolgerungsmechanismen.

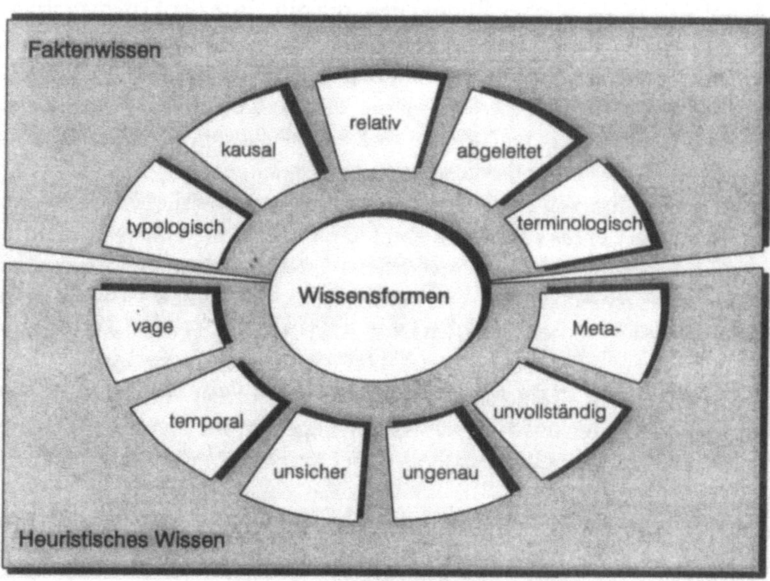


**Abb. 4.2.** Übersicht der unterschiedlichen Wissensformen

**Heuristisches Wissen.** In sämtlichen Fällen, in denen Wissen in seinem Gültigkeitsbereich nicht eindeutig definiert ist, sondern vor dem Hintergrund eines breiten menschlichen Verstehens zur Anwendung kommt, ist die Verarbeitung im Rechner wenn überhaupt nur unter erheblicher Eingrenzung des Anwendungsbereiches möglich. Hierzu zählt das heuristische Wissen, das in erster Linie Wissen über Lösungswege von Problemen oder Aufgaben umfaßt, das durch Erproben gewonnen wird und keine algorithmische Ableitung zuläßt. Ein Großteil der Erfahrungsregeln in den Ingenieurwissenschaften sind Bestandteil von heuristischem Wissen, das nur empirisch gewonnen werden kann. Heuristisches Wissen läßt sich weiter in folgende Arten unterteilen [SPE-89]:

- Vages Wissen: ist dann vorhanden, wenn der Geltungsbereich einzelner Wissensinhalte nicht hinreichend definiert werden kann. Z. B. die Äußerung: Rechner sind schneller.
- Temporales Wissen: bildet die zeitliche Dimension der Realität ab. Es umfaßt sowohl Wissen über die Abfolge von Ereignissen, als auch über deren Dauer und die entsprechenden Anfangs- und Endpunkte auf einer Zeitskala.
- Unsicheres Wissen: bezieht sich auf Ereignisse, deren tatsächliche Existenz oder Auftreten nicht sicher sind. Z. B. Aussagen eines Wetterberichtes.
- Ungenaues Wissen: liegt dann vor, wenn die vorhandenen Kenntnisse im Hinblick auf die Fragemöglichkeiten nicht ausreichend differenziert sind. Z. B. die Frage nach der Anzahl zu erwartender Abgüße eines Gußstücks über den gesamten Produktlebenszyklus.
- Unvollständiges Wissen: wenn nur ein Teil der Informationen bekannt ist, die zur Beantwortung einer Frage benötigt werden. Z. B. die Feststellung: Die Benutzung eines Autos ist ohne Batterie möglich.
- Metawissen: Wissen über Wissen, enthält beispielsweise Hinweise, wo Wissen zu finden ist, wie es angewendet werden kann oder wie es erzeugt wird. Z. B. könnte ein Compiler als Metawissen interpretiert werden.

### 4.2.1 Aufbau von wissensbasierten Systemen

Menschen besitzen verschiedene Fähigkeiten, um Wissen zielorientiert für die Problemlösung einzusetzen. Durch eigene Erfahrungen gewonnene und übernommene Fakten, Werte und Regeln werden im Gedächtnis (= Wissensbasis) gespeichert. Der Experte zeichnet sich darüber hinaus durch einen erweiterten Erfahrungsschatz in seinem Fachgebiet aus und verfügt über das Wissen, welche Fakten, Werte und Regeln bei bestimmten Problemstellungen anzuwenden sind. Die geistig-schöpferischen Vorgänge dieser Informationsverarbeitung laufen getrennt davon in anderen Gehirnteilen ab.

Analog zum Vorgang der menschlichen Problemlösung existieren in den wissensbasierten Systemen ebenfalls getrennte Komponenten. Neben der eigentlichen Wissensbasis ist dies die Inferenz- bzw. Schlußfolgerungskomponente, die über unterschiedliche Strategien der Problemlösung verfügt. Einmal gespeicherte Information in der Wissensbasis kann nicht mehr verloren gehen, aber jederzeit ergänzt oder durch andere Wissensbasen ausgetauscht werden und somit zur Lösung unterschiedlicher Probleme beitragen.

Der generelle Aufbau eines wissensbasierten Systems ist in Abb. 4.3 dargestellt. Dabei sind folgende Komponenten zu unterscheiden:

- Wissensbasis,
- Inferenzkomponente,
- Erklärungskomponente,
- Wissenserwerbskomponente,
- Hilfsmittel, Editoren und
- Benutzer-Schnittstelle.

**Wissensbasis.** Die Wissensbasis bestimmt die qualitative Leistungsfähigkeit des Systems und ist von der problemneutralen Inferenzkomponente getrennt. Die Wissensbasis als einzige problemspezifische Systemkomponente umfaßt das erforderliche Fachwissen des jeweiligen Anwendungsbereiches sowie entsprechende Einzelfakten zur Charakterisierung der aktuellen Problemstellung. Sie bildet in unterschiedlichen Repräsentationsformalismen die relevanten Wissensinhalte ab, die sich auf ein abgegrenztes Fachgebiet beziehen. Somit stellt die Wissensbasis die zentrale Speicherkomponente dar, die sowohl eine Bestandspflege als auch eine Korrektur ermöglicht und erleichtert (vgl. [STR-91]).

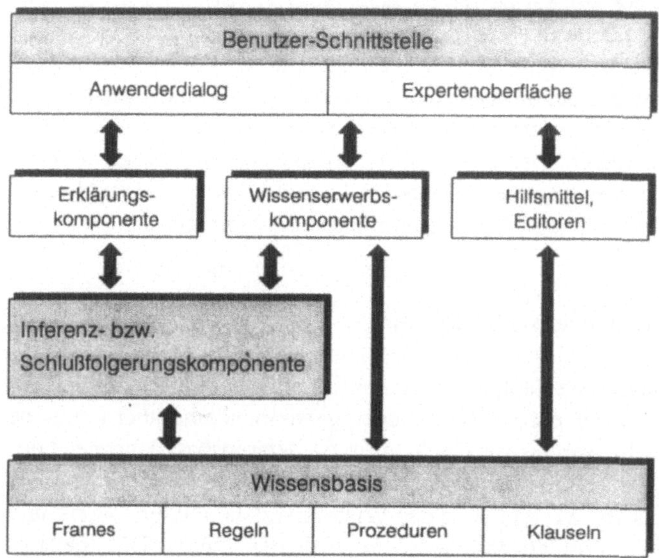


**Abb. 4.3.** Architektur eines wissensbasierten Systems

**Inferenzkomponente.** Dagegen hat die Inferenzkomponente die Aufgabe der Schlußfolgerung, indem sie vorgegebene Strategien zur Handhabung des Wissens anwendet, und auf diese Weise Probleme löst. Unter Inferenz wird das Schlußfolgern aus vorhandenem Wissen verstanden, also das Wissen über die Verarbeitung von Wissen (= abgeleitetes Wissen). Es werden unterschiedliche Inferenz- und Ablaufsteuermethoden unterschieden, welche die Anwendung der gespeicherten Inhalte der Wissensbasis überwachen (vgl. [HMM-89], [PUP-90], [RIC-92]).

**Erklärungskomponente.** Die wesentliche Aufgabe der Erklärungskomponente besteht in der Fähigkeit, aktuelle Zustände, Entscheidungen und Regeln dem Anwender transparent darzustellen. Dabei reicht die Funktionalität dieser Komponente von der Erklärung unklarer Begriffe über die Information aktueller Wertebelegungen bis hin zur Überprüfung und Begründung angewendeter Regeln. Die Erklärung kann sowohl in alfanumerischer als auch in grafischer Form erfolgen.

**Wissenserwerbskomponente.** Mit Hilfe der Wissenserwerbskomponente kann Expertenwissen schnell und widerspruchsfrei vollständig in geeigneter Form in das wissensbasierte System eingegeben werden. Diese Aufgabe wird vom Wissensingenieur (knowledge engineer) ausgeführt, der durch Auswertung der Fachliteratur, Normen und Konstruktionsrichtlinien sowie mit Hilfe von Expertenbefragungen in einem iterativen Prozeß das relevante Wissen sammelt, aufbereitet und abbildet. Dieser Prozeß wird als Wissensakquisition bezeichnet.

**Hilfsmittel und Editoren.** Zum Aufbau und zur Pflege der Wissensbasis stehen Hilfsmittel und Editoren zur Verfügung. Dabei unterstützen die Editoren in erster Linie die Ergänzung oder Modifikation bestehender Wissensinhalte. Für spezielle Aufgaben stehen weitere Hilfsmittel - beispielsweise in Form von Schnittstellen - bereit, um eine erweiterte Rechnerunterstützung zu gewährleisten.

**Benutzer-Schnittstelle.** Sie ermöglicht den direkten Kontakt des Anwenders mit dem wissensbasierten System. Im Hinblick auf die geforderte Akzeptanz kommt ihr eine wesentliche Bedeutung zu. Der Benutzerkomfort entscheidet über die Effizienz der Eingabe, Tests und Änderungen des Wissens und letztlich der Anwendung des Wissens. Je eindeutiger die Benutzerdialoge und die Darstellungen sind, desto wirkungsvoller wird die Arbeit am System. Dabei ist die Bedienung mittels Menü, die Darstellung von Sachverhalten in mehreren Windows (Bildschirmfenstern) sowie die Unterstützung durch Grafik und Mausbedienung heutiger Stand der Technik. Die natürlichsprachliche Eingabe beschränkt sich heute noch ausschließlich auf Forschungsarbeiten (vgl. [GÖR-91]).

### 4.2.2 Formen der Wissensrepräsentation

Die Effektivität der Inferenzkomponente hängt entscheidend von der Leistungsfähigkeit und der Vollständigkeit der Wissensbasis und der damit verbundenen Wissensrepräsentation ab. Die Formen der Wissensrepräsentation dienen der strukturierten Darstellung des relevanten Wissens und sind von einer konkreten Implementierung unabhängig. Generell können innerhalb einer Wissensrepräsentation die Daten entweder unabhängig voneinander abgebildet werden oder einander in einer bestimmten Art zugeordnet werden. In diesem Zusammenhang unterscheidet PUPPE zwischen strenger Hierarchie (ein Nachfolger hat höchstens einen Vorgänger), multipler Hierarchie (ein Nachfolger kann mehrere Nachfolger besitzen) und einem Netzwerk (Zuordnung durch Schleifen) [PUP-91]. Unabhängig von dieser Zuordnung werden heute bei der Behandlung von Konstruktions-, Konfigurations- und Planungsaufgaben im wesentlichen folgende Formen der Wissensrepräsentation unterschieden:

- Objektbasierte Repräsentation,
- regelbasierte Repräsentation und
- Repräsentation durch Constraints.

Im Hinblick auf die Auswahl der geeigneten Form muß jeder Repräsentationsformalismus nach WINSTON folgende Eigenschaften aufweisen [WIN-85]:

- Das relevante Wissen muß effektiv dargestellt werden.
- Das erforderliche Wissen muß vollständig und kurz sein.
- Die Transparenz des Wissens muß gewährleistet werden.
- Schneller Zugriff und rasches Abspeichern muß möglich sein.
- Selten benutzte Information sollte zwar im Hintergrund gespeichert aber im Bedarfsfall zugänglich sein.
- Die Wissensbasis muß mit der Lösungsmethode harmonieren.

**Objektbasierte Wissensrepräsentation.** Dieser Form der Wissensabbildung liegt der Gedanke zugrunde, sämtliche relevanten Aussagen über ein Objekt in einer Datenstruktur zusammenzufassen. Die wichtigsten Formen sind semantische Netze, Objekt-Attribut-Wert-Tripel und Frames. Nach RICHTER [RIC-92] sind *semantische Netze* aus dem Wunsch nach grafischer Veranschaulichung prädikatenlogischer Formeln entstanden. Ein Prädikat wird durch einen gerichteten Pfeil repräsentiert. Ein semantisches Netz besteht also aus einem gerichteten beschrifteten Graphen, wobei die Knoten die Elemente des abzubildenden Modells und die gerichteten Kanten die binären Beziehungen zwischen diesen Elementen beschreiben, Abb. 4.4. Allerdings können ausschließlich zweistellige Beziehungen dargestellt werden. Eine weitere Schwachstelle besteht darin, daß die Menge der zulässigen Relationen grundsätzlich nicht beschränkt ist. Somit lassen sich zwar beliebige Modelle beschreiben, jedoch entziehen sie sich bedingt durch die beträchtliche Anzahl der zulässigen Relationen einer effizienten maschinellen Verarbeitung. Aus diesem Grund wird typischerweise die Anzahl der verwendeten Beziehungen innerhalb eines Modells auf eine definierte Menge reduziert.

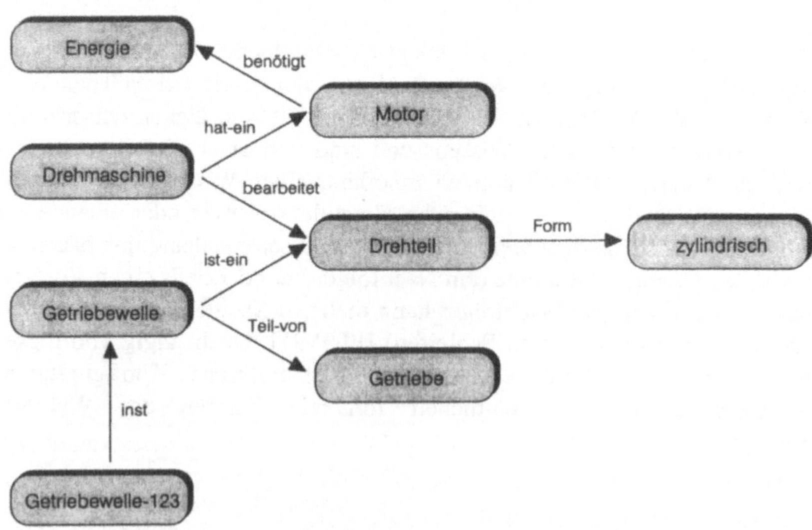


**Abb. 4.4.** Beispiel eines semantischen Netzes

Eine weitere Methode der objektbasierten Repräsentation von Wissen sind *Objekt-Attribut-Wert-Tripel*. Sie eignen sich insbesondere für die Abbildung von Fakten [HAK-89]. Das Objekt kann dabei entweder ein physikalisches Element wie beispielsweise eine Getriebewelle oder aber eine begriffliche Einheit wie beispielsweise einen Fertigungsablauf verkörpern. Während das entsprechende Attribut dessen Charakteristika und Eigenschaft beschreibt, spezifiziert der Wert die Beschaffenheit des Attributs, Abb. 4.5.

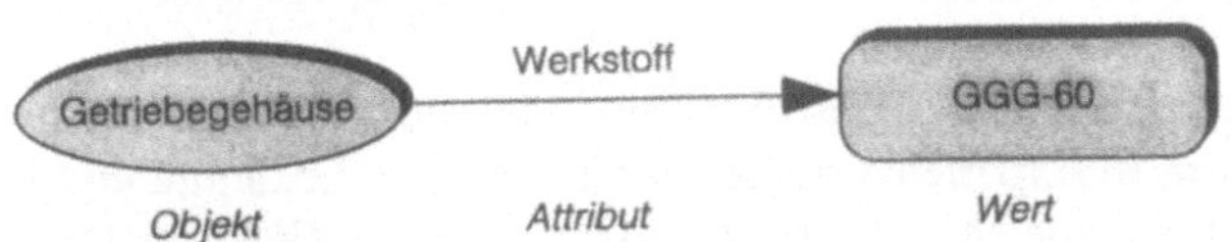


**Abb. 4.5.** Beispiel eines Objekt-Attribut-Wert-Tripels

*Frames* ermöglichen die Beschreibung von Objekten und sämtlicher mit dem Objekt assoziierten Informationen. Die Frametheorie geht auf MINSKY zurück [MIN-75]. Die spezifischen Objekteigenschaften werden in sogenannten Slots in Form einer Datenhierarchie gespeichert. Facetten stellen eine weitere Unterteilung der Slots dar, um auf diese Weise mehrere Informationen an ein Attribut binden zu können. Dies kann beispielsweise durch Defaultwerte (vorläufige aber jederzeit revidierbare Werte) oder Wertebereichseinschränkungen geschehen, Abb. 4.6.

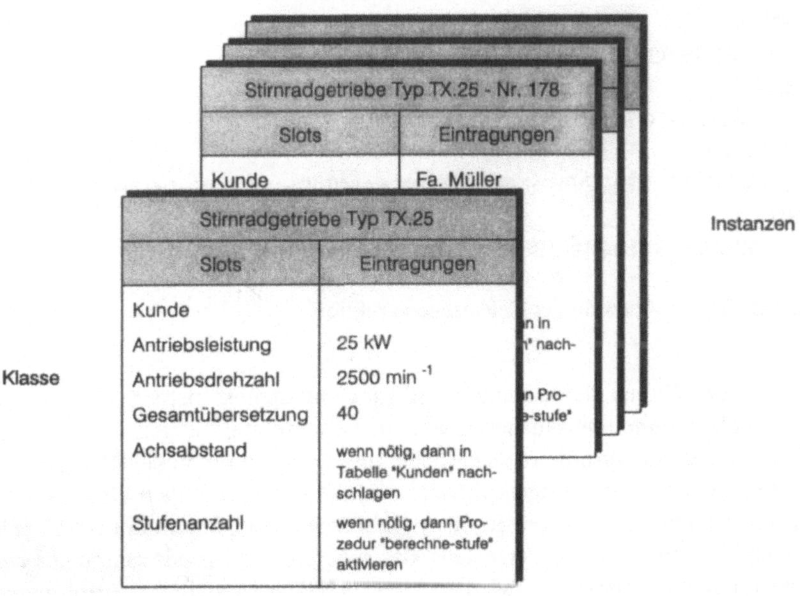


**Abb. 4.6.** Frame-Darstellung eines Stirnradgetriebes

Allgemeine Merkmale werden entsprechend der Gesamtstruktur automatisch von der allgemeinen Objektklassendefinition auf die einzelnen Objektausprägungen bzw. Instanzen weitergegeben. Dieser Vorgang wird als Vererbung eines Merkmals bezeichnet. Mit Hilfe dieser Methode können im Rahmen der Wissensrepräsentation Redundanzen vermieden werden [PUP-91]. Innerhalb der Slots können Eigenschaften auch in Form von Prozeduren dargestellt werden, Abb. 4.6. Durch dieses Verfahren des procedural attachments besteht die Möglichkeit, prozedurale und deklarative Repräsentationsformen miteinander zu verbinden. Solche framebasierenden Prozeduraufrufe werden auch häufig als Dämonkonzept bezeichnet.

**Regelbasierte Wissensrepräsentation.** Diese Methpode ist die am weitesten verbreitete Repräsentationsform in Expertensystemen. Beispiele sind bekannte und in der Praxis eingesetzte Systeme wie MYCIN [BUS-84] und XCON [KRA-84]. Ein Grund für die weite Verbreitung von Regelsystemen - auch Produktionssysteme genannt - liegt in der Annahme, daß dieses Repräsentationsschema der menschlichen Denkweise bei der Problemlösung am nächsten kommt (vgl. [LIN-72], [NES-72], [STE-82]): Wenn Vorbedingung erfüllt, dann Aktion. Im Gegensatz zu den objektbasierten Repräsentationsformalismen weisen Regelsysteme einen stärker prozeduralen Charakter auf. Für die Anwendung in der Konstruktion bieten Produktionssysteme den Vorteil, daß die Reihenfolge der Aktionen nicht bereits im Vorfeld bekannt sein muß, sondern ausschließlich von der Übereinstimmung definierter Bedingungen abhängt, Abb. 4.7. Für die Ablaufsteuerung in Produktionssystemen werden im wesentlichen zwei Methoden angewendet: Vorwärts- und Rückwärtsverkettung (siehe Kap. 4.2.3).

**WENN**
DIE GEFORDERTE GEHÄUSESTÜCKZAHL < 3
**ODER**
HOHE STOSSFESTIGKEIT GEFORDERT
**UND**
MÖGLICHKEIT DER REPARATURSCHWEISSUNG GEFORDERT
**DANN**
WÄHLE GESCHWEISSTE GEHÄUSEKONSTRUKTION

**Abb. 4.7.** Regel für die Auswahl der Gehäusekonstruktion

**Constraints.** Die Wissensrepräsentation mit sogenannten Constraints dient zur Abbildung von Relationen und insbesondere zur Beschreibung lokaler Randbedingungen. Ein Constraint formuliert eine Beziehung zwischen Objekten durch eine Menge einzuhaltender Bedingungen, die sich auf die entsprechenden Objektvariablen beziehen. Dadurch schränken sie den möglichen Lösungsraum ein [PUP-91]. So kann beispielsweise eine Aussage über das maßgebende Torsionsmoment bei der Wellenauslegung durch die Menge ihrer Abhängigkeiten in Form eines Constraints repräsentiert werden, Abb. 4.8.

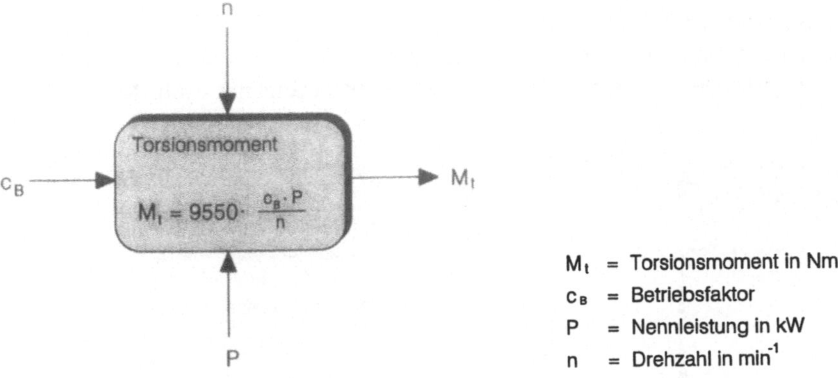


**Abb. 4.8.** Constraint zur Repräsentation des Torsionsmomentes einer Welle

Darüber hinaus kann ein komplettes Netz technischer Objekte als Constraint-Netz abgebildet werden. Mit einer bestimmten Anfangsbelegung der Eingänge werden die fehlenden Parameter durch eine fortlaufende Einschränkung des Lösungsraumes analog der Berechnung eines Gleichungssystems bestimmt. Somit eignen sich Constraints innerhalb eines Netzes sowohl zur Konsistenzprüfung als auch zur Herleitung neuer Variablenbelegungen (vgl. [RIC-92], [KRA-91]). Constraints dienen in der Regel jedoch nicht als eigenständige Darstellungsform von Wissen, sondern werden im allgemeinen in andere Repräsentationsformalismen integriert.

### 4.2.3 Schlußfolgerungsverfahren

Die Schlußfolgerungsverfahren sind eng verbunden mit der jeweiligen Form der Wissensrepräsentation, von der ebenfalls in erheblichem Maße die Ablaufsteuerung abhängt. Beide Mechanismen nehmen die Aufgabe wahr, die Anwendung der Fakten und Regeln sowie die benutzerspezifischen Eingaben innerhalb eines wissensbasierten Systems zu überwachen. HARMON und KING [HAK-89] weisen auf zwei grundlegende Probleme hin, welche durch die Ablaufsteuerung einer Schlußfolgerungskomponente gelöst werden müssen:

- Zum einen muß ein wissensbasiertes System in der Lage sein, den Startpunkt des Schlußfolgerungsvorganges zu bestimmen,
- zum anderen müssen Inferenzverfahren auftretende Konflikte lösen, wenn alternative Lösungswege vorhanden sind.

Hinsichtlich der Gestaltung einer Ablaufsteuerung können im wesentlichen drei Strategien unterschieden werden:

- Rückwärts- oder Vorwärtsverkettung,
- Depth-first-Suche oder Breadth-first-Suche und
- monotone oder nicht-monotone Inferenz.

**Rückwärts- oder Vorwärtsverkettung.** Bei der *Rückwärtsverkettung* wird vom vorgegebenen Ziel mit Hilfe bekannter Informationen rückwärts durch die Teilziele der Ausgangspunkt erreicht. Dieses Verfahren wird bei Problemstellungen der Synthese angewendet und wird auch als zielgesteuert bezeichnet, Abb. 4.9.

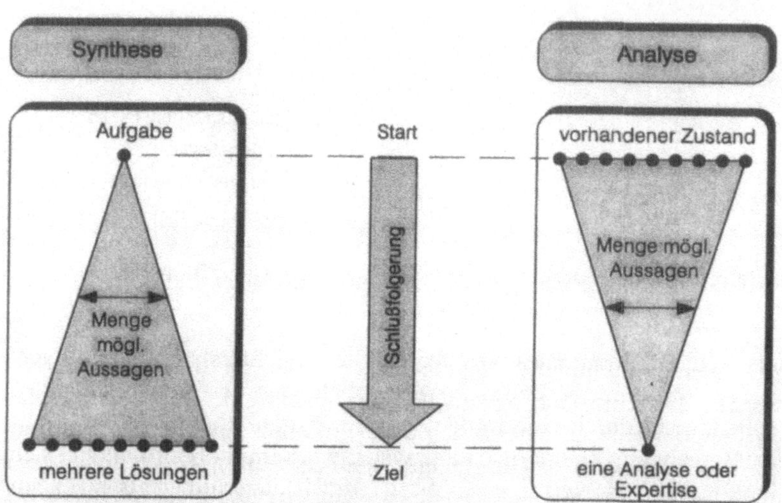


**Abb. 4.9.** Vergleich zwischen Synthese und Analyse

Dagegen wird die *Vorwärtsverkettung* eingesetzt, wenn das Ziel oder die Lösung zusammengefügt werden muß, wobei zunächst eine beträchtliche Anzahl möglicher Ergebnisse vorliegt. Diese Methode wird bei Analyse-Aufgaben verwendet und auch als datengesteuert bezeichnet, Abb. 4.10.

**Depth- oder Breadth-first-Suche.** Zusammen mit der Methode der Rückwärts- und Vorwärtsverkettung kommt meist auch die *Depth-first-Suche* (= Suche zuerst in der Tiefe) angewandt [HAK-89], Abb. 4.10. Während die Suche immer tiefer zu Details vordringt, werden vom wissensbasierten System sinnvolle Fragen gestellt. Analog hierzu geht auch der menschliche Experte vor.

Bei der *Breadth-first-Suche* (= Suche zuerst in der Breite) hingegen werden zunächst sämtliche Lösungsmöglichkeiten auf der gleichen Ebene überprüft, bevor Details berücksichtigt werden. Dies entspricht im wesentlichen der Vorgehensweise des Generalisten.

**Monotones oder nicht-monotones Schließen.** Ein weiterer Unterschied verschiedener Inferenzverfahren besteht darin, ob *monotones* oder *nicht-monotones Schließen* unterstützt wird. Während bei einer monotonen Schlußfolgerungsmethode sämtliche für ein Attribut gefolgerten Werte über die gesamte Dauer eines Systemlaufs Gültigkeit besitzen und behalten, können bei nicht-monotonen Systemen als wahr erkannte Fakten wieder verworfen werden.

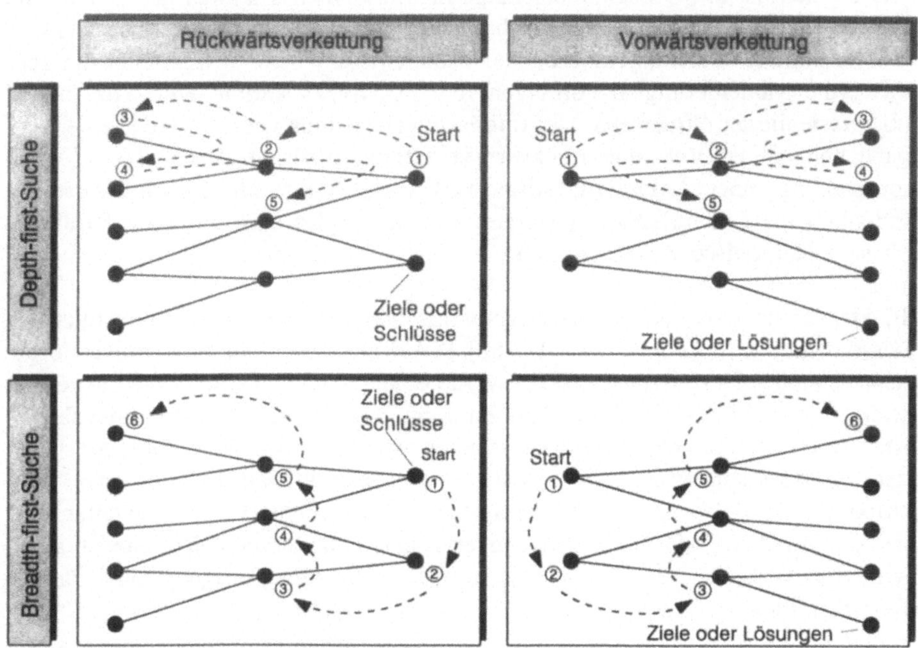


**Abb. 4.10.** Strategien der Ablaufsteuerung

### 4.2.4 Wissensbasierte Systeme in der Konstruktion

Wissensbasierte Konstruktionssysteme sind im deutschsprachigen Raum in erster Linie aus dem akademischen Bereich bekannt, wobei Aussagen zur praktischen Anwendbarkeit oft recht vage ausfallen. Häufig gelangen Systeme nicht über das Prototypstadium hinaus [GÜS-91]. Folgende Beispiele geben einen Überblick:

**IDA.** Das Expertensystem IDA (Intelligent Design Assistant) [EVN-88], [NEI-89], [KRA-91] unterstützt die Vorrichtungskonstruktion. Die Konstruktionsaufgabe wird dazu in mehrere Funktionen zerlegt, denen wiederum konkrete Konstruktionsvorschläge zugeordnet werden. Die Wissensbasis ist durch einen statischen und einen dynamischen Teil gekennzeichnet. Die statische oder fallunabhängige Wissensbasis besteht aus einem Framesystem, Constraints, Relationen und einem Typsystem. Innerhalb der dynamischen oder fallabhängigen Wissensbasis orientiert sich die Suche im Lösungsraum an einem vereinfachten Best-first-Verfahren, in dem nur lokal aus der Menge der Nachfolger eines Zustandes der Beste zum aktuellen Zeitpunkt ausgewählt wird.

**WISENT-D.** Das wissensbasierte Entwurfssystem WISENT-D [SKL-87], [LEH-89] ist für die Unterstützung des Drehmaschinenentwurfs vorgesehen. Das Entwurfssystem ist in der Lage, Vorschläge für Maschinenstrukturen herzuleiten und grafisch darzustellen. Die Wissensbasis enthält neben konstruktionsbezogenen Wissensinhalten auch objektbezogenes Faktenwissen sowie Wissen über die geometrische Modellierung in Form von Regeln, Objekt-Attribut-Wert-Tripeln und objektorientierten Strukturen. Der Inferenzmechanismus wird mit Hilfe einer aufgabenabhängigen Vor- und Rückwärtsverkettung realisiert. Nach einer Zusammenstellung einer Anforderungsliste wird vom System ein Entwurfsvorschlag innerhalb der Entwurfsphase generiert, welcher in der nachfolgenden Synthesephase noch modifiziert werden kann.

**ICAD.** Unter Verwendung einer hierarchischen Produktstruktur unterstützt das wissensbasierte System ICAD [BRE-88], [SAN-88], [BRS-90] die iterative Vorgehensweise des Konstrukteurs. Dazu wurde eigens eine Konstruktionssprache entwickelt, welche die funktionalen Zusammenhänge der Konstruktionsobjekte beschreibt. Auf der Grundlage dieses sprachbasierten Konstruktionsansatzes soll es dem Konstrukteur ermöglicht werden, sowohl sein Wissen als auch seine konstruktionsrelevanten Absichten dem System auf natürliche Weise mitzuteilen. Dabei ermöglicht ICAD die Erzeugung einzelner autarker und aufeinander abgestimmter Wissensbasen für die Konstruktion, für die Fertigung und für die Betriebsmittel.

**AS.EXPERT.** Für die Projektierung von Schiffsgetrieben mit dem Ziel einer automatischen Angebotserstellung wurde das wissensbasierte System AS.EXPERT [TRO-89], [EHT-89] entwickelt. Diese eigene Shell wurde zur Abbildung von Erfahrungswissen zur Unterstützung von Optimierungsvorgängen am Rechner entwickelt. Es handelt sich dabei um ein regelbasiertes System mit der ausgeprägten Fähigkeit der Verwaltung von Objekten. Interessant scheint dabei die Schnittstelle zu algorithmischen Programmiersprachen, die eine Kopplung mit Berechnungs- und Grafikprogrammen sowie Klassifikationssystemen ermöglicht. Der Ablauf des Projektierens orientiert sich an einer Variantenplanung.

**KALEIT.** Als Bestandteil eines geplanten Gesamtsystems zur durchgängigen Unterstützung des Konstruktionsprozesses wurde das Expertensystem KALEIT (Konstruktionsanalyse- und -leitsystem) [FEL-89], [BEI-90], [GRO-90], [GRO-91] entwickelt. Neben einer objektorientierten Wissensrepräsentation dienen in erster Linie Regeln zur Darstellung des Wissens. Aus jedem Arbeitsschritt des Systems KALEIT kann das Expertensystem konsultiert werden. Dies gestattet eine Objektbearbeitung und eine Zustandsanalyse, die einen Überblick des aktuellen Bearbeitungszustandes aufzeigt und weitere Konstruktionsschritte vorschlägt. Die Daten jedes Arbeitsschrittes werden mit Hilfe von Konstruktionsidentifikationsnummern eindeutig gekennzeichnet. Die Objektbearbeitung erlaubt die Manipulation sowie das Eintragen neuer Objekte.

**CADWISS.** Das System CADWISS (Computer Aided Design With Intelligent Support System) [HOW-90], [HJK-90], [JKS-92], [KKR-92] stellt eine wissensbasierte Erweiterung von CAD-Systemen dar. Das primäre Ziel dieses Systems besteht in der effektiven Unterstützung des Konstrukteurs bei der Detaillierung der Konstruktion von Drehteilen. Aus diesem Grund müssen bereits während der Konstruktionsphase Informationen hinsichtlich der Fertigung, Montage und Kosten verfügbar sein. Dies geschieht durch eine mitlaufende Überprüfung der Detaillierungsphase, wobei Fehlerquellen angezeigt und sinnvolle Alternativen vorgeschlagen werden. Interessant erscheint der Ansatz, daß das wissensbasierte System mit Hilfe eines Interfaces an verschiedene CAD-Systeme angebunden werden kann.

**GEKO.** Das System GEKO (Gestaltung von Konstruktionselementen) [BAU-88], [BWS-90], [BKS-91] setzt auf einem CAD-Modellierer auf und dient der Entwicklung von Daten und Modellen in der Entwurfsphase. Diese Vorgehensweise eignet sich insbesondere zur Variation der Wirkgeometrie nach den Merkmalen Art, Form, Lage, Größe und Anzahl. Damit wird es möglich, auch heuristische Entwurfsmethoden rechnergestützt durchzuführen. Durch eine rechnerinterne Verknüpfung geometrischer Grundelemente entsteht ein Modell, das eine Kopplung zu Variations-, Berechnungs- und Bewertungsmodulen erleichtert.

**mfk.** Das Konstruktionssystem mfk (fertigungsgerechtes Konstruieren) [FIN-90], [MFR-90], [RÄS-91], [MEW-91], [MEK-92], [WEB-92], [HAG-92], [KRA-92] unterstützt den Konstrukteur von der Konzeption bis hin zur Ausarbeitung auf der Basis eines handelsüblichen CAD-Systems. Neben einer objektorientierten Bauteilbeschreibung ermöglicht das System eine integrierte wissensbasierte Analyse des Bauteils insbesondere im Hinblick auf die fertigungsgerechte Produktgestaltung. Das Konstruktionssystem ermöglicht weiterhin das Arbeiten auf unterschiedlichen Abstraktionsstufen entsprechend den jeweiligen Konstruktionsphasen. Dabei kann der Konstrukteur stets entscheiden, wann und in welchem Umfang es diese Unterstützung in Anspruch nehmen möchte. Automatismen sind hier unerwünscht. Das System besteht im wesentlichen aus drei Komponenten: einem informationserzeugenden Syntheseteil, einem informationsverarbeitenden Analyseteil sowie einem zentralen produktdefinierenden Bauteilmodell. Über eine Programmier- bzw. Prozedurschnittstelle ist das Konstruktionssystem mit dem CAD-System gekoppelt.

**DICAD.** Das CAD/CAM-System DICAD (Dialogorientiertes Integriertes CAD-System) [KAN-88], [GBR-88], [DIE-89], [GRB-89], [BEN-90], [ROT-91], [GRR-91] verfügt über eine offen gestaltete Systemarchitektur, die das Einbinden neuer Partialmodelle und Modellierungsverfahren auf einfache Weise ermöglicht. Im Hinblick auf die fertigungsgerechte Konstruktion sind insbesondere das Geometrie- und Fertigungsplanungsmodell von Bedeutung. Neben der Bereitstellung von fertigungstechnischen Formelementen wird der Anwender durch Verfahren zur Optimierung und Bewertung von fertigungsspezifischen Alternativen unterstützt. Dabei sind Modelle verfügbar, die einerseits betriebsspezifisch vorhandene Fertigungsverfahren und Fertigungsmittel abbilden und andererseits die Fertigungsmöglichkeiten der einzelnen Formelemente beschreiben.

## 4.3 Automatisierung nachgeschalteter Prozesse

### 4.3.1 Werkstückbeschreibung

Beim Einsatz der automatisierten Arbeitsplanerstellung beschränkt sich die Tätigkeit des Planers im wesentlichen auf die Beschreibung der Planungsaufgabe. Sie beinhaltet neben der Eingabe der organisatorischen Daten in erster Linie die Beschreibung des zu planenden Werkstücks mit Hilfe einer Eingabesprache. Im Rahmen der Werkstückbeschreibung wurden in der Vergangenheit vier klassische Methoden unterschieden [EFS-80], Abb. 4.11:

- Klassifikation durch verschlüsselte Beschreibungsmerkmale,
- Komplexteilverfahren basierend auf standardisierten Gestaltsvarianten,
- Elementverfahren auf der Grundlage technischer Elemente und
- Punkte-Kanten-Flächen-Verfahren auf der Basis von 2D-Elementen.

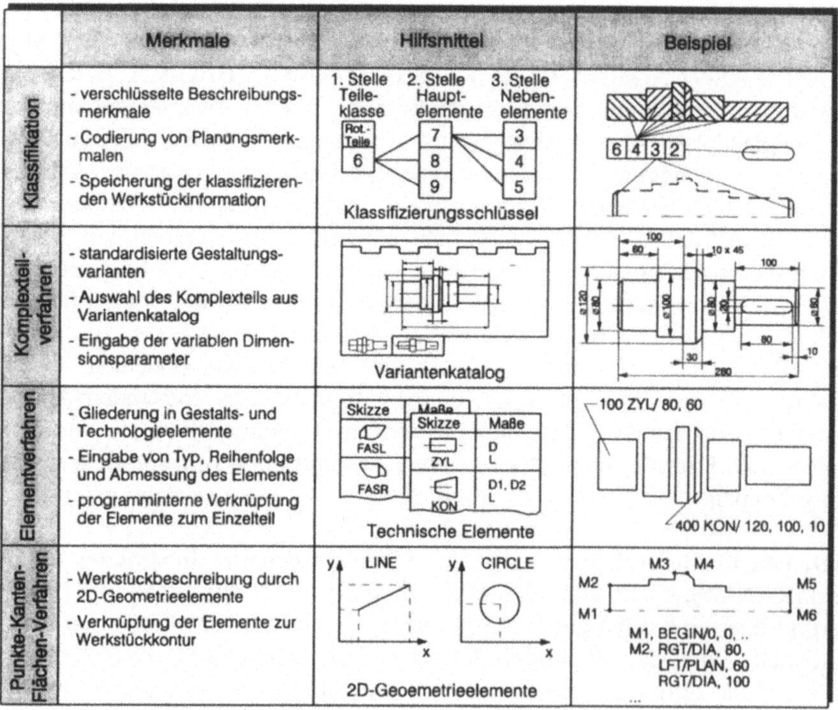


**Abb. 4.11.** Methoden der Werkstückbeschreibung

Eine weitere Rationalisierung der Werkstückbeschreibung kann durch die Übernahme der Bauteilgeometrie direkt aus dem vorgeschalteten CAD-System erreicht werden. Da zunehmend mehr CAD-Systeme eine featurebasierte Produktmodellierung unterstützen, scheint die Übergabe von Features für zukünftige Anwendungen vielversprechend. Nachdem die automatische Arbeitsplanerstellung auf der Basis von geometrieorientierten Standard-Features nur in begrenztem Rahmen zum Erfolg führt (vgl. [SCH-87], [SNS-92], [KRR-92]), soll insbesondere in Kap. 5.3 gezeigt werden, daß auch in diesem Zusammenhang der Einsatz von technologieorientierten Features weiterreichende Unterstützungsmöglichkeiten bietet.

### 4.3.2 Ableitung von Arbeitsplänen

Analog zu den Expertensystemen aus der Konstruktion handelt es sich bei den wissensbasierten Systemen für die Arbeitsplanung um keineswegs praxisreife Exemplare [ZEL-91]. Die nachfolgend vorgestellten CAP-Expertensysteme weisen vielmehr den Charakter von Prototypen auf. Auch in diesem Abschnitt soll lediglich ein Extrakt aus der Menge der verfügbaren Systeme vorgestellt werden.

**GUMMEX.** Das Expertensystem *GUMMEX* [IUD-85], [TRU-86] dient zur Generierung von Arbeitsplänen für die Herstellung von Elastomeren, wie beispielsweise Gummimembranen oder Dichtungsringen. Die Besonderheit dieses Systems liegt darin, daß eine Schnittstelle zu dem konventionellen CAD-System COMVAR besteht. Aus diesem Grund kann die Akquisition von planungsrelevantem Wissen durch eine unmittelbare Übernahme von produktbeschreibenden Konstruktionsinformationen aus dem CAD-System einfacher gestaltet werden. Bei der Erstellung eines Arbeitsablaufplans für eine neue Produktionsaufgabe steuert das Expertensystem den Benutzerdialog, mit Hilfe dessen die erforderlichen Arbeitsgänge festgelegt werden.

**CEMAS.** Das Expertensystem *CEMAS* [GKM-84] greift ebenfalls auf die dialogorientierte Plansynthese zurück. Das System verfügt innerhalb seiner Wissensbasis über das Modell einer Flexiblen Fertigungszelle samt ihrer Bearbeitungsmaschinen, Lagerplätze und Transportvorrichtungen. Hinzu kommen Informationen über die Arbeitsgänge, die mit Hilfe der Fertigungszelle durchgeführt werden können. Für einen vorgegebenen Fertigungsauftrag generiert das Expertensystem in der Regel mehrere zulässige Alternativen von Arbeitsplänen. Aufgrund einer unvollständigen Abbildung der Planungslogik sämtlicher Arbeitsplaner auf das System ist der einzelne Arbeitsplaner in der Lage, einen Arbeitsplan aus der vorgegebenen Menge auszuwählen. Dabei erhält der Anwender eine Systemunterstützung in Form der Anzeige sämtlicher kritischer Aspekte.

**GARI.** Das System *GARI* [DEL-85] wurde für komplexe Bearbeitungsaufgaben in der metallbearbeitenden Industrie entwickelt. Die Arbeitsplangenerierung greift auf zwei unterschiedliche Wissensquellen zurück. Zum einen werden auftragsbezogene Informationen über die geometrische Werkstückgestalt, die Oberflächeneigenschaften, die erforderlichen Arbeitsgänge und die zulässigen Herstellungstoleranzen ausgewertet. Zum anderen fließt in die Arbeitsplanung maschinenspezifisches Wissen über die technischen Eigenschaften des Betriebsmittelzustandes ein. Somit können Informationen über die vorhandenen Maschinentypen sowie ihre Kapazitäten berücksichtigt werden. Die Repräsentation der Arbeitspläne erfolgt in einer dreistufigen Hierarchie. Die Werkstückbeschreibung von GARI basiert auf einem Feature-Konzept, die Wissensrepräsentation erfolgt mit Produktionsregeln und die Planungsmethode orientiert sich an einer Constraint Propagierung.

**HI-MAPP.** Das Expertensystem *HI-MAPP* [BEK-86], [KEM-88] weist einen weit fortgeschrittenen Systemtyp dar. Bei den bisher erläuterten Systemen dominiert der interaktive Systembetrieb, in dem das automatische Abarbeiten von heuristischen Arbeitsplanungsregeln und Benutzerleistungen zusammenwirken. HI-MAPP dagegen wendet ausgehend von einer featurebasierten Werkstückbeschreibung eine Backward-Search-Strategie zusammen mit einem Backward-Chaining-Mechanismus an, die auf einem hierarchischen und nichtlinearen Lösungsansatz basieren. Dabei wird vom Fertigteil zum Rohteil geplant, so daß der Planungsprozeß genau dann endet, wenn das Werkstück den definierten Rohteilzustand erreicht.

**IXPRESS.** Dieses System [FIS-88] wurde für die automatische Generierung von Arbeitsablaufplänen für mittelgroße Tiefziehteile zur Fertigung auf Stufenpressen entwickelt und ist somit ein Expertensystem zur Planungsunterstützung in der Blechteilefertigung. Das hybride System, das verschiedene Wissensrepräsentationsformen integriert, erlaubt insbesondere ein Zusammenspiel mehrerer Wissensbasen bei der Analyse eines Falles. Der Systemkern besteht aus einem Expertensystem zur Generierung der Arbeitsabläufe und zur Beratung fertigungstechnischer Anwendungsprobleme. Zusätzliche Unterstützung bietet die Anbindung eines merkmalsorientierten Teileinformationssystems, das Dokumente und Planungsunterlagen archiviert und das Wiederauffinden unterstützt.

**FERPLAN.** Das Expertensystem *FERPLAN* [GRG-85], [BUF-88] generiert Arbeitspläne für das Stanzen von Blechteilen. Das System setzt Informationen voraus, wie eine qualitative, nicht geometrische Produktbeschreibung, eine Spezifizierung der erforderlichen Rohmaterialien sowie die auftragsorientierte Produktanzahl. Es können jedoch die produktdefinierenden Daten eines CAD-Systems nicht direkt übernommen werden. Diese numerischen Geometriedaten müssen zunächst im Rahmen eines Benutzerdialogs in ein qualitatives Beschreibungsformat transformiert werden, ehe sie als Ausgangsdaten für FERPLAN zur Verfügung stehen.

**PROPLAN.** Die Generierung von Arbeitsplänen für rotationssymmetrische Bauteile und deren Fertigung auf Drehmaschinen wird vom Expertensystem *PROPLAN* [PHM-85], [BUF-88] unterstützt. Dabei ist eine konzeptionelle Weiterentwicklung gegenüber FERPLAN zu verzeichnen. Denn in PROPLAN existiert eine Schnittstelle, die numerisch-geometrische Produktbeschreibungen eines CAD-Systems einliest und diese automatisch in symbolisch-qualitative Beschreibungen umwandelt, um im Anschluß eine Arbeitsplansynthese durchzuführen.

### 4.3.3 Ableitung von NC-Programmen

Die Durchführung einer CAD/NC-Kopplung hat nach wie vor einen beträchtlichen manuellen Aufwand zur Folge, wie beispielsweise die Extraktion der fertigungsrelevanten Geometrieinformationen im CAD-System sowie die bearbeitungsorientierte Geometrieaufbereitung im NC-Programmiersystem. Ferner beschränken sich bei heutigen Kopplungen die bereitgestellten Werkstückdaten ausschließlich auf den geometrischen Aspekt. Um diesen Unzulänglichkeiten entgegenzuwirken, treten neben der Entwicklung produktumfassender Schnittstellen zunehmend Methoden der Künstlichen Intelligenz in den Vordergrund. Nachfolgend sollen beispielhafte Entwicklungen vorgestellt werden, die zumindest teilweise den folgenden drei Forderungen gerecht werden:

- Automatisierte Selektion der fertigungsrelevanten Geometrieelemente,
- NC-gerechte Aufbereitung der Fertigteilgeometrie,
- Bereitstellung der Geometriedaten im Format des NC-Programmiersystems.

**CAD/NC.** Am Beispiel einfacherer rotationssymmetrischer und kubischer Bauteile wurde versucht, ausgehend vom CAD-Volumenmodell die fertigungsrelevanten Geometriedaten dem verwendeten NC-Programmiersystem bereitzustellen. Dabei wurde der Ansatz von IGES zugrunde gelegt, um die Kopplung von CAD-System und NC-Programmiersystem zu realisieren.

Vor der Umwandlung bzw. Ausgabe in das IGES-Format muß jedoch die Geometrie durch den Konstrukteur in die NC-gerechte Form aufbereitet werden. Die Geometriebeschreibung beim Drehen läßt sich dabei grundsätzlich in den 2D-Bereich zurückführen, so daß jeder Rotationskörper durch einen zu erzeugenden Linienzug und einen Rotationsvektor repräsentiert werden kann. Mit Hilfe der IGES-Elemente Kreisbogen und Kreis, Kombination von Konturelementen (Linienzug), Strecken, Transformations- und Rotationsmatritzen sowie Assoziationsreferenz können Roh- und Fertigteilgeometrie beschrieben werden.

Die Aufgabe des Konstrukteurs liegt nun darin, im CAD-System für die Weitergabe eines Drehteils die erzeugende Kontur und den Rotationsvektor aus der Konstruktion herauszulösen, sowie beim Fräsen Grundflächen und Vektoren zusammenzufassen und zu übertragen.

Diese im neutralen Datenformat vorliegenden geometrischen Produktbeschreibungen müssen nun in das Format des NC-Programmiersystems konvertiert und in dessen Datenstruktur eingefügt werden. Dabei wurde ein Postprozessor entwickelt, der dieser Aufgabe sowohl für den Bereich Drehen als auch für den Bereich Fräsen gerecht wird. Die Grenzen dieser Informationsübertragung auf der Basis von IGES wird dann erreicht, wenn neben der Geometrie zusätzlich Nebenformelemente und Technologieinformationen übertragen werden sollen. Derartige Datenobjekte lassen sich entweder textuell innerhalb der Bemaßung übergeben oder aber mit den Freiheitsgraden, die IGES für Makrodefinitionen bereitstellt. Sie unterliegen jedoch keiner Norm, so daß ein allgemeiner Einsatz dieser Elemente nicht möglich ist [OSW-87].

**Renk.** Bei der Aufwandsreduzierung innerhalb der CAD/NC-Kopplung der Firma RENK standen die beiden Bearbeitungsverfahren Drehen und Bohren/Fräsen im $2^1/_2$ D-Bereich im Vordergrund. Die Forderungen für eine effizientere Gestaltung der CAD/NC-Kopplung bestanden zum einen in der dem Format des NC-Programmiersystems entsprechenden Aufbereitung der Werkstückbeschreibung. Zum anderen wurde die Übertragung bzw. Bereitstellung von sowohl geometrischer als auch technischer Information postuliert [FRP-90], [TRO-89].

Die Tatsache, daß eine Übertragung von technologischen Informationen weder der IGES-Preprozessor des CAD-Systems noch der IGES-Postprozessor des NC-Programmiersystems ermöglicht, gab den Anlaß zur Entwicklung einer adäquaten Schnittstelle.

Im vorliegenden Fall lag der Ansatzpunkt für die Aufwandsminimierung für den Drehbereich in der Konturbildung. Für die Aufbereitung der rotationssymmetrischen Werkstückbeschreibungen wurde im CAD-System ein NC-Aufbereitungsalgorithmus implementiert, der aufgrund von Benutzereingaben weitgehend automatisch die NC-relevante Kontur generiert. Dabei können sowohl Kanten mit einem einstellbaren Radius zusätzlich gerundet werden als auch Geometriefehler, die in Form von schleifenden Schnitten und Übergangsfehlern immer wieder auftreten, bei der Aufbereitung erkannt werden. Die so erzeugte fertigungsrelevante Kontur wird in einem CPLNDI-Format ausgegeben. Dieses Format wird im Anschluß mit Hilfe eines CADCPL-Prozessors in die CADCPL-Werkstückdatei umgewandelt.

Bei der Programmierung von prismatischen Bauteilen stehen Bohrungen sowie geometrisch einfache Elemente im Vordergrund. Dadurch liegt der Rationalisierungseffekt im Bohr- bzw. Fräsbereich nicht in der Geometriedefinition, sondern im Zusammenfassen von gleichartigen Fertigungselementen (z.B. Bohrung, Tasche, Nut) und dem Zuordnen der entsprechenden Bearbeitungsoperationen (vgl. [GRO-86]). Auf der NC-Seite werden für diese gleichartigen Fertigungselemente Bearbeitungsmakros gebildet. Dabei versteht man unter einem Bearbeitungsmakro das Bearbeitungsergebnis von Folgeoperationen, die in ihrer Reihenfolge festgelegt sind und einem Fertigungsverfahren zugehören. Innerhalb des CAD-Systems wurden für derartige Fertigungselemente Darstellungsmakros entwickelt. Konturen und Elemente, die nicht Bestandteil der Fertigungselementprogramme sind, können mit den grafischen Möglichkeiten des CAD-Systems erstellt werden. Darüber hinaus kann die Geometrie der durch Makros unterstützten Fertigungselemente im Hinblick auf die NC-Programmierung mit der entsprechenden technischen Information verknüpft werden. Aus diesem Grund mußten auf der NC-Seite für die entsprechenden Fertigungselemente Bearbeitungsoperationen (Bearbeitungsmakros) erstellt werden. Auch hier erfolgt die Übertragung durch das CPLNDI-Format [FRP-90].

**KOKO.** Bei der Firma Krupp Widia wurde gleichzeitig mit der Produktentwicklung eines neuen modularen Werkzeugsystems ein durchgängiges CAD/CAM-System namens KOKO entwickelt, um die gesammte Auftragsabwicklung für die Sonderwerkzeuge von der Angebotsbearbeitung über die Konstruktion bis hin zur NC-Programmierung weitestgehend durchgängig zu automatisieren [SPE-90].

Das zentrale Bauteil des modular aufgebauten Werkzeugsystems besteht in einem Werkzeughalter, der im wesentlichen in zwei Schritten gefertigt wird. In der ersten Bearbeitungsstufe wird durch das Fertigungsverfahren Drehen ein rotationssymmetrischer Grundkörper hergestellt, der im weiteren durch eine fünfachsige Fräsbearbeitung fertiggestellt wird. Bei der hier betrachteten CAD/NC-Kopplung steht die Drehoperation im Vordergrund.

Während der Generierung des Drehteilmodells (3D-Kantenmodell) im Rahmen einer CAD-Variantenkonstruktion legt das System KOKO einen Datensatz an, der aus geometriebeschreibenden Parametern des Drehteils besteht.

Diese Parameterbeschreibungen verwendet ein EXAPT-Makroprogramm zur Definition des Fertigteils sowie zur Werkzeug- und Technologieauswahl. Das Rohteil und die Drehmaschine werden nachfolgend entweder vom NC-Programmierer oder vom Arbeitsplaner bestimmt. Im weiteren Verlauf generiert das NC-Programmiersystem automatisch das NC-Programm einschließlich Einrichteblatt und Werkzeugplan. Dabei ist jedoch zu berücksichtigen, daß die geometrisch einfachen Drehteile in ihrer Form und Abmessung nur unwesentlich voneinander abweichen und dadurch derartige Automatisierungsbestrebungen begünstigt werden [SPE-90].

Für die automatische Generierung von Steuerprogrammen für CNC-Werkzeugmaschinen wurden mehrere Expertensysteme entwickelt, die jedoch meist vorliegende Arbeitspläne voraussetzen. Beispiele hierfür sind die Systeme *TOM* [MOS-82] und *CHAMP* [BEM-88].

## 4.4 Datenbank-Integration

### 4.4.1 Datenbank-Modelle

Zur formalen Beschreibung sämtlicher in der Datenbank enthaltenen Daten und ihrer Beziehungen untereinander werden auf der konzeptionellen Ebene verschiedene Datenmodelle unterschieden. Hinsichtlich der Art und Weise, wie die Datenmodelle Beziehungen zwischen den einzelnen Objekten darstellen, können drei Typen klassifiziert werden [ENG-88]:

- Hierarchisches Datenbankmodell,
- Netzwerk-Datenbankmodell und
- Relationales Datenbankmodell.

Dem Anwender von Datenbanksystemen stehen unterschiedliche Hilfsmittel zur Unterstützung von Datenbankabfragen zur Verfügung. Unter den Abfragesprachen gewinnt die weitgehend standardisierte *Structural Query Language* (*SQL*) insbesondere für relationale Datenbanksysteme zunehmend an Bedeutung. Weitere Hilfsmittel sind Maskengeneratoren zur Erstellung von Abfragemasken, Funktionen zur Generierung von Datenbankreports und spezielle, datenbankorientierte Programmiersprachen [EVE-90].

**Hierarchisches Datenbankmodell.** Bei Datenbanksystemen, die auf dem hierarchischen Datenbankmodell basieren, werden die Zusammenhänge des die Realität abbildenden Teilmodells mit Hilfe von Baumstrukturen streng hierarchisch repräsentiert. Die Struktur ist eindeutig festgelegt. Beispielhaft ist in Abb. 4.12 die Strukturstückliste eines Produktes "E1" in Form eines Baumes dargestellt.

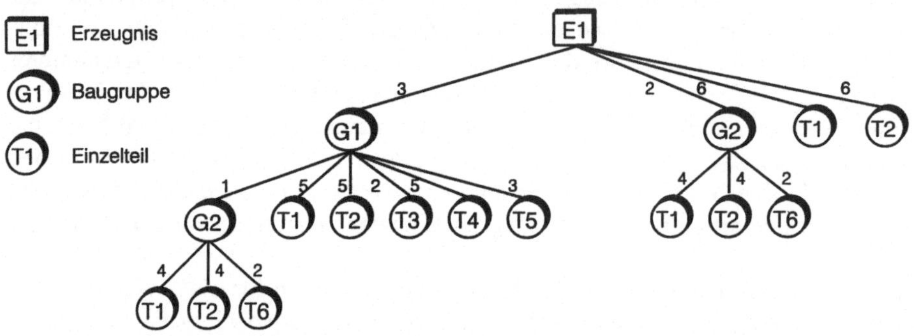


**Abb. 4.12.** Hierarchische Erzeugnisstruktur eines Produktes

Die Menge der Knoten (*E1, G1, ..., T6*) entsprechen den Objekten der Realität (Teilestämme von Endprodukten, Baugruppen, Einzelteilen). Die Beziehungen zwischen den Objekten werden durch die Kanten repräsentiert. Die Kanten in Abb. 4.12 als Darstellungsform der Objektbeziehung "*besteht aus*" legen außerdem die Stückzahl fest.

Diese Darstellungsform ist aus technischer Sicht effizient, da die Datenverknüpfungen und damit die Zugriffspfade fest vorgegeben sind. Allerdings leidet die Änderungs- und Benutzerfreundlichkeit unter dieser Repräsentationsform, da sich Zugriffe auf sämtliche Objekte an der fest vorgegebenen Baumstruktur orientieren müssen.

Beim hierarchischen Modell ergeben sich außerdem Einschränkungen bei der Darstellung von *n:m*-Beziehungen. Die Ursache liegt darin, daß mit hierarchischen Datenmodellen nicht direkt mehrdeutige Beziehungen dargestellt werden können. Diese müssen zunächst in eine *1:n*- und eine *1:m*-Beziehung aufgelöst werden, die zusammen eine *n:m*-Beziehung repräsentieren [SCH-88b].

Hierarchiemodelle lassen sich zwar auf physikalische Speicherstrukturen einfach abbilden, haben sich jedoch aus den oben genannten Gründen im Bereich der kommerziellen Datenverarbeitungsanwendungen als wenig praktikabel erwiesen [ENG-88].

**Netzwerk-Datenbankmodell.** Das die Realität abbildende Teilmodell wird mit Hilfe von Netzwerken repräsentiert. Analog zum hierarchischen Modell werden auch hier die Objekte durch Knoten abgebildet. Allerdings erlaubt das Netzwerkmodell im Gegensatz zum hierarchischen Modell eine direkte Darstellung von mehrdeutigen Beziehungen, indem ein Knoten mehrere Ein- und Ausgabepfeile besitzen kann. Diese gerichteten Kanten müssen also zur Identifikation ihrer Bedeutung benannt werden, Abb. 4.13.

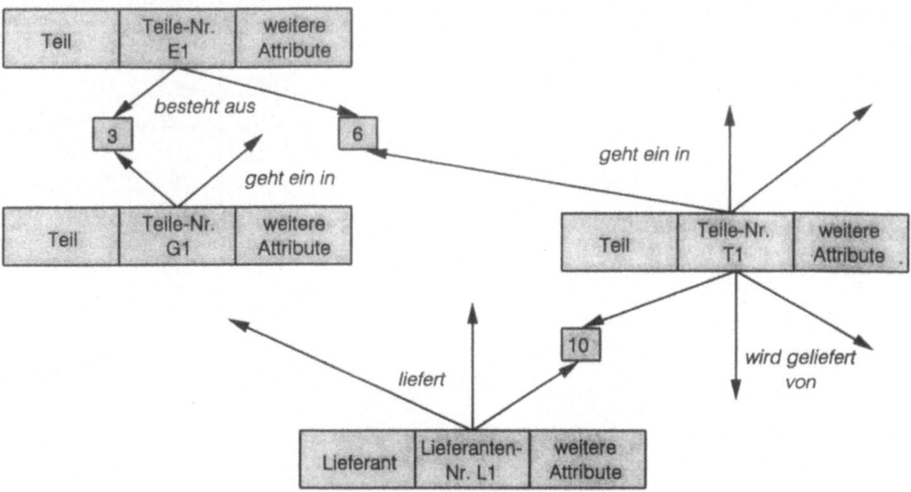


**Abb. 4.13.** Erzeugnisstruktur mit Hilfe des Netzwerkmodells

Die Datenverknüpfungen und Zugriffspfade müssen beim Netzwerkmodell fest vorgegeben bzw. vorprogrammiert werden. Somit ist der Erstellungsaufwand einer derartigen Datenbank entsprechend hoch, die Rechnerbelastung bei Nutzung der Datenbank hingegen relativ gering.

Sind die betrieblichen Aufgabenstellungen klar definiert, relativ starr und sind zahlreiche Transaktionen durchzuführen, wie beispielsweise im PPS-Bereich, so ist der Einsatz einer netzwerkorientierten Datenbank sinnvoll [SCH-88b].

**Relationales Datenbankmodell.** Das mittlerweile etablierte und im Zusammenhang mit CIM am meisten diskutierte und verwendete Modell ist das relationale Datenbankmodell. Im Gegensatz zu den bereits diskutierten Modellen unterscheidet das Relationenmodell nicht zwischen Objekten und Beziehungen. Grundlage des Modells ist die Relation bzw. die zweidimensionale Tabelle. Sowohl Objekte als auch Beziehungen werden mit Hilfe von Tabellen repräsentiert Abb. 4.14. Dabei wird jede Zeile einer Tabelle Tupel genannt.

Der Vorteil bei Datenbanken nach dem Relationenmodell liegt darin, daß die Datenverknüpfungen sowie die Zugriffspfadermittlung nicht im Vorfeld festgelegt werden müssen, sondern erst beim Zeitpunkt des Datenbankzugriffs ermittelt werden. Der Erstellungsaufwand ist also wesentlich geringer als beim Netzwerkmodell. Ebenso sind Änderungen der Systematik problemlos durchzuführen (vgl. [CRO-90]).

| Verkäufer-Nummer | Verkäufer-Name | Provision in % | Jahr der Einstellung |
|---|---|---|---|
| 122 | Eisenmann | 10 | 1975 |
| 186 | Müller | 18 | 1962 |
| 211 | Fleischer | 15 | 1969 |
| 356 | Geiger | 12 | 1972 |

a)

| Kunden-Nummer | Verkäufer-Nummer | Stadt |
|---|---|---|
| 0211 | 122 | Stuttgart |
| 0321 | 186 | Esslingen |
| 0334 | 186 | Berlin |
| 0380 | 356 | Köln |
| 0404 | 122 | Chemnitz |
| 0544 | 186 | Stuttgart |
| 0768 | 186 | Hamburg |
| 0912 | 356 | Zürich |
| 1243 | 211 | Stuttgart |
| 1789 | 356 | Wien |
| 2134 | 211 | Konstanz |

b)

**Abb. 4.14.** a) Verkäufer- und b) Kundenrelation

Nachteilig wirkt sich aus, daß bei großen Datenmengen und häufigen, komplexen Transaktionen die Zugriffszeiten relativ groß sind. Hinzu kommt, daß die Durchführung von Abfragen entsprechend aufwendig ist, denn die Relationen unterstützen keinen schnellen Suchalgorithmus [ENG-88]. Deshalb liegen die Haupteinsatzgebiete bei Anwendungen in Bereichen, deren Aufgabenstellung häufig variiert oder unzureichende Erfahrungen vorliegen und daher noch größere Änderungen während des Einsatzes zu erwarten sind [SCH-88b], [HAA-93a].

**Weiterführende Datenmodelle.** Resultierend aus der fehlenden semantischen Modellierungsmächtigkeit der traditionellen Datenmodelle wurden verschiedene weiterführende Datenmodelle im Rahmen der Datenbanktechnik und Wissensverarbeitung entwickelt, deren wichtigste Vertreter

- semantische Datenmodelle und
- objektorientierte Wissensmodelle sind.

Bei der Entwicklung neuer Datenmodelle ist darauf zu achten, daß Objekte auf verschiedenen Abstraktionsebenen die Möglichkeiten des Zugriffes und der Manipulation bieten. Notwendig sind folgende Abstraktionskonzepte [RUG-91]:

- Aggregation,
- Klassifikation,
- Generalisation und
- Assoziation.

*Aggregation* meint das Zusammenfassen mehrerer beliebiger Objekte unter einem anderen Datenobjekt, Abb. 4.15. Diese Relation dient primär als Ordnungsfunktion. Daher wird dieser Beziehungstyp häufig in Produkthierarchien verwendet.

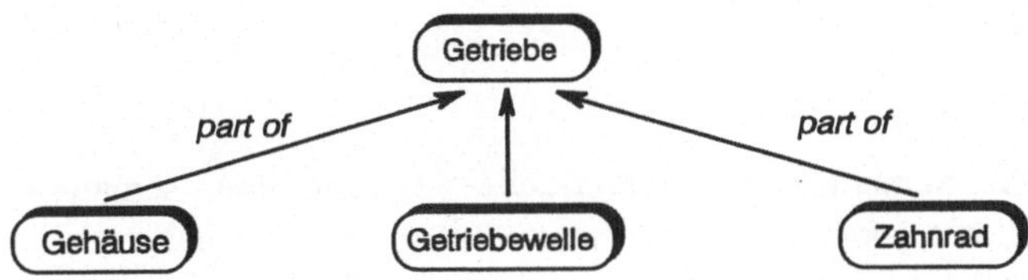


**Abb. 4.15.** Aggregation

Das Zusammenfassen mehrerer gleichartiger Objekte zu einer Klasse wird als *Klassifikation* oder Elementbeziehung bezeichnet. Mit Hilfe dieser Relation lassen sich gemeinsame Eigenschaften und Verhaltensweisen von Objekten an einer zentralen Stelle spezifizieren und verwalten, Abb. 4.16.

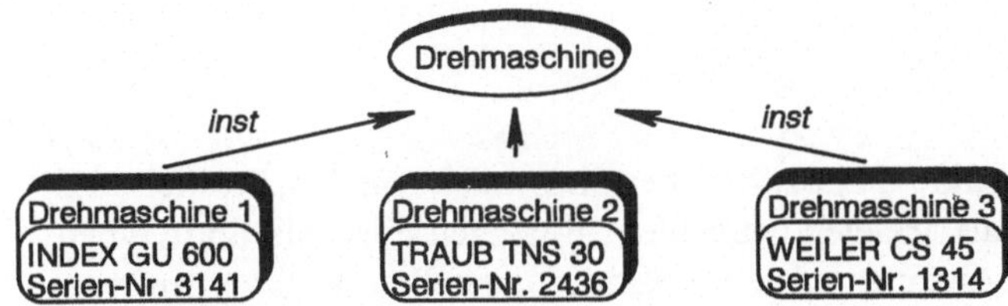


**Abb. 4.16.** Klassifikation

Die Verallgemeinerung von Klassen zu abstrakten Klassen heißt *Generalisation* oder Teilmengenbeziehung, Abb. 4.17. Auf der Grundlage dieser Beziehung besteht die Möglichkeit zur Bildung von Begriffstaxonomien.

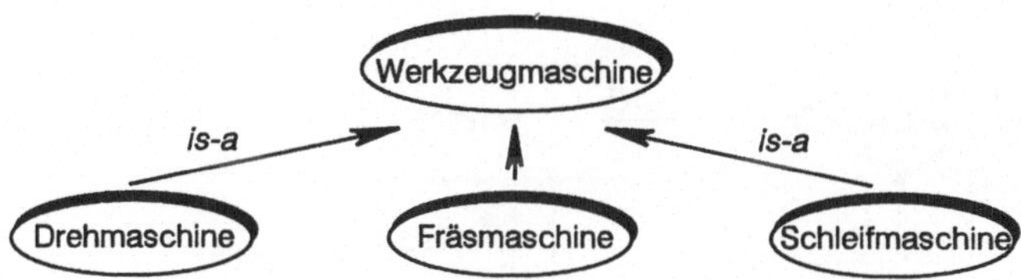


**Abb. 4.17.** Generalisation

Mit Hilfe der *Assoziation* geschieht eine Zuordnung zweier Begriffe. Im Gegensatz zu den bereits genannten Relationstypen, deren Verarbeitung klar definiert ist, wird bei der Assoziation die Bedeutung durch den Entwickler festgelegt, Abb. 4.18.

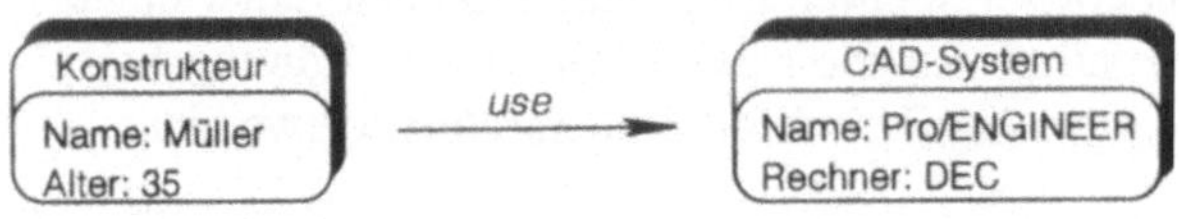


**Abb. 4.18.** Assoziation

**Semantische Datenmodelle.** Semantische Datenmodelle verfügen über semantisch hochstehende Modellierungskonzepte und unterstützen die Datenabstraktionskonzepte der Aggregation und Generalisation. Traditionelle Datenmodelle sind satz- bzw. tupelorientiert und somit entitätsorientiert. Semantische Datenmodelle dagegen sind entiäts- und zugleich beziehungsorientiert. Der prominenteste Vertreter semantischer Datenmodelle ist das Entity-Relationship-Modell (ERM) nach Chen [CHE-76], [CHE-80], [CHE-83].

Das *Entity-Relationship-Modell* unterscheidet zwischen folgenden Grundelementen:

- Entities,
- Attributen und
- Beziehungen.

*Entities* sind reale und abstrakte Objekte wie beispielsweise Kunden, Artikel oder Aufträge. Werden Entities als Mengen betrachtet, so werden diese als Entitytypen bezeichnet, deren einzelne Ausprägungen die Entities darstellen. Entitytypen werden im ERM-Diagramm mit Hilfe von Kästchen repräsentiert. *Attribute* sind Eigenschaften von Entities, wie beispielsweise Kundennummer, Name und Anschrift des Entitytyps "Kunde". Attribute werden im ERM-Diagramm durch Kreise dargestellt. Die Wertebereiche der Attribute werden als Domänen bezeichnet. Eine *Beziehung* ist die logische Verknüpfung zwischen zwei oder mehreren Entitytypen. Im ERM-Diagramm werden Beziehungen durch Rauten dargestellt und mit den entsprechenden Entitytypen verbunden, Abb. 4.19.

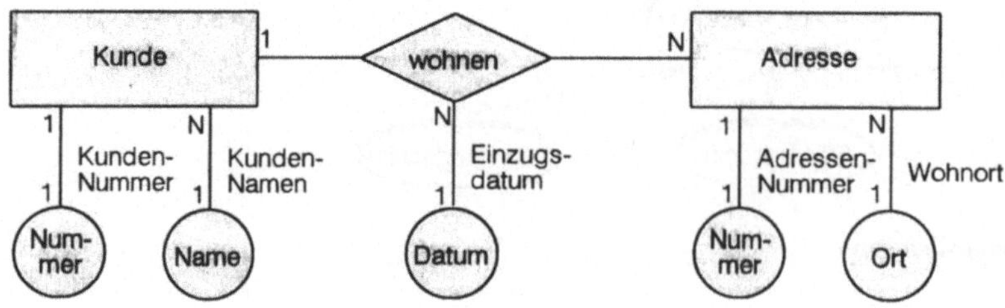


**Abb. 4.19.** Zuordnung von Attributen im Entity-Relationship-Modell

Im Rahmen des ER-Modells können vier Beziehungstypen repräsentiert werden:

- 1:1-Beziehungen,
- 1:N-Beziehungen,
- N:1-Beziehungen und
- N:M-Beziehungen.

Bei einer *1:1-Beziehung* wird jedem Element der ersten Menge genau ein Element der zweiten Menge zugeordnet und umgekehrt. Dagegen wird mit Hilfe einer *1:N-Beziehung* jedem Element der ersten Menge N Elemente der zweiten Menge zugeordnet, jedem Element der zweiten Menge aber genau ein Element der ersten Menge. Die *N:1-Beziehung* repräsentiert den gleichen Sachverhalt in umgekehrter Reihenfolge. Bei einer *N:M-Beziehung* werden einem Element der ersten Menge mehrere Elemente der zweiten Menge zugeordnet und umgekehrt.

Die Komplexität des Beziehungstyps wird an die Kante des ERM-Diagramms eingetragen. Zwischen dem Entitytyp und mindestens einer Domäne muß eine 1:1-Beziehung existieren. Die Werte dieser Domäne können die Entity-Ausprägung identifizieren. In Abb. 4.19 sind dies die Kundennummer und die Adressennummer [SCH-90a].

**Objektorientierte Datenmodelle.** Das grundlegende Organisationsprinzip von objektorientierten Datenmodellen bzw. Wissensrepräsentationsformalismen ist das Zusammenfassen sowohl von Daten als auch von Prozeduren in Strukturen, die mit einer gewissen Form des Vererbungsmechanismus verwandt sind [JAC-87]. Im wesentlichen werden unter dem Begriff der objektorientierten Darstellung Semantische Netze, Taxonomische Strukturen sowie Frames vereinigt (siehe Kap. 4.2.2).

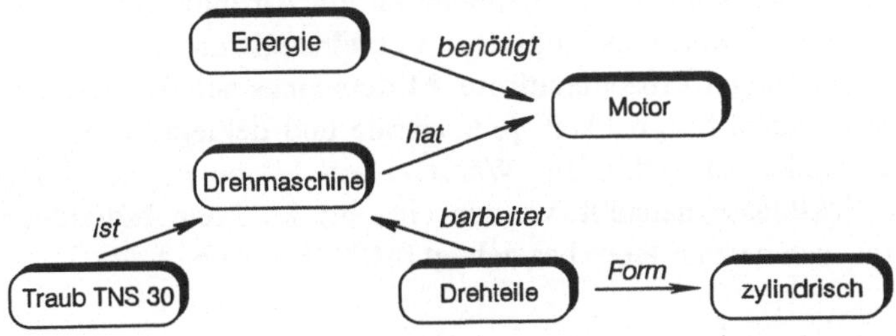


**Abb. 4.20.** Semantisches Netz

*Semantische Netze* sind aus dem Wunsch nach grafischer Veranschaulichung prädikatenlogischer Formeln entstanden. Es besteht aus einem gerichteten Graphen (K, R), wobei die Knoten K die Elemente des zu beschreibenden Modells und die gerichteten Kanten R die binären Relationen zwischen diesen Elementen beschreiben, Abb. 4.20. Eine wesentliche Schwäche dieser Form der Wissensrepräsentation besteht darin, daß nur zweistellige Relationen abgebildet werden können. Da die Menge der zulässigen Relationen grundsätzlich nicht beschränkt ist, lassen sich zwar mit Hilfe von semantischen Netzen viele Modelle beschreiben. Sie entziehen sich aber einer effizienten maschinellen Verarbeitung, weil das wirkliche Wissen über diese Relationen in der Beschriftung der Kanten und somit in der Semantik der einzelnen Relation liegt. Daher ist es sinnvoll, die Anzahl der verwendeten Relationen innerhalb eines Modells auf ein wesentliches zu reduzieren. Darüber hinaus können allgemeingültige Relationen unterstützt werden, wie Aggregation, Klassifikation und Abstraktion.

Eine extreme Beschränkung der zugelassenen Relationen führt zu den *Begriffshierarchien* oder *Taxonomischen Strukturen*. Hierbei wird nur eine Relation zugelassen, während die Objekte des Modells in Form eines Baumes organisiert werden, Abb. 4.21.

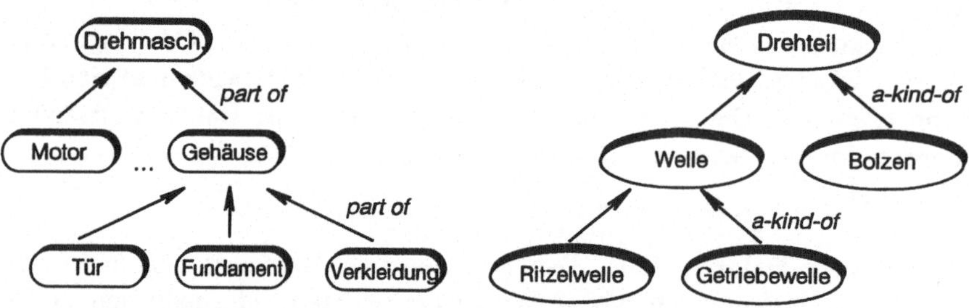


**Abb. 4.21.** Begriffshierarchien

Mit Hilfe von *Frames* werden die einzelnen Attribute zu einem Objekt in Slots (Objekteigenschaften) abgespeichert. Dabei besteht die Möglichkeit einer weiteren Unterteilung der Slots, so daß weitere Informationen an ein Attribut angebunden werden können, wie beispielsweise Defaultwerte (Voreinstellwerte), Wertebereichseinschränkungen oder sogar Prozeduraufrufe. Mittels eines solchen Dämonkonzeptes besteht eine einfache Möglichkeit, prozedurale und deklerative Repräsentationsformen miteinander zu verbinden. Während ein Frame die abstrakte Beschreibung einer Objektklasse darstellt, werden einzelne konkrete Individuen aus dieser Klasse als Instanzen des Frames bezeichnet [MIN-75], Abb. 4.22.

| Getriebewelle | Pos.-Nr. | Werkstoff | Härte | Härte-Tol. | Härte-Verf. | Härte-Tiefe |
|---|---|---|---|---|---|---|
| | | default:<br>6MnCr5 | default:<br>700 HV | default:<br>+50 HV | default:<br>einsatzh. | default:<br>0,3 + 0,1 |

*inst*

| Getriebewelle-1 | Pos.-Nr. | Werkstoff | Härte | Härte-Tol. | Härte-Verf. | Härte-Tiefe |
|---|---|---|---|---|---|---|
| | user:<br>3 | user:<br>6MnCr5 | user:<br>700 HV | user:<br>+50 HV | user:<br>nitriert | user:<br>0,5 + 0,2 |

**Abb. 4.22.** Zuordnung einer Instanz zur entsprechenden Objektklasse

Ein weiterer Vorteil der Frames liegt im Vererbungskonzept. Durch Vererbung können Informationen weitgehend redundanzfrei abgelegt werden. In einer Hierarchie werden dabei die für eine größere Anzahl von Elementen gültigen Informationen bei einem gemeinsamen Vorgänger repräsentiert und somit auf die Nachfolger vererbt. Für einzelne Elemente kann die Vererbung auch unterdrückt werden bzw. die geerbte Information durch eine spezifischere Information überschrieben werden [KRA-89], Abb. 4.23.

| Stirnradgetriebe-1 | Übersetzung | Leistung | Drehzahl | Abmessungen | Achsabstand |
|---|---|---|---|---|---|
| | user: 1:5 | user: 5 kW | user: 1400 1/min | user: 300 * 200 * 150 | user: 150 |

Teil-von

| Getriebewelle-1 | Pos.-Nr. | Werkstoff | Härte | Härte-Tol. | Härte-Verf. | Härte-Tiefe |
|---|---|---|---|---|---|---|
| | user: 3 | user: 6MnCr5 | user: 700 HV | user: +50 HV | user: nitriert | user: 0,5 + 0,2 |

Teil-von

| Lagersitz-1 | Durchmesser | Länge | Ortsvektor | Lagevektor | Passung | ... |
|---|---|---|---|---|---|---|
| | user: 48 | user: 60 | user: 0,0,0 | user: 1,0,0 | user: k6 | |

**Abb. 4.23.** Ausschnitt einer framebasierten Getrieberepräsentation

### 4.4.2 Datenadministration

Die Verwaltung von Konstruktionsdaten zählt zu den wichtigsten Aufgaben des Konstruktionsprozesses. Mit dem Einsatz von CAD ergibt sich dabei eine völlig neue Technik und wirtschaftliche Möglichkeit, Konstruktionsteile wiederaufzufinden und dem erneuten Einsatz zuzuführen. Dies gilt vor allem für die sehr häufig in der Industrie anzutreffenden Variantenkonstruktionen, innerhalb derer sich Bauteile nur durch geringfügige Abmessungen ändern, ohne ihre grundsätzliche Struktur und auch ihre Fertigungseigenschaften zu verändern [ABE-90].

**Zeichnungsverwaltung.** Mit dem Einsatz von CAD zeichnen sich für die Verwaltung von CAD-Konstruktionen und vor allem für die Archivierung der Konstruktionsdaten neue Möglichkeiten der Organisation sowie der technischen Realisierung ab. Während sich im Rahmen der konventionellen Zeichnungstechnik diese Verwaltung in erster Linie auf das Sichten und Verfügbarmachen von Kopien ganzer Zeichnungsaufträge beschränkt, ergeben sich im Bereich der digitalen Verwaltung neue Alternativen der Datensicherung und Zugriffstechnik.

Für die *Zeichnungssicherung* ist es zwingend notwendig, laufend Sicherungskopien während des CAD-Konstruktionsprozesses einzurichten und den gesamten Umfang eines Konstruktionsauftrages mehrfach digital gespeichert zu verwalten. Viel entscheidender ist jedoch die Archivierung und systemtechnische Auswertung der CAD-Daten. In vielen Fällen bereitet dabei der *Änderungsdienst* Probleme. Die Ursache ist wohl darin zu sehen, daß heutige CAD-Systeme zwar Kenntnisse über die logische Datenstruktur geben, die Darstellung indessen nur im Direktzugriff vorgesehen ist. Vor allem fehlen ausreichende Sicherungsmechanismen sowie erforderliche Benutzerinformation im Falle einer Zeichnungsänderung [ABE-90].

**Datenbanken in der Konstruktion.** Aus den bereits erwähnten Gründen ist eine Neukonzeption der Zeichnungsverwaltung und -archivierung im Rahmen einer umfassenden CAD-Anwendung vorzunehmen.

Ein derartiges Konzept ist auf der Basis von netzverträglichen Datenbanken aufzubauen. Hierbei verfügen die Anwender weiterhin über ihren persönlichen Speicherbereich innerhalb des Gesamtarchives. Es findet hier eine kontinuierliche Kommunikation zwischen dem lokalen Datenbankserver und einer zentralen Datenverwaltung statt. Begleitet wird diese Datenarchivierung durch eine Reihe von Softwareunterstützungen, wie Informationsdienste über sämtliche abgespeicherte Dateien und Projekte, Suchalgorithmen und freie Abfragetechniken, welche sich auf die abgespeicherten Konstruktionen und deren Bauteile beziehen. Parallel dazu ist eine einheitliche Zugriffsregelung hinsichtlich Verfügbarkeit und Änderung, eine durchgängige Nachrichtenvermittlung über alle Zeichnungszustände und Änderungsprozesse sowie eine ausreichende Sicherungs- und Reparaturtechnik im Falle von Systemausfällen zu organisieren.

Die Grundlage eines derartigen netzorientierten Datenbanksystems ist eine einheitliche Datenbanksoftware, die auch verteilte Datenstrukturen zuläßt. Der größte Aufwand besteht eindeutig darin, auch für verteilte Datenbanken ein Organisationsmodell zu finden, welches nach Regeln verteilte Daten aktualisiert und nach Abläufen Änderungen registriert, verfolgt und installiert. Trotz verteilter Datenhaltung an den Workstations und in einem zentralen Archiv muß jeder Anwender das Gesamtsystems als eine Einheit betrachten können und dementsprechend von jedem Arbeitsplatz Daten abfragen und wiedergeben können [HAA-93a].

**Produktdatenbank.** In den Unternehmen anzutreffende Datenbanken (Datenbanken für Auftragsabwicklung, Konstruktion, Arbeitsplanung, Qualitätswesen) sind als Bestandteil der spezifischen Anwendung zu sehen. Sie wurden entweder mit dem computerunterstützten Softwaresystem erworben bzw. für die spezifische Anwendung entwickelt und strukturiert. Diese funktionsorientierten, anwendungsbezogenen Datenmanagementverfahren führen aufgrund der wachsenden Integration von Unternehmensbereichen immer häufiger zu Überschneidungen und Unverträglichkeiten, deren Abgleichung und Kopplung nur über eine Vielzahl von aufwendigen Schnittstellen zu erreichen sind. Mit dem Aufbau von Datenbeständen in den einzelnen Systemen hat sich in der Regel eine erhebliche Datenredundanz ergeben, die durch weitere Aufwendungen im Datenabgleich bei der Datenübertragung zu lösen ist, Abb. 4.24.

Ein Ausweg aus diesem Dilemma besteht im Aufbau einer gemeinsamen Datenbasis unter einem einheitlichen Datenmanagementsystem. Dieser häufig postulierten Zielsetzung stellen sich eine Reihe ungelöster Probleme entgegen, wie beispielsweise unterschiedliche anwendungsspezifische Datenbanktechniken und Datenstrukturen [ABE-90].

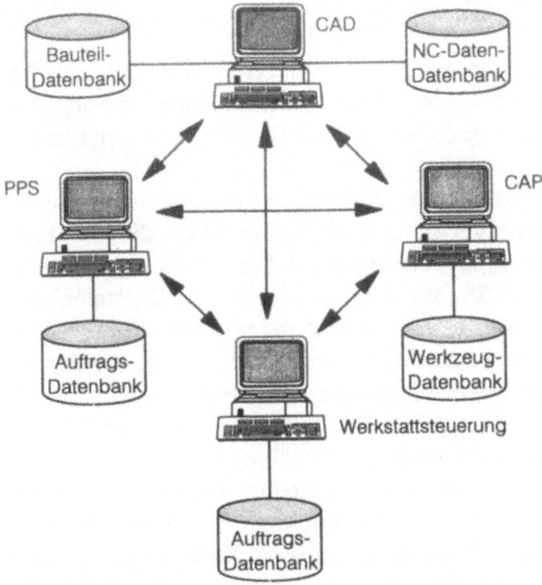


**Abb. 4.24.** Dezentrale Datenbanken mit getrennten Anwendungen

Ein erstes Modell zur Überwindung von Datenredundanzen beschreibt der Produktmodellansatz im Rahmen eines Produktdatenbanksystems. Hierbei handelt es sich keineswegs um das Ziel einer zentralen, für alle Bereiche gemeinsame Datenbanktechnik, sondern um eine unter einem einheitlichen, logischen Modell aufgebaute Datenführung mit durchaus dezentralen, physikalischen Datenhaltungssystemen, Abb. 4.25.

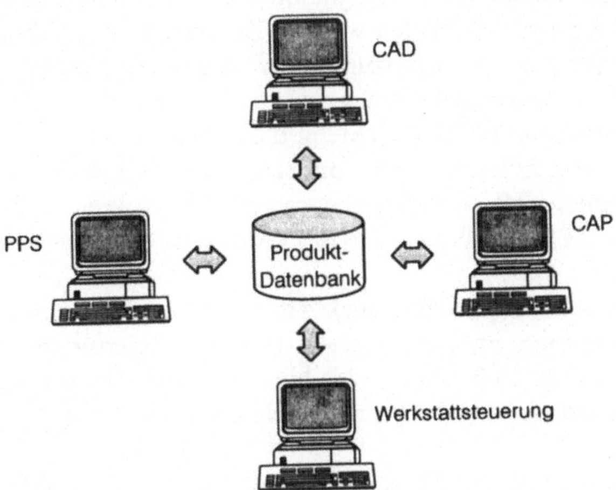


**Abb. 4.25.** Integrierte Produktdatenbank

### 4.4.3 Produktdatenverwaltung und -management

**Konstruktionsstammsatz.** Zentrale Aufgabe der Engineering Database in der Konstruktions- und Planungsphase ist die technische Stammdatenverwaltung des Konstruktionsstammsatzes (KSS). Dieser stellt die Basis für sämtliche Applikationen des technischen Informationssystems dar.

Der Konstruktionsstammsatz ist durch eine eindeutige Teilenummer gekennzeichnet. Er garantiert eine homogene Verwaltung sämtlicher Daten, die innerhalb des Konstruktions- und Planungsprozesses von den beteiligten Abteilungen erstellt werden. Darüber hinaus stellt der KSS das Bindeglied zum Artikelstammsatz (ASS) des PPS-Systems dar. Während bestehende und freigegebene Stammdaten aus dem PPS-System gelesen werden, erfolgt im Rahmen der Freigabe die Bereitstellung der neu generierten oder modifizierten Daten zurück an die EDB.

Die Notwendigkeit der Anlage eines Konstruktionsstammsatzes resultiert aus der Problematik, bereits in frühen Phasen der Produktentwicklung alle zu einem Artikel anfallenden Informationen zu verwalten und eindeutig zuzuordnen. In der Regel existiert in dieser Phase noch kein Artikelstammsatz im PPS-System. Der Stammsatz - d.h. KSS oder ASS - ist einerseits der zentrale Ausgangspunkt, über den der Anwender auf sämtliche Informationen und Unterlagen zugreifen kann, und andererseits das technische und organisatorische Bindeglied zum PPS-System.

Im Gegensatz zur Engineering Database bieten PPS-Systeme lediglich eingeschränkte Möglichkeiten, um Dateien von Erzeugersystemen aktiv zu verwalten. Bis zum Zeitpunkt der Freigabe werden Teilestamminformationen von neu konstruierten Bauteilen meist in der Datenhoheit der Entwicklung und Konstruktion innerhalb der EDB verwaltet [EHS-91].

**Konstruktionsstückliste.** Der Einsatz moderner CAD-Systeme läßt heute erkennen, daß nicht nur die grafische Datenverwaltung weiterentwickelt wurde, sondern daß ferner die Schnittstellen zur Ableitung und Integration von Verwaltungsinformationen - beispielsweise Stücklisten - angeboten werden. Bei hohem Wiederholteilgrad bieten sich teilweise auch gute Voraussetzungen für eine der Konstruktion nachgeschaltete, automatische Stücklistengenerierung.

Während aus Sicht der Konstruktion und Entwicklung die Strukturen und mengenmäßigen Auflistungen der Teile in Baugruppen von Bedeutung sind, erfolgt in der Arbeitsvorbereitung die Generierung einer fertigungsgerechten Struktur. Somit ergeben sich zwei Sichtweisen auf die Strukturierung des Produktes: die Konstruktions- und die Fertigungssicht.

Immer häufiger wachsen jedoch Konstruktion und Arbeitsvorbereitung soweit zusammen, daß eine Stücklistenform im Unternehmen ausreicht. Hierfür bietet sich die Strukturierung der Stückliste in Baukästen bis hin zur Einzelteilebene an, um nachgelagert in der Arbeitsvorbereitung die Vorstufen ergänzen zu können.

**Projektverwaltung.** Die Aufgabe der Projektplanung besteht darin, die Gesamtplanung der Produktentwicklung in klare, überschaubare Einheiten aufzuteilen, sowie die zeitlichen und kapazitiven Beziehungen der Vorgänge untereinander zu verwalten.

Die Funktionen zur Verwaltung von Projekten mittels EDB basiert auf Schnittstellen zu Projektmanagementsystemen (PMS) und umfassen im wesentlichen folgende Aspekte [EHS-91]:

- Mehrebenenprojektplanung,
- Kapazitätsplanung,
- Kapazitätsabgleich,
- Projektterminkalender,
- Projektverfolgung und -überwachung,
- Kostenverfolgung und -überwachung,
- statistische Auswertung und Reports.

**Unterlagenverwaltung.** Durch den Einsatz von Erzeugersystemen in den Bereichen CAE, CAD, CAP, CAM und der technischen Dokumentation wird die Bereitstellung der unterschiedlichen Unterlagen zur primären Aufgabe der EDB.

Unterlagen sind beispielsweise:

- 3D-CAD-Modelle,
- 2D-Zeichnungen,
- NC-Programme,
- FEM-Netzbeschreibungen,
- Spezifikationen,
- Kataloge,
- Berechnungen,
- Qualitätsdaten,
- technische Dokumentationen,
- Betriebsanleitungen,
- Kundendienstunterlagen und
- CAQ-Informationen.

Die direkten und indirekten Abhängigkeiten von Unterlagen untereinander wirken sich durch höhere Anforderungen an die Produkthaftung und ein komplexeres Änderungswesen für logisch und physikalisch zusammenhängende Unterlagen nachhaltig aus.

Die EDB verfügt über Funktionalitäten zur Auflistung von Unterlagen und deren hierarchische Anordnung hinsichtlich eines Konstruktionsstammsatzes. Beispielsweise kann die Modifikation eines 3D-Modells verschiedene Auswirkungen nach sich ziehen. Sofern sich die Gestalt ändert, müssen die abgeleiteten 2D-Zeichnungen angepaßt werden. Umgekehrt hat nicht jede Zeichnungsänderung eine Anpassung des 3D-Modells zur Folge. Werden beispielsweise in der Zeichnung lediglich Bemaßungen ergänzt oder Zusatztexte für die Fertigung aufgenommen, muß dies nicht zwangsweise eine Modelländerung bewirken.

Die Abhängigkeiten werden in der EDB durch Referenzierungen abgebildet. Dies geschieht durch logische Verknüpfungen der Unterlagen unter Berücksichtigung der vorhandenen Abhängigkeiten.

**Sachmerkmale.** Ein Sachmerkmalsystem stellt die EDV-technische Realisierung der Gruppentechnik dar. Diese dient im wesentlichen dem Auffinden von gleichen oder ähnlichen Teilen, die mit definierten Ähnlichkeiten zu Gruppen - den sogenannten Teilefamilien - zusammengefaßt werden. Innerhalb der Gruppen wird eine vorgegebene Anzahl von (Sach-) Merkmalen beschrieben. Dabei handelt es sich um klassifizierende Informationen einer Bauteilbeschreibung, wie beispielsweise Gesamtlänge oder größter Durchmesser. Anzahl und Art dieser Merkmale müssen produktspezifisch bestimmt werden (vgl. [DIN-4000]).

Anwendungen von Sachmerkmalsleisten können unter anderem sein [EHS-91]:

- Klassifizierungssystem für Wiederholteilsuche,
- Verwaltungsprogramm für CAD-Variantenprogramme,
- Bereitstellung von Informationen nachgeschalteter Tätigkeiten, wie Stücklistenauswertung, Arbeitsplan-Generierung, NC-Programmierung,
- Anwendung von Konstruktionslogiken,
- Kopplung zum Materialklassensystem im PPS-System.

**Normteilintegration.** Neben der Ähnlichkeitssuche hat die Gruppentechnik ebenfalls Bedeutung für die hardwareunabhängige Normteilinformation innerhalb von CAD-Systemen. Grundlage ist die Klassifizierung der Normteile unter Berücksichtigung grafischer und geometrischer Beschreibungsmerkmale (vgl. [DIN-4001], [DIN-14]).

Systemneutrale Definitionen von CAD-Normteil-Geometrien werden auf der Basis des neutralen und prozeduralen Schnittstellenformates VDAPS für verschiedene CAD-Systeme angeboten (vgl. [DIN-66304]).

Die Verknüpfung der Merkmale der Sachmerkmalsleiste mit dem Normteilauswahlsystem sowie die Unterstützung von Suchfunktionen und Übergabe der Geometrieinformationen an die CAD-Schnittstelle zur Erzeugung der Normteilgestalt sind hierbei wesentliche Funktionen [EHS-91].

**Arbeitsplanung.** Die mit der Konstruktion sehr eng verbundene Arbeitsplanung verfügt ihrerseits über eine Reihe unterschiedlichster Dateien. Hierzu zählen beispielsweise mehrfach nutzbare Arbeitspläne, NC-Programme, Werkzeugdateien, Spannmitteldaten sowie Angaben über Vorschub- und Bearbeitungsgeschwindigkeiten. Ein Schwerpunkt bildet die Werkzeugdatenverwaltung. Diese setzt sich aus folgenden Informationskomponenten zusammen [ABE-90]:

- Identifikation der Werkzeuge,
- geometrische Werkzeugbeschreibung,
- technologische Eigenschaften,
- Strukturdaten der Werkzeuge,
- Standzeiten,
- klassifizierende und beschreibende Werkzeugmerkmale und
- Angaben über Verfügbarkeit, Lagerort und Bestände.

# 5 Beispiele neuartiger CAD-Applikationen

In diesem Kapitel wird der Ansatz der technologieorientierten Funktionselemente (vgl. Kap. 3.2.4) als spezielle Ausprägung einer Feature-Beschreibung vertieft und exemplarisch für den Gegenstandsbereich der Getriebe mit Gußgehäuse dargestellt. Neben der Definition der Features stehen insbesondere die Möglichkeiten einer weiterreichenden Unterstützung der Gestaltungsphase sowie der nachgeschalteten Prozesse im Vordergrund. Ausgangsbasis hierfür ist das am Institut für angewandte Forschung (IAF) der Fachhochschule für Technik Esslingen entwickelte Konstruktionsverbundsystem CATWISEL [HAA-93], [HAA-93c], [HAA-94], [HAA-94a], [HAA-94b], [HMZ-94], [HMZ-94a], [HMZ-94b], [HAA-95].

## 5.1 Featurebasierte Getriebekonstruktion

Der Definition der Getriebefeatures kommt eine zentrale Bedeutung zu. Die Gestalt der Features entscheidet über die Akzeptanz des Konstruktionssystems beim Anwender, den Komfort der Bauteilmodellierung, die Berücksichtigung von Aspekten nachgeschalteter Prozesse und letztlich über den erforderlichen Bearbeitungszeitraum in der Konstruktionsphase. Die Beschreibung der Features erfolgte nach einer Analyse vorhandener Getriebekonstruktionen auf der Grundlage von Fachliteratur und Firmenunterlagen. Bei der Aufteilung der konstruktiven Objekte in Haupt- und Nebenfunktionselemente wurde darauf geachtet, eine dem konventionellen Konstruktionsablauf entsprechende, sinnvolle Aufteilung zu finden und gleichzeitig die jeweiligen Fertigungsaspekte zu berücksichtigen, ohne jedoch die gestalterische Freiheit insbesondere bei der Gehäusemodellierung gravierend einzuschränken. In Abb. 5.1 werden die entwickelten Getriebefeatures in Form der fertigungsteilspezifischen Haupt- und Nebenfunktionselemente dargestellt.

Bei der anschließenden Beschreibung der Getriebefeatures sollen insbesondere die Haupt- und Nebenfunktionselemente der Gußgehäuse im Vordergrund stehen. Während Features für Rotationsteile seit einigen Jahren bekannt sind und bereits eingesetzt werden, stellt der Bereich der komplexen Gußgehäuse ein neues Anwendungsfeld dar.

Um den Zeitraum der Produktmodellierung wesentlich zu verkürzen, soll der Eingabeaufwand des Anwenders auf das Wesentliche beschränkt werden. Allgemeingültige Aussagen über Parameter von Haupt- und Nebenfunktionselementen sollen bereits bei der Wertezuweisung der Features im CAD-System in Form von voreingestellten Standardwerten (engl.: Defaults) berücksichtigt werden [HMZ-94].

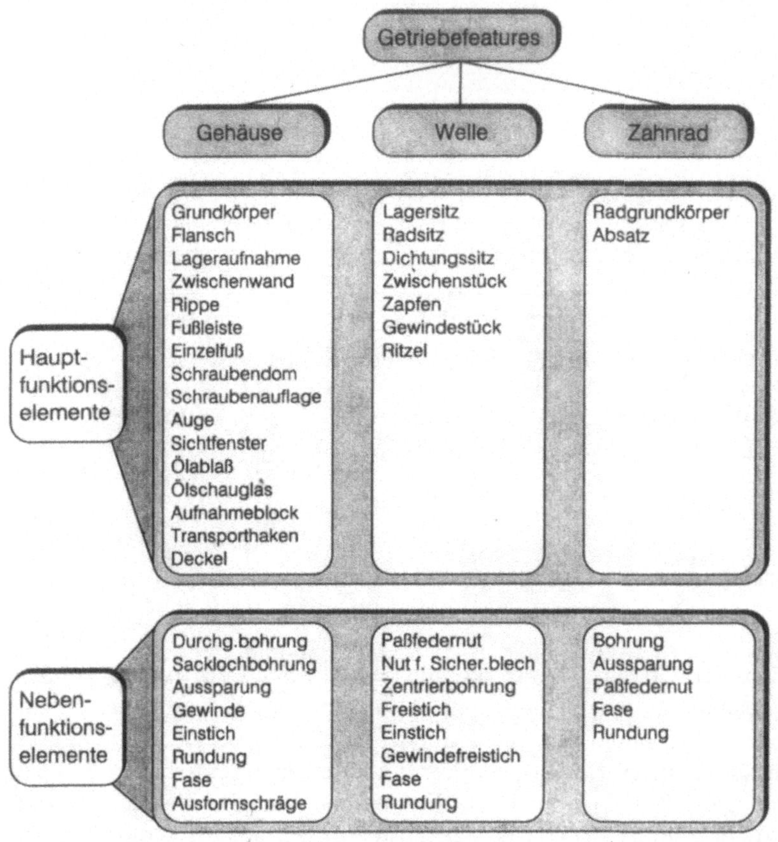


**Abb. 5.1.** Technologieorientierte Funktionselemente für die Getriebegestaltung

### 5.1.1 Funktionselemente für Getriebe- und Ritzelwellen

Die nachfolgend beschriebenen Features sind realisierte Funktionselemente, die vom Konstruktionsverbundsystem bereitgestellt werden. Die jeweiligen Feature-Parameter orientieren sich an konstruktions- und fertigungsrelevanten Angaben, die vom Konstrukteur zu bestimmen sind. Während vergleichbare Konstruktionssysteme (vgl. [RÄS-91], [MEW-91]) diese Features bzw. Konstruktionsgrundelemente weiter in Gestaltelemente, Technologieelemente, Funktionselemente und

Organisationselemente unterscheiden, umfaßt im hier beschriebenen Ansatz ein Feature neben der gesamten Geometrieinformation auch eine vollständige Beschreibung der Funktion und insbesondere der zugehörigen Technologie. In Abb. 3.4 werden diese Teilaspekte der Featureinformation am Beispiel der Getriebewelle dargestellt.

Da die Herstellung der Wellen durch einen spanenden Bearbeitungsprozeß erfolgt, orientieren sich die erforderlichen Wellen-Features an den Bearbeitungsverfahren Drehen, Fräsen und Schleifen. Im Hinblick auf die Abbildung des Konstruktionskontextes im wissensbasierten System beschränkt sich die Beschreibung der räumlichen Beziehungen zwischen den Hauptfunktionselementen quasi auf axiale Nachbarschaftsbeziehungen (benachbart-mit). Erst die Nebenfunktionselemente erfordern weitere räumliche Beziehungen (verfügt-über, gehört-zu).

Folgende Haupt- und Nebenfunktionselemente wurden für die Gestaltung der Getriebewelle bzw. Ritzelwelle definiert und im Konstruktionsverbundsystem implementiert:

**Hauptfunktionselemente**:

- Lagersitz,
- Radsitz,
- Dichtungssitz,
- Zwischenstück,
- Zapfen,
- Gewindestück und
- Ritzel.

**Nebenfunktionselemente**:

- Paßfedernut,
- Nut für Sicherungsblech,
- Zentrierbohrung,
- Freistich Form E und Form F,
- Einstich,
- Gewindefreistich,
- Fase und
- Rundung.

Die jeweiligen Beschreibungsparameter eines Features lassen sich in vier Bereiche unterteilen:

- Verwaltungsparameter (V),
- Kontextparameter (K),
- Geometrieparameter (G) und
- Technologieparameter (T).

Bei der Bestimmung der einzelnen Beschreibungsparameter ist ferner zwischen Pflichteingabe (PE), optionale Eingabe (OE) und System-Eintrag (SE) zu unterscheiden. So weist beispielsweise das Feature "*Lagersitz*" folgende Datenstruktur auf:

**V**: Feature-ID (SE) und
Instanz-von (SE).

**K**: Räumliche Beziehungen (SE).

**G**: Durchmesser (PE),
Länge (PE),
Ortsvektor (SE),
Lagevektor (SE).

**T**: Passung oder Durchmessertoleranz (OE),
Längentoleranz (OE),
gem. Rauhtiefe Uml.fl. (OE), gem. Rauhtiefe Stirnfl.-1 (OE), ...,
Fertigungsverfahr. U.fl. (OE), Fertig.verfahr. St.fl.-1 (OE), ...,
Formtoleranz Umlauffl. (OE), Formtoleranz St.fl.-1 (OE), ...,
Lagetoleranz Umlauffl. (OE), Lagetoleranz St.fl.-1 (OE), ...,
Bezugselement Uml.fl. (OE), Bezugselement St.fl.-1 (OE), ... .

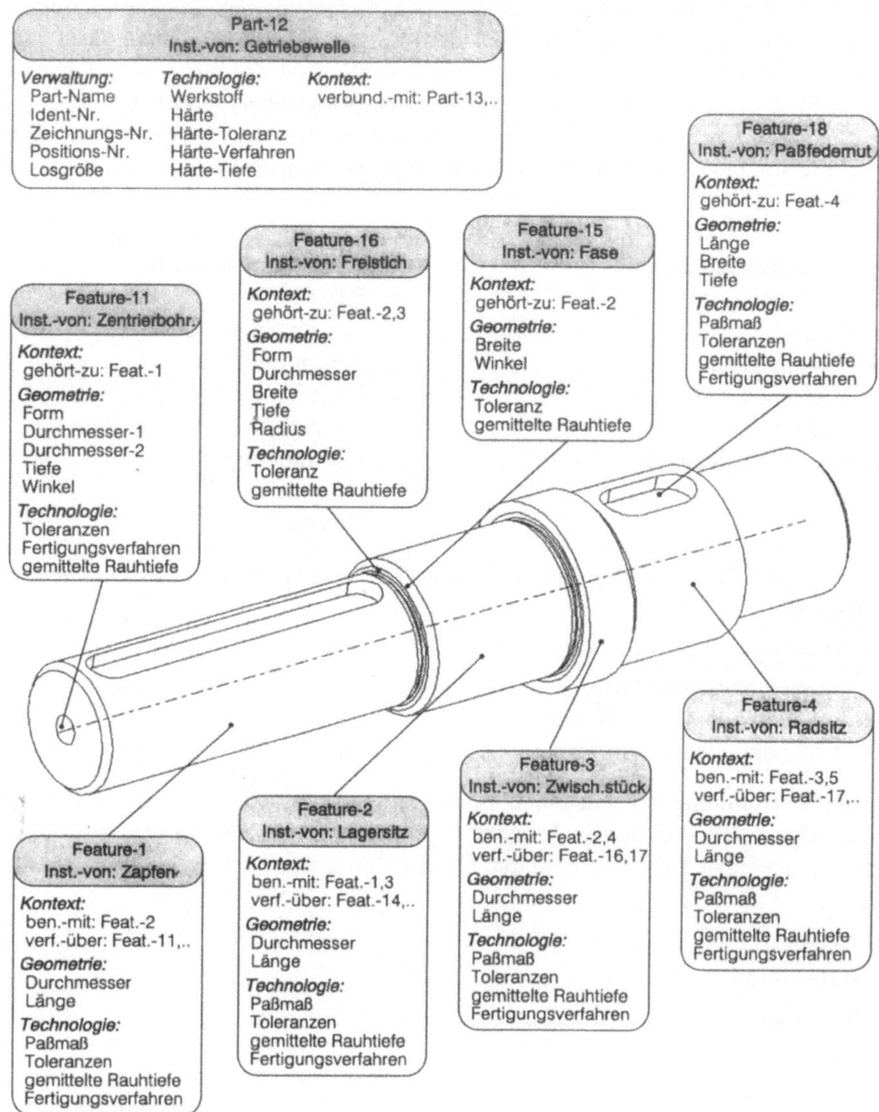


**Abb. 5.2.** Featurebasierte Getriebewelle

Im Hinblick auf die Reduzierung der Entwicklungszeit soll der Konstrukteur von sämtlichen Routinetätigkeiten entlastet werden. Dies gilt in erster Linie für die Unterstützung von Normen und Standards. Aus diesem Grund werden im hier beschriebenen System insbesondere DIN-Tabellen für die Auslegung von Nebenfunktionselementen berücksichtigt. Dies sind im einzelnen DIN 509 für Freistiche der Form E und F, DIN 471 und 472 für Einstiche, DIN 76 für Gewindefreistiche, DIN 332 für Zentrierbohrungen, DIN 6885 für Paßfedernuten, DIN 250 für Rundungen, DIN 462 für Nuten von Sicherungsblechen, DIN 13 für Gewindestücke, DIN 867 und DIN 780 für Ritzel und DIN 748 für Zapfen (Wellenenden). Die Werte sämtlicher optionaler Parameter werden einer *Default-Wertebelegung* entnommen, falls diese nicht explizit vom Anwender spezifiziert werden. Auf diese Weise kann sich der Konstrukteur auf die Festlegung der wesentlichen Gestaltungsparameter im Rahmen seiner heuristischen Tätigkeit konzentrieren.

Abb. 5.2 zeigt eine featurebasierte Getriebewelle, wobei auszugsweise einige Beschreibungsparameter aufgeführt sind.

### 5.1.2 Funktionselemente für Zahnräder

Die Definition und der strukturelle Aufbau der Features für die Zahnräder erfolgt in Anlehnung an das Konzept der Wellen-Features. Basis für die Beschreibung des räumlichen Kontextes sind wiederum die bereits erwähnten Beziehungsrelationen. Für die Modellierung der geradverzahnten Räder sind jedoch weitere Features notwendig. Dabei handelt es sich um folgende Haupt- und Nebenfunktionselemente:

**Hauptfunktionselemente**:

- Radgrundkörper und
- Absatz.

**Nebenfunktionselemente**:

- Bohrung,
- Aussparung,
- Paßfedernut,
- Fase und
- Rundung.

Die zugrunde gelegte Datenstruktur ist identisch mit der der Wellen-Features. So hat beispielsweise das Feature "*Radgrundkörper*" folgenden Aufbau:

V: Feature-ID (SE) und
Instanz-von (SE).

K: Räumliche Beziehungen (SE).

G: Kopfkreisdurchmesser (PE),
Teilkreisdurchmesser (PE),
Zahnbreite (PE),
Zähnezahl (PE),
Modul (PE),
Bezugsprofil (OE),
Achsabstand (PE),

Ortsvektor (SE),
Lagevektor (SE).

T: Durchmessertoleranz (OE),
Breitentoleranz (OE),
Verzahnungsqualität (OE),
Profilverschiebung (OE),
gem. Rauhtiefe Uml.fl. (OE), gem. Rauhtiefe Stirnfl.-1 (OE), ...,
...

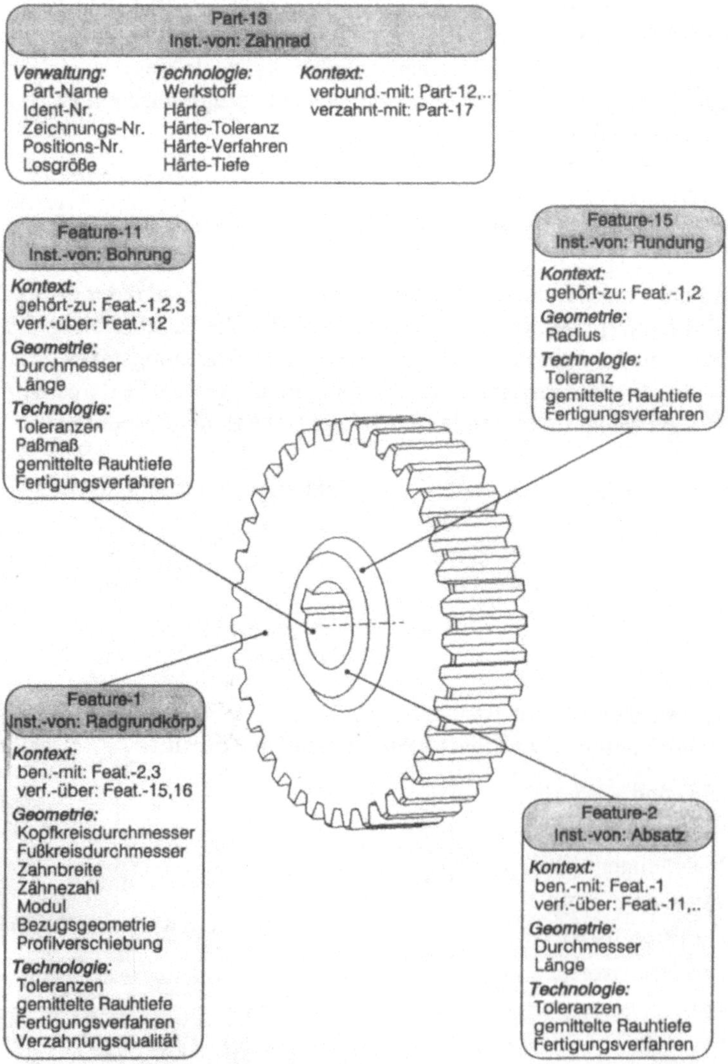

**Abb. 5.3.** Featurebasiertes Zahnrad

Auch bei den Zahnrad-Features werden Standards und DIN-Tabellen für die Definition der *Default-Werte* herangezogen. Es handelt sich dabei um DIN 867 und DIN 780 für Radgrundkörper, DIN 6885 für Paßfedernuten und DIN 250 für Rundungen.

Ein entsprechendes Zahnrad wird in Abb. 5.3 dargestellt, in dem die relevanten Beschreibungsparameter auszugsweise für einige Features ersichtlich sind.

### 5.1.3 Funktionselemente für Gußgehäuse

Während technologiebasierte Gestaltungsfeatures für rotationssymmetrische Bauteile bereits in der forschungsorientierten Fachliteratur vorgestellt wurden [HJK-90], [SCH-92], [RUF-91], [MEW-91], existieren für Gußgehäuse bis heute keine vergleichbaren Konzepte, geschweige denn entsprechende Realisierungen. Doch insbesondere bei der dreidimensionalen Gestaltung des Getriebegehäuses trägt die Bereitstellung von Features signifikant zur Effizienzsteigerung der Konstruktionsphase bei. Auf dieser Basis wird die Gehäusemodellierung mit vergleichsweise wenigen Modellierungsschritten des Anwenders unterstützt. Wie bereits bei der Konstruktion von Rotationsteilen soll auch hier der bereits beschriebene pragmatische Feature-Ansatz zugrunde gelegt werden. Darüber hinaus soll ein Funktionselement sämtliche für den Produktentstehungsprozeß relevanten Informationen - also Funktion, Geometrie, Technologie und Kostengrundlage - enthalten.

Unter Berücksichtigung einer horizontalen Teilfuge besteht ein Getriebegehäuse stets aus den beiden Bauteilen Gehäuse-Oberkasten und -Unterkasten. Aus diesem Grund müssen mit Hilfe der Gehäuse-Features beide Teile modellierbar sein. Während sich die Features für Getriebewellen und Zahnräder in erster Linie an der Technologie der zerspanenden Bearbeitung orientierten, müssen sich die Gehäuse-Features primär an der Gießereitechnologie ausrichten. Ferner müssen gehäusespezifische Elemente wie Ölablaßschraube, Ölstandsschauglas und Sichtfenster Berücksichtigung finden.

Hinsichtlich der Kontextbeschreibung müssen weitere räumliche Beziehungen zur ausreichend präzisen Anordnung der Features eingeführt werden. Im einzelnen sind dies die Relationen *verbunden-mit* und *besteht-aus*. Folgende Formelemente wurden für die Gehäusemodellierung definiert:

**Hauptfunktionselemente**:
- Grundkörper,
- Flansch,
- Lageraufnahme,
- Zwischenwand,
- Rippe,
- Fußleiste,
- Einzelfuß,
- Schraubendom,
- Schraubenauflage,

**Nebenfunktionselemente**:
- Durchgangsbohrung,
- Sacklochbohrung,
- Gewinde,
- Aussparung,
- Einstich,
- Rundung,
- Fase und
- Ausformschräge.

- Auge,
- Sichtfenster,
- Ölablaß,
- Ölschauglas,
- Aufnahmeblock,
- Transporthaken und
- Deckel.

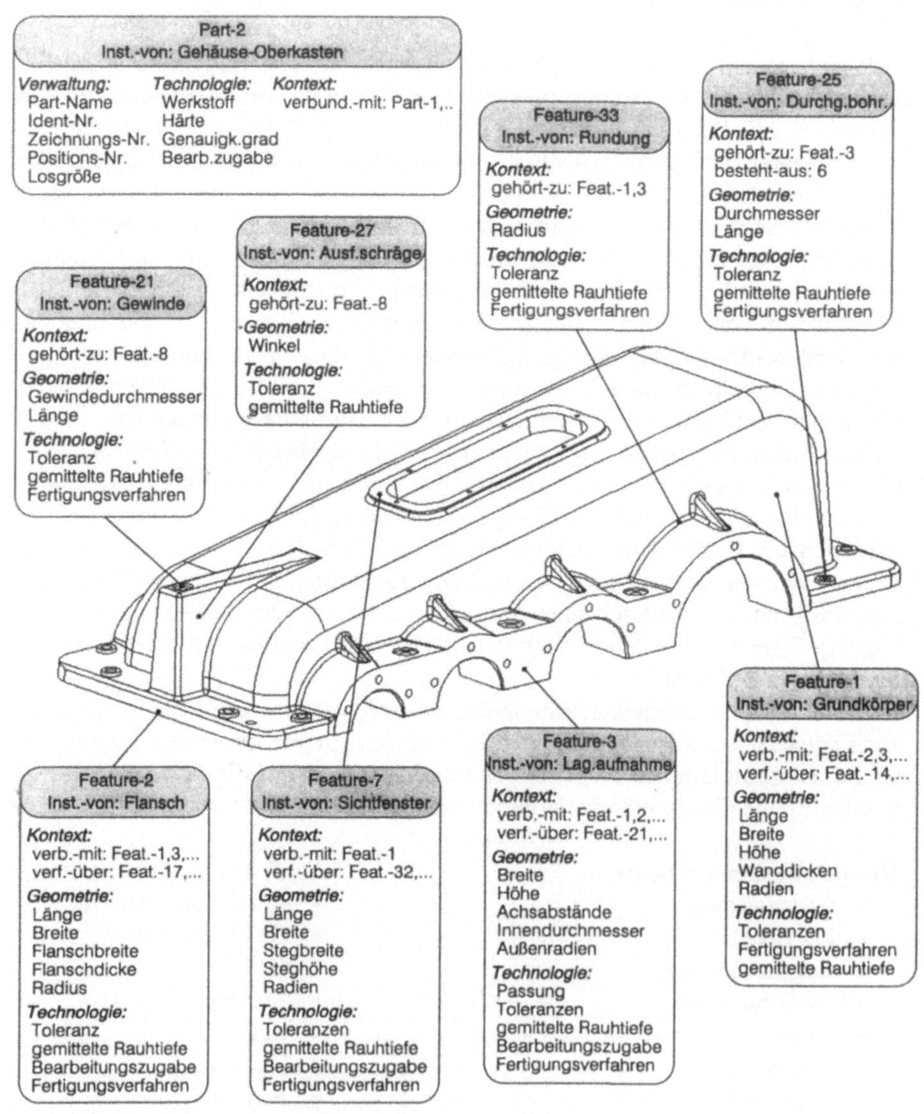


**Abb. 5.4.** Featurebasierter Gehäuse-Oberkasten

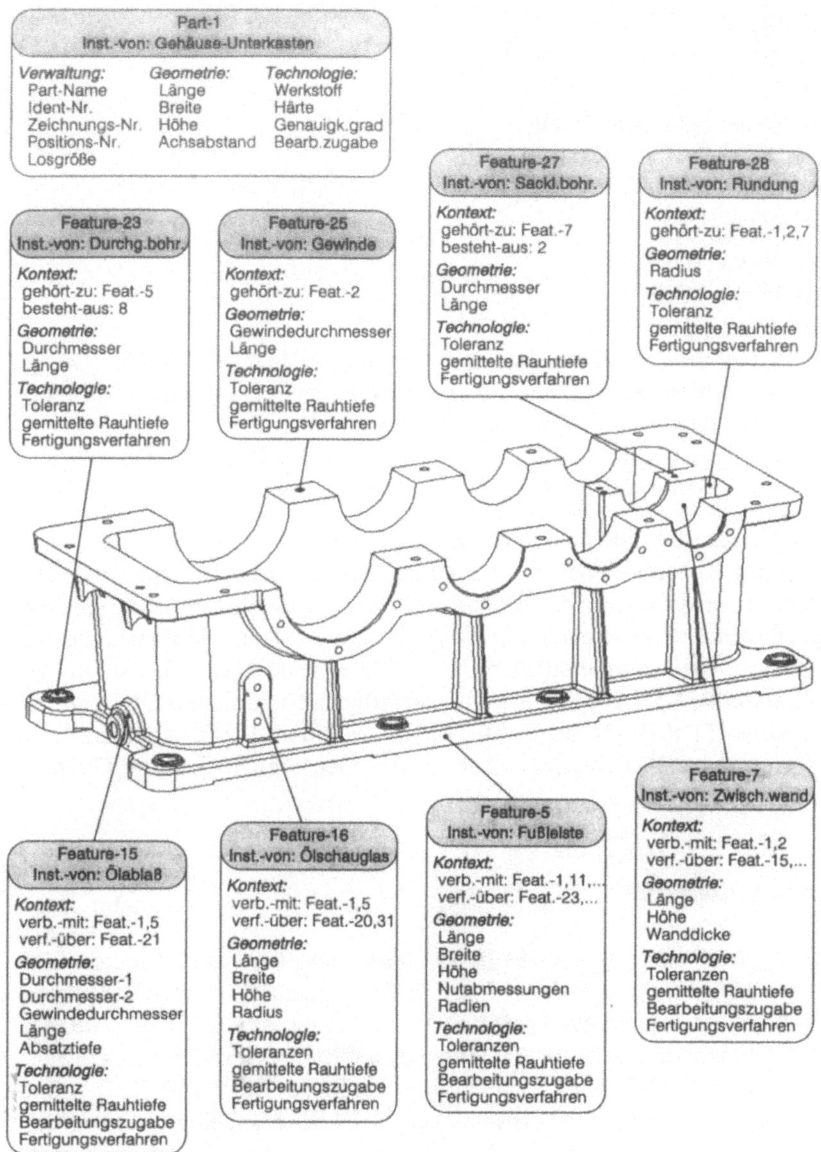


**Abb. 5.5.** Featurebasierter Gehäuse-Unterkasten

Die Datenstruktur eines Gehäuse-Features soll exemplarisch am *Grundkörper-Unterkasten* erläutert werden:

**V**: Feature-ID (SE) und
Instanz-von (SE).

**K**: Räumliche Beziehungen (SE).

**G**: Länge (PE),
Breite (PE),
Höhe (PE),
Wanddicke der Seitenwand (OE),
Wanddicke des Bodens (OE),
Radius Wand (OE),
Radius Boden (OE),

**T**: Längentoleranz (OE),
Breitentoleranz (OE),
Höhentoleranz (OE),
gemittelte Rauhtiefe Seitenwände (OE),
Fertigungsverfahren Seitenwände (OE),
Formtoleranz Seitenwände (OE),
Lagetoleranz Seitenwände (OE),
Bezugselement Seitenwände (OE),
gemittelte Rauhtiefe Boden (OE),
Fertigungsverfahren Boden (OE),
Formtoleranz Boden (OE),
Lagetoleranz Boden (OE),
Bezugselement Boden (OE).

Hinsichtlich der Konstruktionsunterstützung werden sowohl Standards und DIN-Tabellen als auch Konstruktions- und Gestaltungsregeln berücksichtigt. Während DIN-Tabellen in erster Linie der Defaultwerte-Belegung dienen, ermöglichen diverse Regelbasen eine kontinuierliche Überprüfung des Konstruktionskontextes (siehe Kap. 5.5.1). Bei den unterstützten DIN-Tabellen handelt es sich um DIN 76 für Sacklochgewinde, DIN 273 für Schraubendurchgangsbohrungen, DIN 250 für Rundungen, DIN 471 und 472 für Einstiche, DIN 908 und 910 für Ölablaß, DIN 6279 für Ölstandsschauglas und DIN 1668 für den Genauigkeitsgrad der Gußherstellung, Abb. 5.4 und Abb. 5.5.

### 5.1.4 Feature-Umsetzung

Die Umsetzung des Feature-Konzeptes basiert im Bereich der Geometriemodellierung auf der Gruppentechnik (UDF - User Defined Feature) des CAD-Systems Pro/ ENGINEER. Die programmtechnische Umsetzung der CAD-Erweiterung wurde mit "C"-Standardfunktionen, Funktionen des Moduls Pro/DEVELOP und zum Großteil über selbstdefinierte "C"-Funktionen realisiert [MIQ-89], [ILL-90].

Ein UDF kann generell im CAD-Basissystem als Makro angelegt werden, das vordefinierte kombinierte Geometrieelemente in das CAD-Modell einbindet, wobei der Anwender die Plazierung und Dimensionierung festlegt. Allerdings geht bei dieser Vorgehensweise die Information über die Gruppenzugehörigkeit der kombinierten Geometrieelemente nach der Einbindung verloren. Im Gegensatz dazu muß im hier beschriebenen System diese Gruppenzugehörigkeit in Form eines Funktionselementes erhalten werden. Deshalb erhielten die UDFs zusätzlich zu den geometrischen Dimensionen eine übergreifende funktionale Zuordnung. Zwar muß auch hier eine physikalische Verschmelzung der UDFs mit dem CAD-Modell stattfinden. Allerdings bleibt die logische Information über die Kombination der Geometrieelemente als Bestandteil des Funktionselementes erhalten, um so die geforderte Auswertung des Modells für die Unterstützung konstruktionsbegleitender und nachgeschalteter Prozesse zu ermöglichen. Darüber hinaus wurden die geometrischen Parameter der UDFs um technologische Parameter in einer separaten Datenbasis ergänzt.

Feature: *Lageraufnahme* | Gruppe: Kopf ~~BRE~~ NFE | Teil: *Gehäuse*

Parameter:

| Nr. | Variablenname | | | | Verwendung | | | | Wert | |
|---|---|---|---|---|---|---|---|---|---|---|
| | Bezeichnung | CAD | *.fea | *.exp | EXP | APL | KIS | NCW | Default | Bereich |
| 1 | Typ | typ | - | instanz | - | - | - | | fea_g_h_la | fea_g_h_la |
| 2 | Identnummer | id | - | (id) | x | - | - | | von Pro/E | 0 ... |
| 3 | Feature-Identnr. | (fea_id) | - | - | - | - | - | | id + ghla_off | 0 ... |
| 4 | Feature-Art | (art) | - | - | - | - | - | | art_haupt | art_haupt |
| 5 | Part | (prt) | - | - | - | - | - | | prt_gehäuse | prt_gehäuse |
| 6 | Ortsvektor x | ort | la_ovx | ortsvektor | x | - | x | | berechnet | Bereich double |
| 7 | Ortsvektor y | | la_ovy | | x | - | x | | berechnet | Bereich double |
| 8 | Ortsvektor z | | la_ovz | | x | - | x | | berechnet | Bereich double |
| 9 | Lagevektor x | lage | la_lvx | lagevektor | x | - | x | | 1,0 | +1,0 |
| 10 | Lagevektor y | | la_lvy | | x | - | x | | 0,0 | +1,0 |
| 11 | Lagevektor z | | la_lvz | | x | - | x | | 0,0 | +1,0 |
| 12 | verbunden-mit | id_v-mit | - | (verbun-mit) | x | - | - | | berechnet | -1 ... |
| 13 | verfügt-über | id_v-ueb | - | (verfue-ueb) | x | - | - | | berechnet | -1 ... |
| 14 | Außendurchm. (i) | da_la (i) | la_da (i) | aus.durchm. | x | x | x | | 1,4 d_lager | +0,1 ... +10000 |
| 15 | Bohr. durchm. (i) | di_la (i) | la_di (i) | bohr.durchm. | x | x | x | | d_lager | +0,1 ... +10000 |
| 16 | Achsabstand (i) | achs (i) | achs (i) | achsabstand | x | x | x | | siehe Getriebekopf | +0,1 ... +10000 |
| 17 | Innenbreite | ib_la | la_ib | innenbreite | x | x | x | | b_gk - 2 wd_gk | +0,1 ... +10000 |
| 18 | Tiefe | t_la | la_t | tiefe | x | x | x | | 2 b_lager | +0,1 ... +10000 |
| 19 | Dicke | d_la | la_d | dicke | x | x | x | | 0,4 da_la (1) | +0,1 ... +10000 |
| 20 | Formschräge | f_la | la_f | formschräge | x | x | x | | Tabelle DIN-1511 | -10 ... +10 |
| 21 | Paßmaß Bohr. | pas_bo | la_di_pas | pas.bohrung | x | x | x | | H7 | Text (16) |
| 22 | Rauheit Bohr. | rau_bo | la_di_rz | rz_bohrung | x | x | x | | 16 | 0,0 ... +1000 |
| 23 | Rauheit Stirnfl. | rau_sti | la_sti_rz | rz_stirnfläche | x | x | x | | 25 | 0,0 ... +1000 |
| 24 | Bearb.verf. Bo. | bv_bo | la_di_bv | be.verf._bohr | x | x | x | | ausspindeln | Text (16) |
| 25 | Bearb.verf. Stirn. | bv_sti | la_sti_bv | be.verf._sti.fl. | x | x | x | | fräsen | Text (16) |
| 26 | Wellenanzahl | n_wel | n_wel | wellenanzahl | x | x | x | | siehe Getriebekopf | 1 ... 4 |
| 27 | Bearb.zug. Bo. | bz_bo | la_di_bz | bear.z._bo. | x | x | x | | Tabelle DIN-1686 | +0,1 ... +1000 |
| 28 | Bearb.zug. Tiefe | bz_t | la_t_bz | bear.z._tiefe | x | x | x | | Tabelle DIN-1686 | +0,1 ... +1000 |
| 29 | Bearb.zug. Dicke | bz_d | la_d_bz | bear.z._dicke | x | x | x | | Tabelle DIN-1686 | +0,1 ... +1000 |

grafische Darstellung der CAD Variablen:

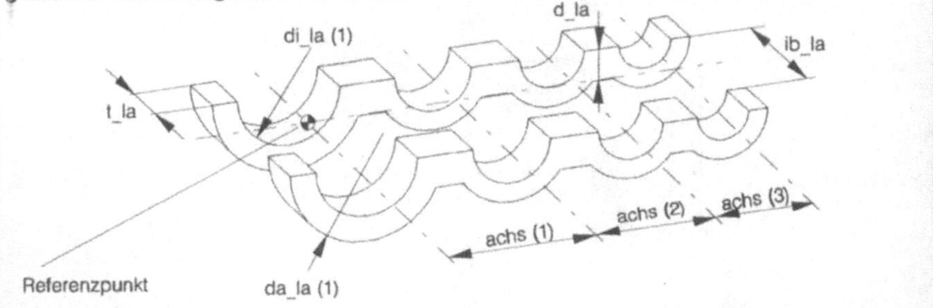

**Abb. 5.6.** Auszug aus der Feature-Bibliothek

Alle erforderlichen Funktionselemente für die Konstruktion von Stirnradgetrieben wurden auf diese Weise definiert, implementiert und in eine Feature-Bibliothek aufgenommen. Abb. 5.6 zeigt die Parameterstruktur des Hauptfunktionselementes "Lageraufnahme". Neben der Bezeichnung der Variablen werden die Namen aufgelistet, unter welchen die Größen im CAD-System, in der Feature- und Expertensystem-Übergabedatei geführt werden. Ferner wird vermerkt, ob die Variablen im Experten-, Kosteninformationssystem, Arbeitsplan-, oder NC-Programm-Generator Verwendung finden. Abschließend wird der jeweilige Default und Wertebereich festgelegt.

Generell werden bei der Definition von Funktionselementen 5 interne Parameter-Typen unterschieden:

- Funktion (z.B. Lageraufnahme: Aufnahme von Wälzlagern im Gehäuse),
- Geometrie (sämtliche geometrische Abmessungen),
- Technologie (Passungen, Toleranzen, Oberflächenangaben, Bearbeitungszugaben),
- räumliche Relationen (verbunden-mit, verfügt-über, etc.),
- Plazierungsreferenzen (Flächen, Kanten, Achsen).

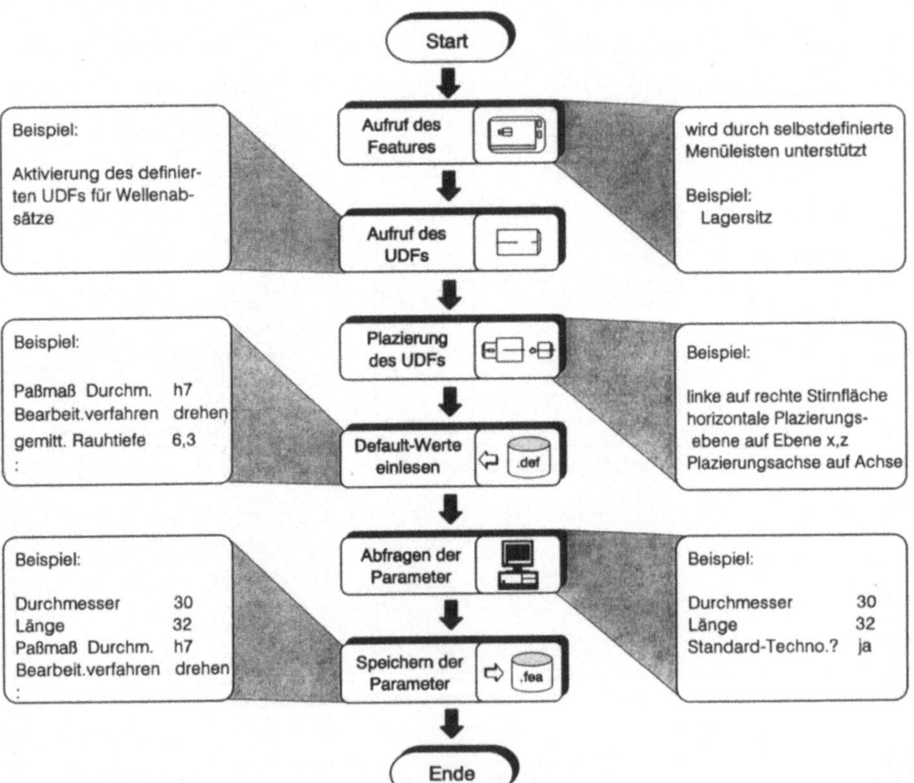


**Abb. 5.7.** Ablauf eines Feature-Aufrufes

Abb. 5.7 zeigt einen exemplarischen Feature-Aufruf mit den beteiligten Ablaufschritten. Diese Vorgehensweise gilt sowohl für die Gestaltung von Getriebewellen, wie auch für die Modellierung der Zahnräder und des Gehäuses.

Die Unterstützung des Konstruktionsprozesses wie auch die Überwachung der Gestaltungsrichtlinien durch das wissensbasierte System ist natürlich nur dann möglich, wenn der Anwender die Getriebebauteile aussschließlich mit dem definierten und bereitgestellten Feature-Vorrat gestaltet. Nur diese technologieorientierten Haupt- und Nebenfunktionselemente können vom wissensbasierten System interpretiert und entsprechend repräsentiert werden. Außerdem würde eine hybride Getriebemodellierung auf der Basis von Standard- und Technologiefeatures zu Inkonsistenzen innerhalb der Getriebe-Datenbasis führen.

### 5.1.5 Exemplarische Getriebemodellierung

Als Konstruktionsbeispiel dient ein Stirnradgetriebe mit folgenden Kenndaten:

Antriebsleistung: $P = 25$ kW,
Gesamtübersetzungsverhältnis: $i = 40$,
Antriebsdrehzahl: $n = 2800\ \text{min}^{-1}$.

Ferner gelten weitere technologische Randbedingungen:

- Gußgehäuse mit horizontaler Teilfuge und
- Verwendung geradverzahnter Stirnräder.

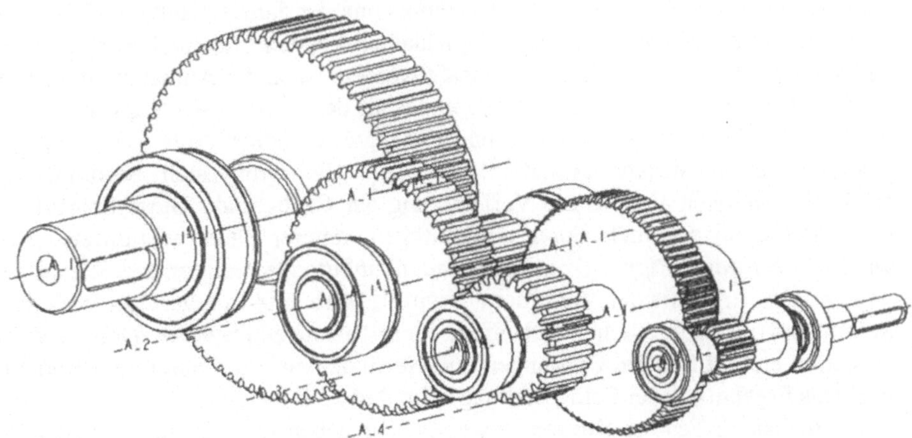

**Abb. 5.8.** Getriebekonstruktion als Ausgangsbasis für die Gehäusemodellierung

**Getriebeauslegung.** Die Konzeptionsphase wird durch ein eigenentwickeltes Berechnungsprogramm unterstützt. Auf der Grundlage der vorgegebenen Getriebekenndaten werden die erforderlichen Konstruktionsdaten - also Drehzahlen, Momente, überschlägige Wellendurchmesser, Abmessungen sowie Zähnezahl und

Modul der Zahnräder, Achsabstände, Anzahl erforderlicher Getriebestufen und Mindestabmessungen des Gehäuseinnern - berechnet. Diese Daten werden vorausgesetzt, um den CAD-unterstützten Gestaltungsprozeß zu beginnen.

Nach der endgültigen Festlegung der Verzahnung und der Welle-Nabe-Verbindung sowie der Auswahl der Lager- und Dichtungselemente beginnt die Gestaltungsphase. Während die Getriebe- und Ritzelwellen sowie die Zahnräder mit Hilfe der bereitgestellten Features modelliert werden, können die erforderlichen Normteile - also Wälzlager, Wellendichtungsringe und Wellensicherungsringe - einer vereinfachten Normteilbibliothek entnommen werden. Der Zusammenbau der einzelnen Bauteile erfolgt mit Hilfe von Anordnungsrelationen (z.B. Einfügen, Ausrichten, Ausrichten mit Abstand), die vom Basis-CAD-System bereitgestellt werden. Dabei wird der iterative Prozeß einer ausgewogenen Lösungsfindung durch die einfache Modifikation der Features und Normteile in erheblichem Maße unterstützt. Das in Abb. 5.8 dargestellte Ergebnis dieser Getriebeauslegung bildet die Ausgangsbasis für die Gehäusemodellierung.

**Gehäusemodellierung.** Grundsätzlich können für die Gehäusemodellierung unterschiedliche Strategien und Vorgehensweisen Berücksichtigung finden. Es hat sich jedoch bewährt, zunächst die Wälzlager mit Hilfe des Features *Lageraufnahme* zu fixieren. Das Ergebnis wird in Abb. 5.9-1 visualisiert. Aus Gründen der übersichtlichen Ergebnisdarstellung wurden in sämtlichen Darstellungen der Abbildung die bereits konstruierten Funktionsteile des Getriebeinnern ausgeblendet. Zur Bestimmung der Plazierungsposition und der Lage stehen über die Benutzeroberfläche vielfältige grafische und alfanumerische Möglichkeiten zur Verfügung. Aufgrund der parametrischen Beschreibung der Features und der daraus resultierenden einfachen und komfortablen Änderungsmöglichkeiten können Lage und Abmessungen zu jedem Konstruktionszeitpunkt angepaßt werden. Nach der Aufnahme der Lager wird in den folgenden Schritten die Grobgestalt des Gehäuse-Unterkastens durch die Features *Grundkörper*, *Flansch* und *Fußleiste* festgelegt. Abb. 5.9-2 zeigt die resultierende Konstruktionssituation. Nachdem die Grobgestalt bestimmt ist, erfolgt im weiteren Verlauf die Verfeinerung der Grobgestalt. Diese Schrittfolge der Detaillierung geschieht durch das Einfügen weiterer Hauptfunktionselemente, wie *Zwischenwand*, *Rippe*, *Transporthaken*, *Ölablaß*, *Ölschauglas* und *Schraubenauflage*. Das Ergebnis der Verfeinerung wird in Abb. 5.9-3 dargestellt. Im letzten Schritt sind die erforderlichen Nebenfunktionselemente zu plazieren. Dabei handelt es sich in erster Linie um Bohrungen und Gewinde sowie um Fasen und Rundungen. Das Ergebnis dieser Feingestaltung zeigt Abb. 5.9-4.

Das realisierte Feature-Konzept zeichnet sich neben der Technologie-Ausrichtung dadurch aus, daß bereits bei der Parameter-Eingabe im Rahmen der Feature-Generierung Default-Werte berücksichtigt werden. Somit kann sich der Konstrukteur auf einige wenige Gestaltungsparameter konzentrieren, während insbesondere technologische Attribute aber auch von Pflichtparametern abhängige geometrische Größen voreingestellt werden, die jedoch zu einem späteren Zeitpunkt vom Anwender überstimmt werden können. So werden beispielsweise bei der Gestaltung der *Lageraufnahme* die bereits festgelegten Achsabstände und Innendurchmesser der Halbschalen aus der Wellen- und Lagerauslegung übernommen, technologische Eigenschaften wie Toleranz, Rauhheit und Fertigungsverfahren voreingestellt und fehlende Werte wie Wanddicke vom Anwender festgelegt.

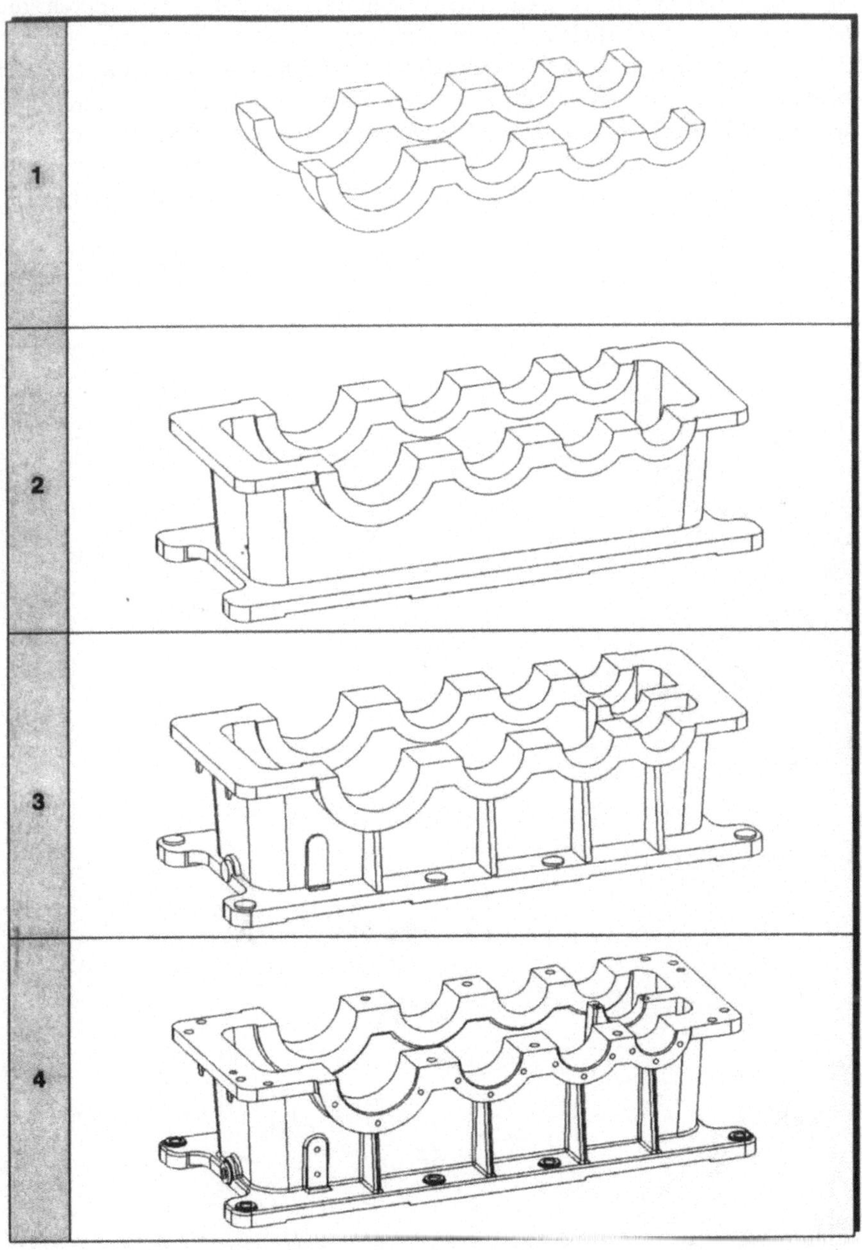


**Abb. 5.9.** Featurebasierte Gehäusemodellierung

Das Ergebnis der featurebasierten Konstruktion des Gehäuse-Unterkastens unter Berücksichtigung der innenliegenden Funktionsteile wird in Abb. 5.10-1 dargestellt. Im Anschluß an die Festlegung des Gehäuse-Unterkastens wird der zugehörige Gehäuse-Oberkasten gestaltet. Die prinzipielle Vorgehensweise hierbei erfolgt analog zum Gehäuse-Unterkasten. Die Gehäusemodellierung wird durch die Modellierung der erforderlichen Lagerdeckel abgeschlossen. Im Gegensatz zum Gehäuse existiert für den Deckel ausschließlich ein Hauptfunktionselement, wobei die beiden prinzipiellen Gestaltungsvarianten "eben" und "gekröpft" unterstützt werden. Abschließend werden die Verbindungselemente wie Schrauben, Muttern, Scheiben und Stifte eingesetzt, um den Zusammenbau des Getriebes zu ermöglichen. Das komplette Stirnradgetriebe mit sämtlichen Funktionsteilen wird in Abb. 5.10-2 gezeigt.

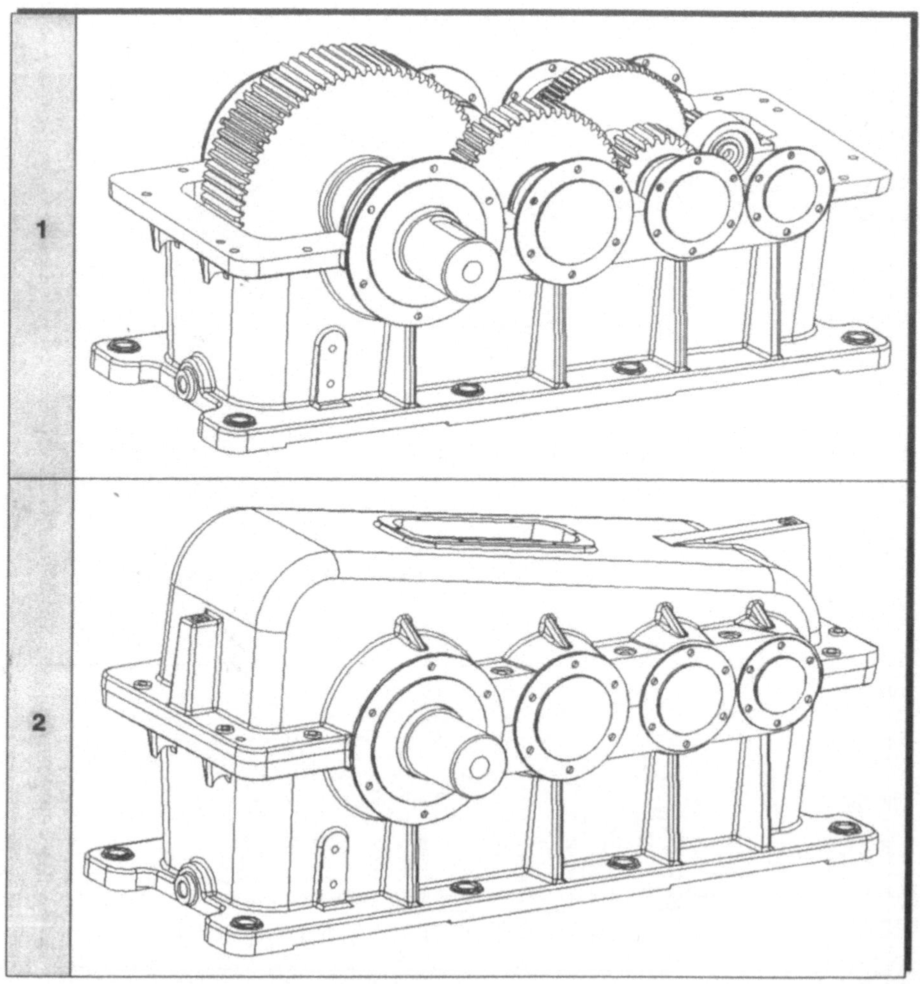


**Abb. 5.10.** Featurebasierte Getriebemodellierung

Die abgeleitete Gehäusezeichnung - bestehend aus Gehäuse-Oberkasten und Gehäuse-Unterkasten - ist in Abb. 5.11 dargestellt.

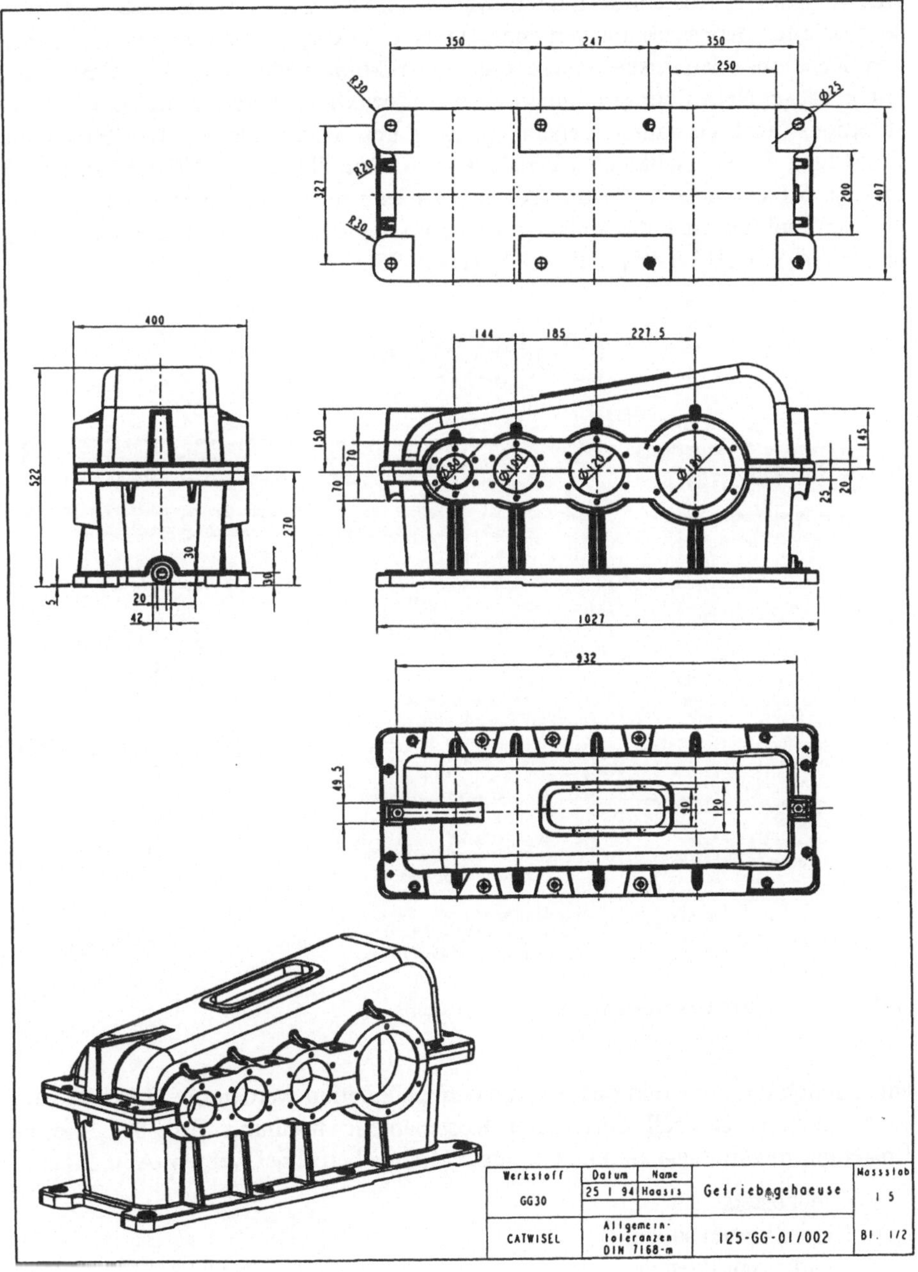


**Abb. 5.11.** Exemplarische Gehäusezeichnung

## 5.2 Integriertes Kosteninformationssystem

Das vorgestellte Kosteninformationssystem INFOGUSS ist ein Baustein des wissensbasierten Konstruktionsverbundsystems CATWISEL und unterstützt neben den Rotationsteilen insbesondere die konstruktionsbegleitende Kalkulation der Gußgehäuse. Neben der kontinuierlichen Konstruktionsüberwachung mittels Konstruktions- und Gestaltungsregeln erfolgt durch verschiedene Algorithmen die Ermittlung der überschlägigen Herstellkosten. Grundlage von INFOGUSS ist der in Kap. 5.1 entwickelte Feature-Ansatz, der es ermöglicht, neben der Geometrie und der Funktion auch die vollständige Technologie eines Formelementes abzubilden [HAA-93], [HAA-94], [HMZ-94], [HAA-95].

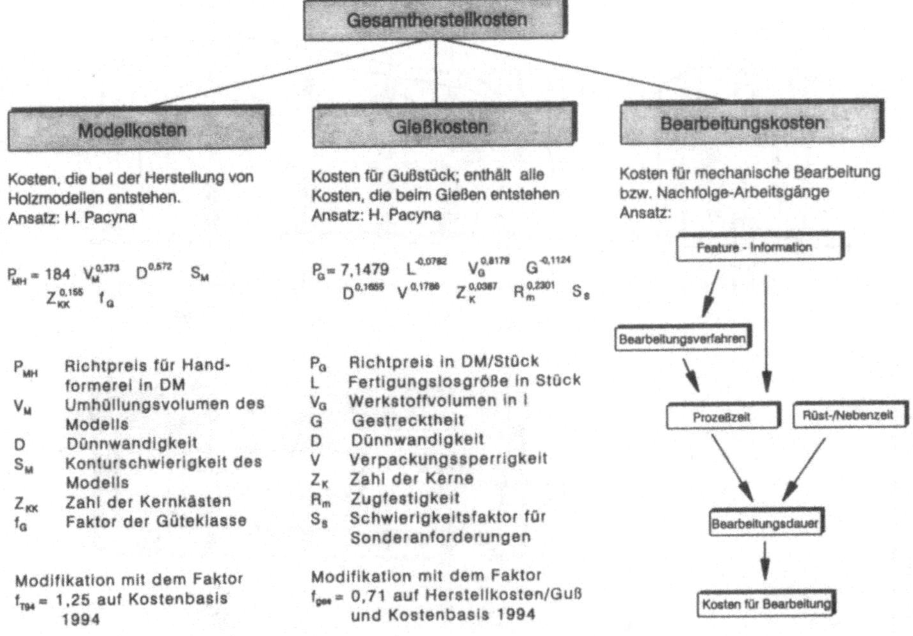


**Abb. 5.12.** Ansätze des Kosteninformationssystems

Hinsichtlich der konstruktionsbegleitenden Kalkulation werden die Herstellkosten eines Gußteils generell durch drei Kostenanteile bestimmt [PIE-87], die im Kosteninformationssystem durch separate Module berechnet werden, Abb. 5.12:

- Gießkosten,
- Modellkosten sowie
- Bearbeitungskosten.

### 5.2.1 Ermittlung der Gießkosten

Die Ermittlung der Gießkosten basiert auf der Kostenformel von Pacyna für handgeformten Guß aus GG (Gußeisen mit Lamellengraphit), die 1982 durch eine multiple Regressionsanalyse von ca. 1000 Gußstücken entwickelt wurde [PHR-82]. Allerdings mußte diese Kostenformel modifiziert werden, da sie den Richtpreis auf der Basis des Jahres 1982 errechnet. Die Modifikation erfolgt durch zwei Faktoren. Der erste Faktor $f_{HKG}$ führt die Umrechnung vom Richtpreis ($P_G$) in die Herstellungskosten ($HK_G$) durch. Dabei wurden im Richtpreis berücksichtigte Zuschläge wie Vertriebs- (VtGK) und Verwaltungsgemeinkosten (VwGK), Entwicklungsgemeinkosten (EGK) und eingerechneter Gewinn ($\Delta G$) abgezogen. Der Umrechnungsfaktor wurde mit $f_{HKG} = 0{,}57$ wie folgt ermittelt [HAA-94], [HAA-95].

Die Basisformel für die Berechnung des Preises lautet generell:

$$P = HK + VtGK + VwGK + EGK + \Delta G$$

Durch die Auswertung bereitgestellter Firmenkalkulationen ergaben sich folgende Abhängigkeiten:

$$\begin{aligned} VtGK &= 0{,}20 \cdot HK \\ VwGK &= 0{,}30 \cdot HK \\ EGK &= 0{,}08 \cdot HK \\ \Delta G &= 0{,}12 \cdot P \end{aligned}$$

Eingesetzt in die Basisformel lautet der Zusammenhang für diesen Bereich:

$$\begin{aligned} P &= 1{,}58 \cdot HK + 0{,}12 \cdot P \\ HK &= 0{,}57 \cdot P \end{aligned}$$

Der zweite Faktor berücksichtigt die Teuerungsrate von 1982 auf 1994 und wurde in Anlehnung an [PAC-94] mit $f_{T94} = 1{,}25$ festgelegt. Hierbei handelt es sich um eine starke Vereinfachung, da beispielsweise der Einsatz neuer Technologien oder unternehmensspezifische Besonderheiten vernachlässigt wurden. Aus diesem Grund muß insbesondere der zweite Faktor beim Industrieeinsatz an die konkrete Situation des jeweiligen Unternehmens angepaßt werden. Aus den beiden Gesamtfaktoren resultiert letztlich der Gesamtumrechnungsfaktor [HAA-95d]:

$$\begin{aligned} f_{ges} &= f_{HKG} \cdot f_{T94} \\ f_{ges} &= 0{,}71 \end{aligned}$$

Somit lautet die aktualisierte Formel für die Herstellkosten des Gußstücks (DM / Stück):

$$HK_G = 0{,}64 \cdot 7{,}1479 \cdot L^{-0{,}0782} \cdot V_G^{0{,}8179} \cdot G^{-0{,}1124} \cdot D^{0{,}1655} \cdot V^{0{,}1786} \cdot Z_K^{0{,}0387} \cdot R_m^{0{,}2301} \cdot S_S$$

Bei bisherigen auf dem Pacyna-Ansatz basierenden Kostenberechnungsprogrammen mußten die einzelnen Parameter weitestgehend vom Anwender bestimmt und manuell eingegeben werden. Die Bestimmung der Gestaltungsgrößen wie Werkstoffvolumen, Gestrecktheit, Dünnwandigkeit und Verpackungssperrigkeit war jedoch mit einem erheblichen manuellen Berechnungsaufwand verbunden. Darüber hinaus setzte die Festlegung der verfahrensspezifischen Parameter - wie beispielsweise die Ermittlung des Schwierigkeitsfaktors für Sonderanfertigungen oder die Bestimmung der Anzahl erforderlicher Kerne - gießereispezifisches Fachwissen voraus. Dies hatte zur Folge, daß derartige Programme zur Kostenbestimmung ausschließlich von Gießereifachleuten bedient werden konnten.

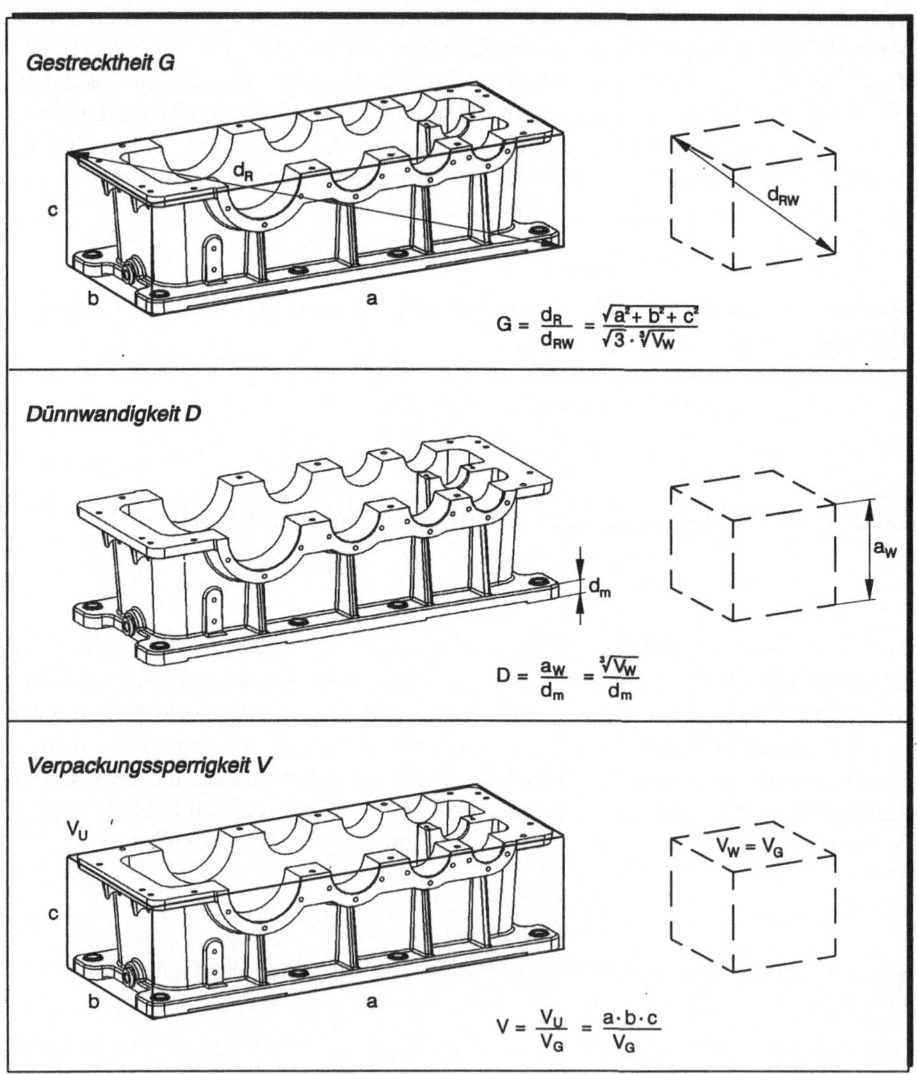


**Abb. 5.13.** Gestaltungsgrößen nach Pacyna

Innerhalb des Kosteninformationssystems INFOGUSS werden sämtliche Parameter programmgesteuert auf der Grundlage der Feature-Daten ermittelt. Während der auftragsspezifische Parameter Fertigungslosgröße (L) direkt aus den Verwaltungsdaten der Getriebe-Datenbasis ausgelesen werden kann, erfolgt sowohl die Berechnung der Gestaltungsgrößen als auch die Bestimmung der verfahrensspezifischen Parameter durch entsprechende Regelalgorithmen. Die Gestaltungsgrößen Gestrecktheit (G), Dünnwandigkeit (D) und Verpackungssperrigkeit (V) sind in Anlehnung an die Definition nach Pacyna in Abb. 5.13 dargestellt.

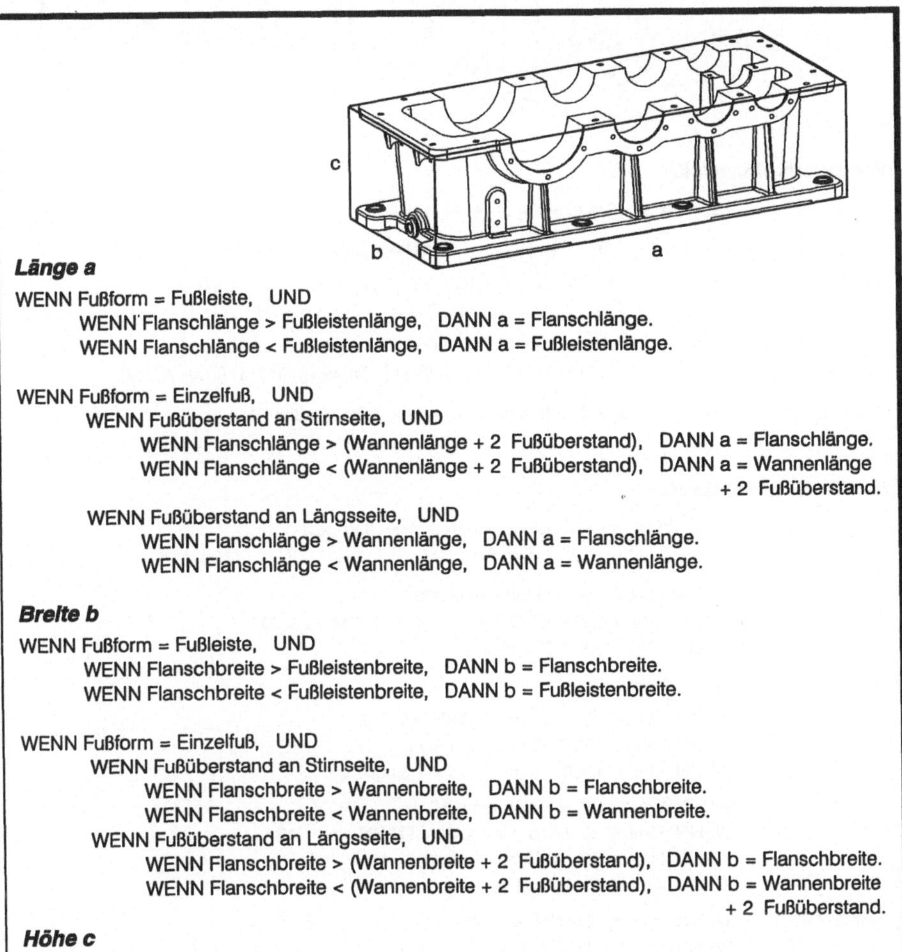


**Abb. 5.14.** Bestimmung der internen Größen a, b und c

Diesen Definitionen ist gemeinsam, daß stets eine Größe des Gußstücks mit der eines fiktiven volumengleichen Würfels ins Verhältnis gesetzt wird. Bei der Gestrecktheit ist es die Raumdiagonale $d_R$, bei der Dünnwandigkeit die mittlere Wanddicke $d_m$ und bei der Verpackungssperrigkeit das Umhüllungsvolumen $V_U$.

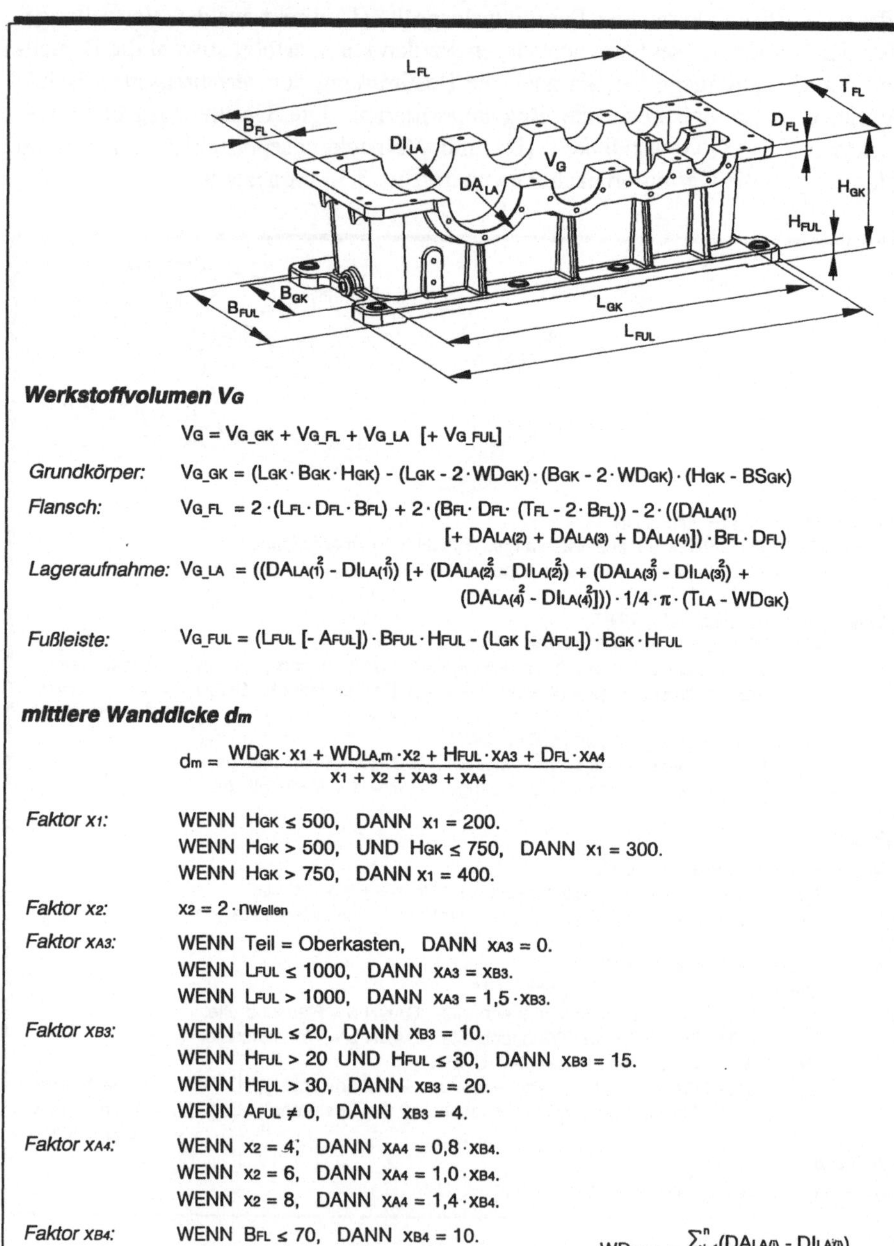


**Abb. 5.15.** Bestimmung des Werkstoffvolumens $V_G$ und der mittleren Wanddicke $d_m$

Grundlage für die Bestimmung dieser drei Gestaltungsgrößen sind jedoch fünf bauteilspezifische Hilfsgrößen, deren vereinfachte Ermittlung in Abb. 5.14 und Abb. 5.15 gezeigt wird. Es handelt sich dabei um die Abmessungen des fiktiven Umhüllungsquaders, nämlich Länge (a), Breite (b) und Höhe (c), sowie um die mittlere Wanddicke ($d_m$) und das Volumen des Vergleichswürfels ($V_W$). Da jedoch entsprechend der Definition nach Pacyna das tatsächliche Werkstoffvolumen des Gußstücks ($V_G$) gleich dem Volumen des Vergleichswürfels ist, kann das ermittelte Würfelvolumen für die Bestimmung der Gestaltungsgröße $V_G$ übernommen werden.

Während die Gestaltungsgrößen mit relativ einfachen, auf geometrischen Grundfunktionen basierenden Algorithmen ermittelt werden, setzt die Bestimmung der verfahrensspezifischen Parameter meist umfangreiches gießereispezifisches Fachwissen voraus. Keine Schwierigkeiten bereitete die Bestimmung der Zugfestigkeit $R_m$. Mit Hilfe einer Technologiewerttabelle wurden hier den relevanten Gußwerkstoffen die entsprechenden Festigkeitswerte zugeordnet.

Etwas komplexer gestaltete sich die Ermittlung des Schwierigkeitsfaktors für Sonderanforderungen $S_S$. Da der von Pacyna vorgegebene Wertebereich für sämtliche Gußstücke von 0,9 bis 1,4 für Getriebegehäuse mit ihrer begrenzten Komplexität zu groß ist, wurde dieser zunächst auf Werte von 0,9 bis 1,1 eingeschränkt. Im zweiten Schritt wurde eine Abhängigkeit des Schwierigkeitsfaktors $S_S$ vom Genauigkeitsgrad nach DIN 1686 definiert, so daß letztlich folgende Regeln in vereinfachter Form entstanden, Abb. 5.16.

WENN Genauigkeitsgrad = GTB 19, DANN $S_S$ = 0,9.
WENN Genauigkeitsgrad = GTB 18, DANN $S_S$ = 1,0.
WENN Genauigkeitsgrad = GTB 17, DANN $S_S$ = 1,1.

**Abb. 5.16.** Vereinfachte Regeln für die Bestimmung des Schwierigkeitsfaktors $S_S$

Die größten Schwierigkeiten bereitete die Ermittlung des Parameters $Z_K$ (Anzahl der Kerne), da hier umfassende Fachkenntnisse des Gießereifachmanns erforderlich sind. Nur mit Hilfe zahlreicher Gespräche und Diskussionen mit Fachleuten konnte auch hier ein praxisnaher und auf das Szenario abgestimmter Algorithmus entwickelt werden. Die Bestimmung der Anzahl erforderlicher Kerne beschränkt sich bei dem Beispielszenario der Gußgehäuse mit horizontaler Teilfuge auf die Anzahl der Innenkerne zur Realisierung von Hohlräumen. Eine Verwendung von Außenkernen ist nach Meinung von Fachexperten aus Kostengründen gänzlich zu vermeiden. Die Anzahl der Kerne ist im wesentlichen von drei Faktoren abhängig, die mittels einer räumlichen Kontextauswertung der Features festgestellt werden kann, Abb. 5.17:

- Auftreten von Hinterschneidungen,
- Lage und Gestalt der Zwischenwände sowie
- Existenz von Verrippungen.

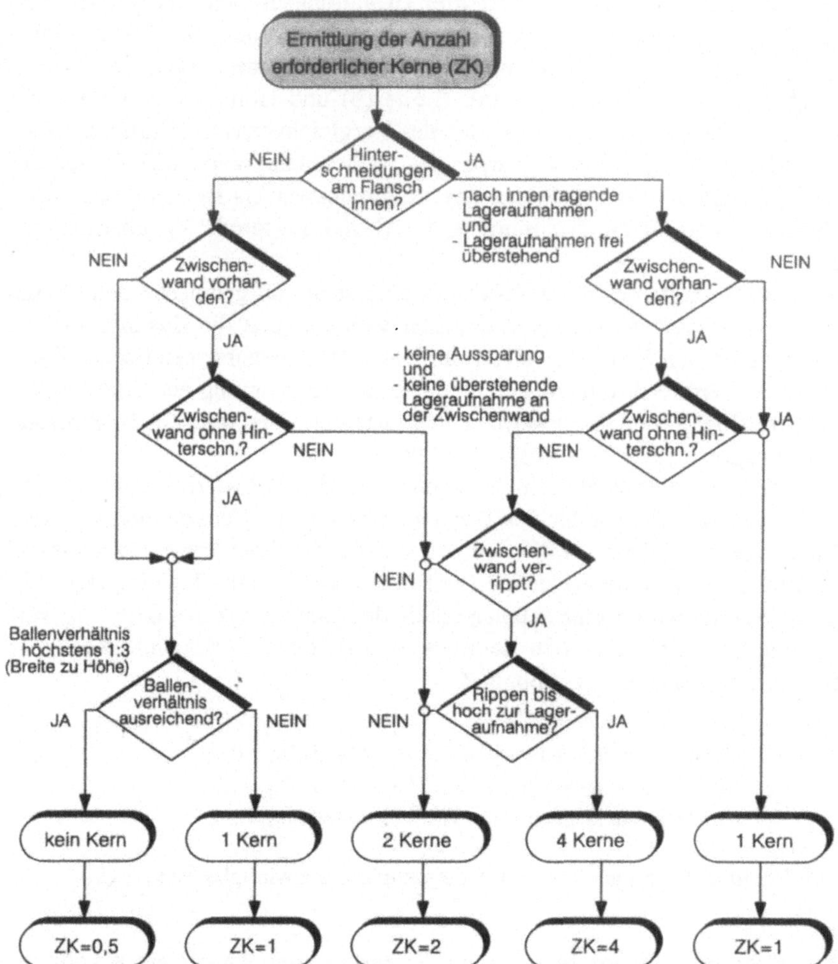


**Abb. 5.17.** Ermittlung der Anzahl erforderlicher Kerne für Gußgehäuse

### 5.2.2 Ermittlung der Modellkosten

Analog zu den Gießkosten basiert auch die Ermittlung der Modellkosten auf einer Kostenformel. Die zugrunde gelegte Richtpreisformel (siehe Abb. 5.12) wurde von Pacyna 1982 durch multiple Regression zahlreicher Modellangebote von Gießereien für Holzmodelle in der Handformerei entwickelt. Auch hier wurde mit Hilfe eines Modifikationsfaktors $f_{T94} = 1{,}25$ vereinfacht die Teuerungsrate berücksichtigt, so daß folgende Formel entstand:

$$P_{MH} = 1{,}25 \cdot 184 \cdot D^{0{,}572} \cdot V_M^{0{,}373} \cdot S_M \cdot Z_{KK}^{0{,}155} \cdot f_G$$

Während bei Kostenprogrammen auf der Basis des Pacyna-Ansatzes die Parameter ebenfalls manuell bestimmt werden mußten, werden im Rahmen von INFOGUSS sämtliche Parameter für die Ermittlung der Modellkosten basierend auf den Featureinformationen vom System ermittelt. Im Gegensatz zur Ermittlung der Gießkosten dominieren bei der Richtpreisformel für die Modellkosten klar die verfahrensspezifischen Größen. Die Dünnwandigkeit (D) als einzige Gestaltungsgröße ist identisch mit der gleichnamigen Parameterdefinition als Teil der Gießkostenformel.

Beim ersten verfahrensspezifischen Parameter handelt es sich um das Umhüllungsvolumen des Modells $V_M$. Hierbei ist generell zu beachten, daß das Umhüllungsvolumen des Modells verglichen mit dem Umhüllungsvolumen des Gußstücks wesentlich kleiner ausfallen kann, weil vorspringende Elemente des Gußstücks wie Stutzen, Zapfen, Ausleger oder Füße als gesonderte Baukörper vorgefertigt und am Hauptkörper angefügt werden. Allerdings zählen Getriebegehäuse eher zu den einfacheren Gußstücken, so daß dieser Umstand vernachlässigt werden kann. Deshalb gilt:

$$V_M = V_G$$

Wesentlich schwieriger gestaltete sich die Ermittlung der Konturschwierigkeit des Modells $S_M$. Dieser Faktor ist das Maß dafür, wie kompliziert und aufwendig der Modellaufbau ist. Pacyna sieht hierfür einen Wertebereich von 0,3 bis 3,0 vor. Er stellt in diesem Zusammenhang fest, daß bei einem Wert von 1,0 bereits einfache Nocken, Kernmarken und Rippen berücksichtigt sind. Ferner macht er darauf aufmerksam, daß Losteile, manuelle Steckarbeiten, gekrümmte Rippen oder Schaufeln den Wert von $S_M$ stark erhöhen können. Da beim zugrunde liegenden Gehäuseszenario weder gekrümmte Rippen oder Schaufeln noch Freiformflächen auftreten, wurde der Wertebereich für die Modellkostenermittlung auf 1,0 bis 1,4 eingeschränkt. Somit wird der Einsatz von Losteilen am Modell zum bestimmenden Faktor für die Parameterfestlegung von $S_M$.

Um die Bedeutung von Steckteilen zu erkennen, soll an dieser Stelle kurz die Fragestellung behandelt werden, wie äußere Hinterschneidungen - beispielsweise zwischen Flansch und Fußleiste - prinzipiell gießereitechnisch bewältigt werden können.

Erste Möglichkeit ist die Einführung einer zweiten Trenn- bzw. Abformebene. Diese Vorgehensweise wird jedoch in der Praxis nicht angewandt, da sie nach Aussage der befragten Gießereifachleute aufgrund des zusätzlichen gießtechnischen Aufwandes und den damit verbundenen Personalkosten zu einem Kostenanstieg von rund 30 - 40% führen würde.

Die zweite Möglichkeit sieht den Einsatz von Außenkernen zur Realisierung der äußeren Hinterschneidungen vor. Allerdings ist auch deren Herstellung aufwendig. Darüber hinaus werden separate Kernkästen benötigt. Auch diese Variante ist mit erheblichen Kosten verbunden und wird daher in der Industrie nur selten eingesetzt.

Die dritte und günstigste Möglichkeit berücksichtigt die Verwendung von Losteilen am Modell, mit Hilfe derer beispielsweise die Fußleisten geformt werden. Sie werden nach dem Einformen wieder aus der Sandform entnommen, so daß eine Teilebene ausreicht.

| Fußform | | Gußauge | Realisierung mit Losteilen | | kein Flansch, Verjüngung zur Formteilung hin |
|---|---|---|---|---|---|
| | | | $S_M$ | Losteile | |
| Fußleiste | bündig beidseitig | a | 1,00 | keine | |
| | | b | 1,05 | 1 Stck | 1,0 |
| | | c | 1,10 | 2 Stck | keine |
| | übersteh. beidseitig | a | 1,30 | 6 Stck | |
| | | b | 1,35 | 7 Stck | 1,0 |
| | | c | 1,40 | 8 Stck | keine |
| | übersteh. einseitig | a | 1,10 | 2 Stck | |
| | | b | 1,15 | 3 Stck | 1,0 |
| | | c | 1,20 | 4 Stck | keine |
| Einzelfüße | bündig beidseitig | a | 1,00 | keine | |
| | | b | 1,05 | 1 Stck | 1,0 |
| | | c | 1,10 | 2 Stck | keine |
| | übersteh. beidseitig | a | 1,30 | 6 Stck | |
| | | b | 1,35 | 7 Stck | 1,0 |
| | | c | 1,40 | 8 Stck | keine |
| | übersteh. einseitig | a | 1,10 | 2 Stck | |
| | | b | 1,15 | 3 Stck | 1,0 |
| | | c | 1,20 | 4 Stck | keine |
| keine Füße | Befestigungshaken | a | 1,00 | keine | |
| | | b | 1,05 | 1 Stck | 1,0 |
| | | c | 1,10 | 2 Stck | keine |

**Abb. 5.18.** Konturschwierigkeit in Abhängigkeit der Fußgestaltung

Aufbauend auf der letztgenannten Variante wurden die möglichen Fußformen klassifiziert, da ihre Gestalt einen wesentlichen Einfluß auf die Konturschwierigkeit des Modells ausübt.

Dabei werden folgende Typen unterschieden:

- kein Fuß,
- Fußleiste (beidseitig bündig, beidseitig überstehend oder einseitig überstehend) sowie
- Einzelfüße (beidseitig bündig, beidseitig überstehend oder einseitig überstehend).

Neben der Fußform beeinflußt auch die Existenz von Ölablaß und Ölstandsschauglas die Anzahl der Losteile und damit die Konturschwierigkeit. In Abb. 5.18 wird vereinfacht die Bestimmung des Parameters $S_M$ in Abhängigkeit des Fußtyps und der Gußaugenanzahl dargestellt.
Die Gußaugenanzahl berücksichtigt drei Fälle:

*Fall a*: Am Getriebegehäuse werden keine Augen für Ölablaß und Ölstandsschauglas benötigt. Dies kann auf eine ausreichende Wanddicke oder auf einen bewußten Verzicht dieser Elemente zurückgeführt werden.

*Fall b*: Da eins von den beiden genannten Elementen verwendet wird, muß hierfür ein Losteil vorgesehen werden.

*Fall c*: Sowohl für den Ölablaß als auch für das Ölstandsschauglas wird jeweils ein Losteil benötigt.

Die Zahl der Kernkästen $Z_{KK}$ ist einerseits von der Kernanzahl und andererseits von der Mehrfachverwendung der Kerne abhängig. Beim Gegenstandsbereich der Getriebegehäuse hat die Mehrfachverwendung von Kernen eine untergeordnete Bedeutung, so daß in der Regel die Anzahl der Kerne identisch mit der Anzahl der Kernkästen ist. Einzige Ausnahme sind Kerne, die Aussparungen in Zwischenwänden erzeugen. Hier kann der Fall auftreten, daß bei zwei identischen Aussparungen zweimal der gleiche Kern eingesetzt werden kann. Somit können vereinfacht folgende Regeln gelten, Abb. 5.19.

WENN keine Aussparungen in der Zwischenwand vorhanden sind,
    ODER verschiedenartige Aussparungen in der Zwischenwand vorhanden sind,
DANN Anzahl der Kernkästen = Anzahl der Kerne.
WENN n gleichartige Aussparungen in der Zwischenwand vorhanden sind,
DANN Anzahl der Kernkästen = Anzahl der Kerne - (n - 1).

**Abb. 5.19.** Bestimmung der Anzahl erforderlicher Kernkästen $Z_{KK}$

Der letzte verfahrensspezifische Parameter ist der Faktor der Güteklasse $f_G$, der grundsätzlich von der Modellgüteklasse und der Art der Einformung abhängt. Letztere kann jedoch vernachlässigt werden, da im vorliegenden Fall ausschließlich die Handformung berücksichtigt wird. Die Modellgüteklasse richtet sich nach der Zahl der abzuformenden Gußstücke bzw. nach der Anzahl maximal abformbarer Gußstücke eines Modells.

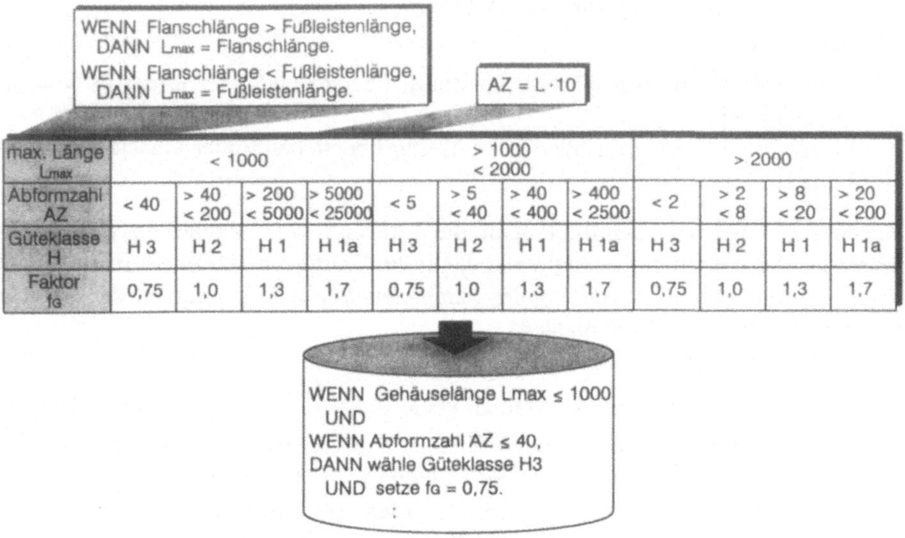

WENN Flanschlänge > Fußleistenlänge,
DANN $L_{max}$ = Flanschlänge.
WENN Flanschlänge < Fußleistenlänge,
DANN $L_{max}$ = Fußleistenlänge.

AZ = L · 10

| max. Länge $L_{max}$ | < 1000 | | | | > 1000 < 2000 | | | | > 2000 | | | |
|---|---|---|---|---|---|---|---|---|---|---|---|---|
| Abformzahl AZ | < 40 | > 40 < 200 | > 200 < 5000 | > 5000 < 25000 | < 5 | > 5 < 40 | > 40 < 400 | > 400 < 2500 | < 2 | > 2 < 8 | > 8 < 20 | > 20 < 200 |
| Güteklasse H | H 3 | H 2 | H 1 | H 1a | H 3 | H 2 | H 1 | H 1a | H 3 | H 2 | H 1 | H 1a |
| Faktor $f_G$ | 0,75 | 1,0 | 1,3 | 1,7 | 0,75 | 1,0 | 1,3 | 1,7 | 0,75 | 1,0 | 1,3 | 1,7 |

WENN Gehäuselänge Lmax ≤ 1000
UND
WENN Abformzahl AZ ≤ 40,
DANN wähle Güteklasse H3
UND setze $f_G$ = 0,75.
:

**Abb. 5.20.** Bestimmung des Faktors der Güteklasse $f_G$

In Abb. 5.20 werden die Richtwerte von Pacyna in einer Tabelle zusammengefaßt, die einen Einfluß auf die Bestimmung der Güteklasse $f_G$ haben. Die Einflußfaktoren hierbei sind die maximale Länge des Gehäuses ($L_{max}$) und die zu erwartende Abformzahl (AZ). Während die maximale Länge durch das Feature mit der größten Längenabmessung bestimmt wird, wurde für die zu erwartende Zahl der abzuformenden Gußstücke folgende Vereinfachung getroffen: Da im Durchschnitt über den gesamten Produktlebenszyklus ein Gießereiauftrag etwa 10 mal bei einer Gießerei eingeht, soll die zu erwartende Abgußzahl (AZ) das Zehnfache der auftragsspezifischen Losgröße sein. Somit kann aufgrund der beiden Größen AZ und $L_{max}$ der Faktor für die Güteklasse ermittelt werden.

### 5.2.3 Ermittlung der Bearbeitungskosten

Im Gegensatz zu den Modell- und Gießkosten wurde für die Ermittlung der Bearbeitungskosten bzw. Fertigungskosten ein Arbeitsplan-orientierter Berechnungsansatz gewählt. Dieser beruht auf dem REFA-Schema für Zuschlagskalkulation mit Maschinenkosten. Entsprechend diesem Kalkulationsansatz werden die Fertigungskosten in folgende Bereiche aufgeteilt, Abb. 5.21:

Da innerhalb des Kosteninformationssystems die Berechnung der Modellkosten als separater Kostenblock erfolgt, werden im nachfolgend erläuterten Kalkulationsverfahren die Fertigungssonderkosten vernachlässigt. Somit resultieren für die Berechnung der Fertigungskosten folgende Basisformeln, deren Variablen auf der Grundlage der verwendeten Feature-Parameter bestimmt werden:

$$FK = \Sigma\, FLK_{(i)} + FGK + \Sigma\, MAK_{(i)}$$
$$FLK_{(i)} = (t_e + t_r / m) \cdot ARW$$
$$FGK = \Sigma\, FLK_{(i)} \cdot f_{gk}$$
$$MAK_{(i)} = t_e \cdot MKS$$

Dabei soll gelten:

$FK$ = Fertigungskosten je Teil,
$FLK_{(i)}$ = Fertigungslohnkosten je Arbeitsgang und Teil,
$FGK$ = Fertigungsgemeinkosten je Teil,
$MAK_{(i)}$ = Maschineneinzelkosten je Arbeitsgang und Teil,
$t_e$ = Teilezeit,
$t_r$ = Rüstzeit,
$m$ = Teilezahl,
$ARW$ = Arbeitswert,
$f_{gk}$ = Gemeinkostenzuschlagsfaktor und
$MKS$ = Maschinenstundensatz.

**Abb. 5.21.** Zuschlagskalkulation mit Maschinenkosten

Für die Bestimmung der verschiedenen Prozeßzeiten, Faktoren und sonstigen Abrechnungsgrößen wurde ein fiktiver Maschinenpark in Anlehnung an reale Daten einer Pilotfirma zugrunde gelegt. Da es sich hierbei um unternehmensspezifische Kennwerte handelt, müssen diese bei der Einführung in weitere Unternehmen an deren Situation angepaßt werden. Die Ermittlung der bauteilspezifischen Arbeitsgänge ist identisch mit der des Arbeitsplan-Generators (vgl. Kap. 5.3).

Die spanende Bearbeitung des Gußgehäuses umfaßt im wesentlichen folgende Bearbeitungsschritte:

- Überfräsen von Flansch und Fußleiste,
- Langlochfräsen der Befestigungsaussparungen,

- Fräsen der Nuten für die Befestigungshaken,
- Ausspindeln der Lagerhalbschalen,
- Anspiegeln der Auflageflächen für Lagerdeckel, Ölablaßschrauben und Ölstandsschauglas,
- Bohren der Sacklöcher und Gewindeschneiden für Ölstandsschauglas, Flanschschrauben und Deckelbefestigung,
- Bohren der Sacklöcher und Gewindeschneiden von Durchgangsbohrungen für Ölablaßschraube und Durchgangsbohrungen am Flansch,
- Bohren und Reiben der Paßstiftbohrungen.

Im Hinblick auf eine praxisnahe Gestaltung des Kosteninformationssystems INFOGUSS wurden von einer Gießerei die erforderlichen Kalkulationsdaten zur Verfügung gestellt, um eine Überprüfung der einzelnen Kostenansätze vornehmen zu können. So wurde für ein Beispielszenario von Gußgetriebegehäusen beim Vergleich realer Kalkulationsdaten der Gießerei mit den Resultaten des Kosteninformationssystems im Bereich der Gießkosten eine maximale Abweichung von ± 10% festgestellt. Mit diesem Ergebnis erfüllt der verwendete Kostenansatz in vollem Umfang die Anforderungen an ein Kosteninformationssystem.

Für den Bereich der Modellkosten wurde für dasselbe Gehäuseszenario eine maximale Abweichung von ± 15% ermittelt. Somit wird auch hier den Anforderungen einer Kurzkalkulation entsprochen, die Ehrlenspiel mit ± 10% bis ± 30% festgelegt hat.

Das Kosteninformationssystem INFOGUSS wurde auf der Basis der Entscheidungstabellen-Shell Engin realisiert.

Um die Bereitstellung der Herstellkosten zu jedem Konstruktionszeitpunkt zu ermöglichen, müssen die Kosteninformationen im CAD-System eingeblendet werden. Neben der Kostenermittlung unterstützt das wissensbasierte Konstruktionsverbundsystem durch verschiedene Regelpakete eine funktions-, fertigungs-, montage- und somit kostengerechte Gestaltung des Getriebes durch eine vom Anwender veranlaßte Überprüfung der aktuellen Konstruktion im CAD-System.

### 5.2.4 Exemplarische Kostenermittlung

Bereits während der Konstruktionsphase ist es mit Hilfe des realisierten Kosteninformationssystems möglich, die resultierenden Herstellkosten sämtlicher Gußgehäuseelemente zu ermitteln. Als Folge des Menü-Aufrufes "Herstellkosten berechnen" im CAD-System werden zunächst alle kostenrelevanten Feature-Informationen in Form einer ASCII-Datei dem Kosteninformationssystem zugänglich gemacht. Der anschließende Systemlauf berechnet die Modell-, Gieß- und Bearbeitungskosten des aktiven Bauteils und blendet die ermittelten Ergebnisse wiederum in der CAD-Oberfläche ein. Abb. 5.22 zeigt diese fensterbasierte Ergebnisdarstellung exemplarisch für den in Abb. 5.10 dargestellten Gehäuse-Unterkasten.

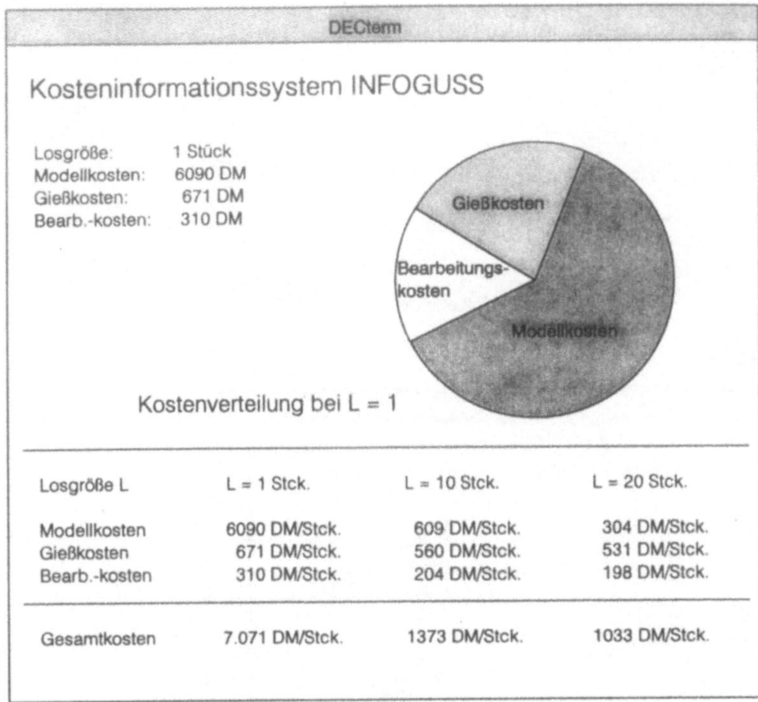


| Losgröße L | L = 1 Stck. | L = 10 Stck. | L = 20 Stck. |
|---|---|---|---|
| Modellkosten | 6090 DM/Stck. | 609 DM/Stck. | 304 DM/Stck. |
| Gießkosten | 671 DM/Stck. | 560 DM/Stck. | 531 DM/Stck. |
| Bearb.-kosten | 310 DM/Stck. | 204 DM/Stck. | 198 DM/Stck. |
| Gesamtkosten | 7.071 DM/Stck. | 1373 DM/Stck. | 1033 DM/Stck. |

**Abb. 5.22.** Ergebnisdarstellung der ermittelten Herstellkosten

## 5.3 Arbeitsplan-Ableitung

Der Arbeitsplan-Generator als Bestandteil des wissensbasierten Konstruktionsverbundsystems CATWISEL ist in der Lage, durch das Einlesen der vom CAD-System bereitgestellten Feature-Daten die Bestimmung aller notwendigen Arbeitsvorgänge, die Festlegung der Bearbeitungsreihenfolge sowie die Ermittlung der Arbeitsvorgangsdaten automatisch vorzunehmen. Er wurde für die Teileklassen Wellen, Zahnräder und Gußgehäuse realisiert. In Abb. 5.23 werden die wesentlichen Planungsschritte des Arbeitsplan-Generators schematisch dargestellt.

### 5.3.1 Planungsschritte

Zur Automatisierung des Planungsprozesses wird das relevante Planungswissen in Form von Entscheidungstabellen, Formeln, Dateien und Textbausteinen abgebildet. Der Arbeitsplan-Generator liest zunächst die Feature-Daten des zu planenden Bauteils in Form einer ASCII-Datei ein und führt auf der Basis der repräsentierten

Planungslogik die erforderlichen Entscheidungs- und Berechnungsprozesse durch (siehe [HAA-94b]).

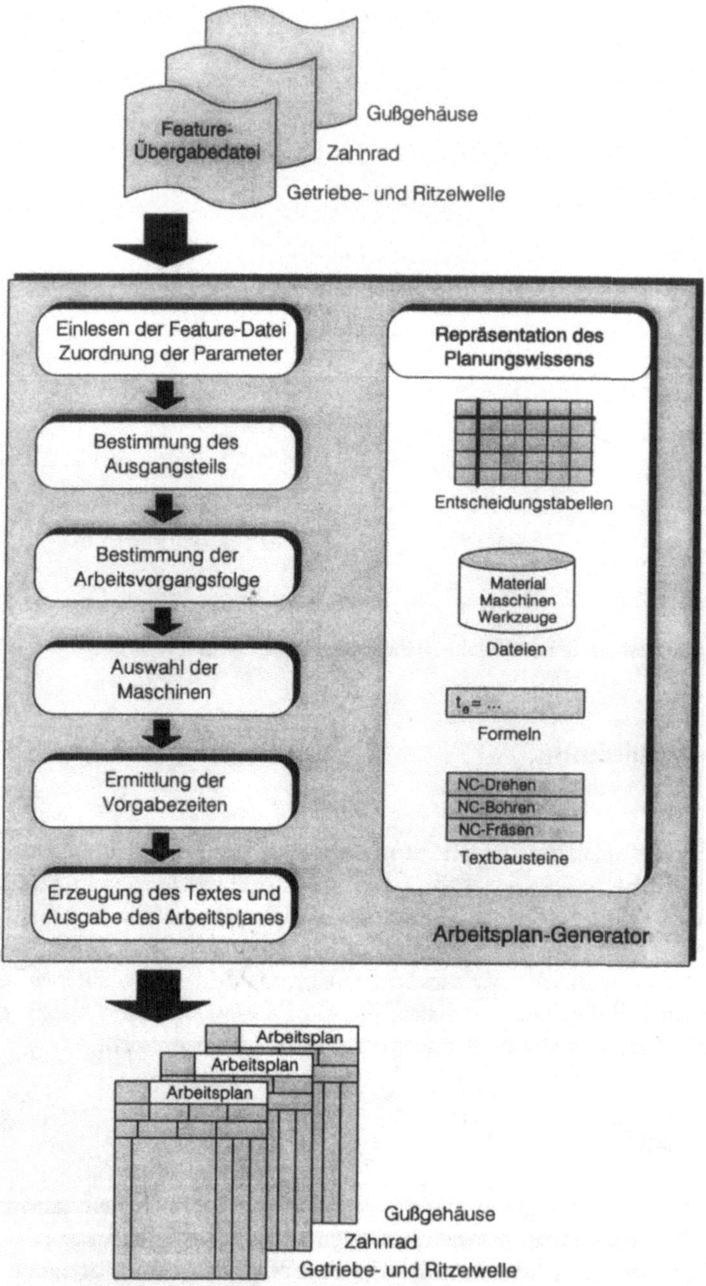


**Abb. 5.23.** Planungsschritte des Arbeitsplan-Generators

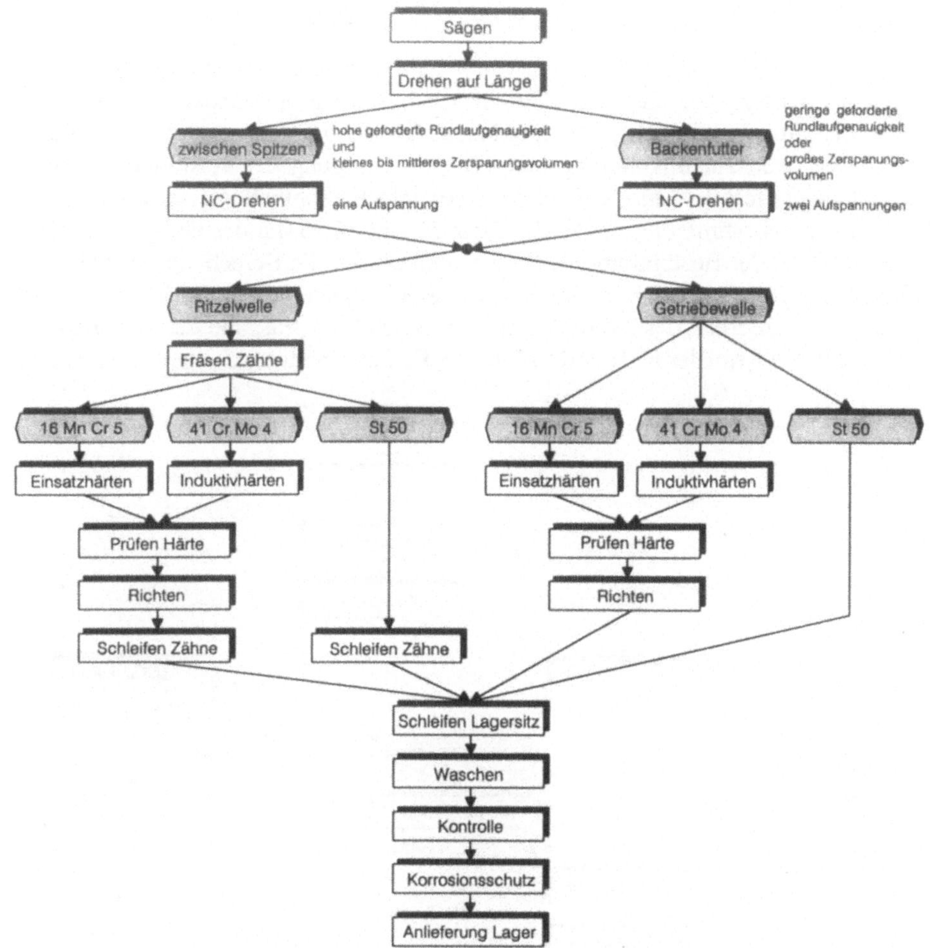


**Abb. 5.24.** Ablauflogik für die Arbeitsvorgangsfolgebestimmung der Wellen

Zunächst wird das Ausgangsteil bestimmt. Während bei den Rotationsteilen - Zahnräder sowie Getriebe- und Ritzelwellen - die Abmaße des Stangenmaterials festgelegt werden, erfolgt bei den Gußteilen die Festlegung des Gußrohlings. Die berechneten Hauptabmessungen werden im weiteren Verlauf für die Maschinenauswahl benötigt. Im nächsten Planungsschritt wird die Arbeitsvorgangsfolge bestimmt. In Abhängigkeit technologischer Bedingungen wie Werkstoff, geforderte Genauigkeit und Teileklassifikation werden die erforderlichen Bearbeitungsverfahren und Maschinen ermittelt. Weiterhin wird die Auswahl notwendiger Hilfsarbeitsvorgänge wie beispielsweise Waschen oder Kontrolle vorgenommen.

### 5.3.2 Ablauflogik

In Zusammenarbeit mit Pilotfirmen wurden für den Gegenstandsbereich die verfügbaren Arbeitspläne analysiert und für die einzelnen Getriebekomponenten jeweils individuelle Ablauflogiken entwickelt. Diese Logiken legen die Vorgehensweise der Arbeitsplan-Ableitung unter Berücksichtigung der verwendeten Funktionselemente fest. In Abb. 5.24 wird die vereinfachte Ablauflogik für die Arbeitsvorgangsfolgebestimmung der Wellen, und in Abb. 5.25 die der Gußgehäuse dargestellt. Nach der Bestimmung der Maschinen erfolgt die Berechnung der Haupt-, Neben- und Rüstzeiten für die einzelnen Bearbeitungsverfahren. Im letzten Schritt wird die Generierung der Arbeitsvorgangstexte und die Ausgabe des Arbeitsplans veranlaßt. Als Realisierungsplattform diente die Entscheidungtabellen-Shell Engin.

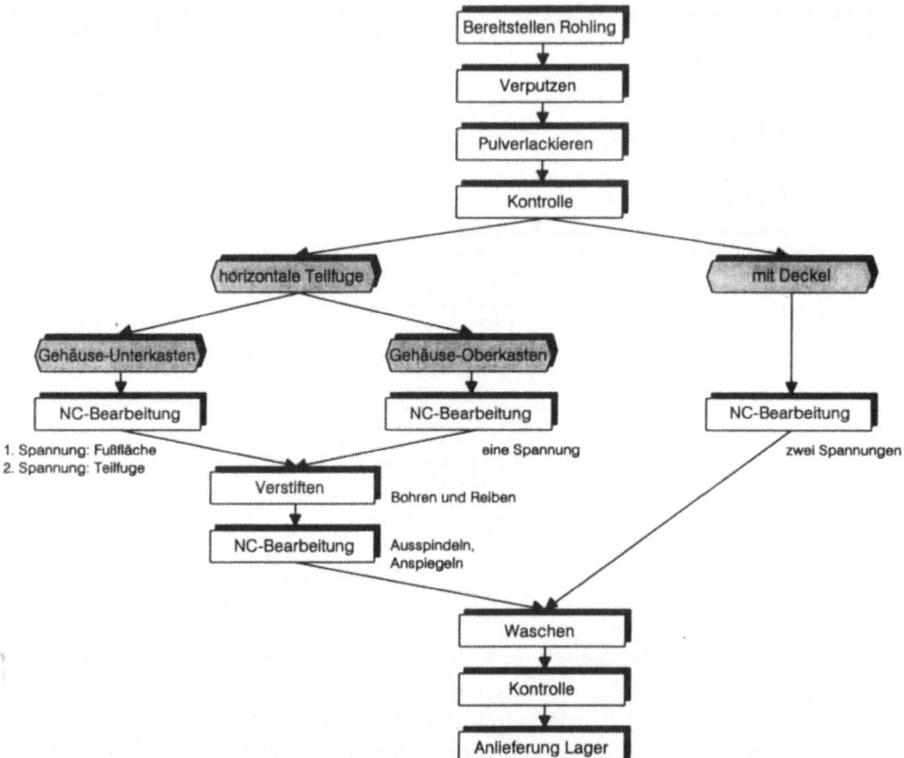


**Abb. 5.25.** Ablauflogik für die Arbeitsvorgangsfolgebestimmung der Gußgehäuse

### 5.3.3 Exemplarische Arbeitsplan-Ableitung

Der Arbeitsplan-Generator kann für jedes aktive Getriebebauteil vollautomatisch einen Vorschlag des Arbeitsplanes generieren. Am Beispiel des Gehäuse-Oberkastens in Abb. 5.26 wird diese Funktionalität erläutert.

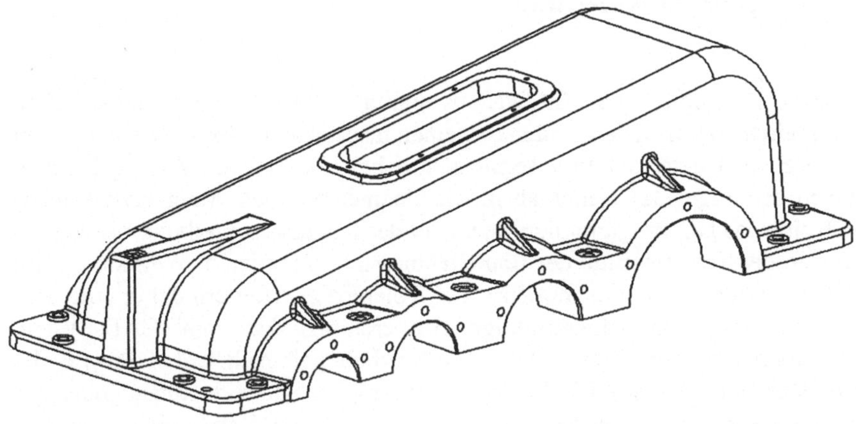

**Abb. 5.26.** Gehäuse-Oberkasten als Ausgangssituation für die Arbeitsplan-Ableitung

Die Menü-Funktion "Arbeitsplan-Generieren" des CAD-Systems bewirkt, daß die Arbeitsplan-relevanten Featuredaten des aktiven Bauteils in eine ASCII-Datei ausgeleitet werden. Nach dieser Datei-Generierung wird diese vom Arbeitsplan-Generator eingelesen und als Batch-Prozeß abgearbeitet. Der erzeugte Arbeitsplan des Oberkastens als Ergebnis des Systemlaufes ist in Abb. 5.27 dargestellt.

```
+--------------------------------------------------------------+
|  AFO     |  KST     |    MGR        |   tr    |   te    | AW |
----------------------------------------------------------------
|  50      |  150     |    250        |   22    |  17.80  | 07 |
----------------------------------------------------------------
|NC-FRAESEN
| FRAESEN AUFLAGE-,ANLAGEFLAECHE
| BOHREN, FLACHSENKEN UND GEWIND
+-----------------------------------
+-----------------------------------
|  AFO     |  KST     |    MGR
------------------------------------
|  60      |  130     |    350
------------------------------------
|VORMONTAGE UND VERSTIFTEN
+-----------------------------------
+-----------------------------------
|  AFO     |  KST     |    MGR
------------------------------------
|  70      |  120     |    250
------------------------------------
|NC-FRAESEN
| LAGERAUFNAHME AUSSPINDELN, FRA
+-----------------------------------
+-----------------------------------
|  AFO     |  KST     |    MGR
------------------------------------
|  80      |  370     |    730
------------------------------------
|WASCHEN GEHAEUSE
+-----------------------------------
+-----------------------------------
|  AFO     |  KST     |    MGR
------------------------------------
|  90      |  250     |     -
------------------------------------
|KONTROLLE
+-----------------------------------
+-----------------------------------
|  AFO     |  KST     |    MGR
------------------------------------
|  100     |  270     |     -
------------------------------------
|AN LAGER
+-----------------------------------
```

```
+----------------------------------------------------------------------+
|SACH.-NR. |BENENNUNG               |ROHTEILSACH.-NR. |REN|DATUM   |ZEIT |
|270861    |GEHAEUSE OBERKASTEN     |20270861         | 2 |30-11-93|16:00|
------------------------------------------------------------------------
|WERKSTOFF |ABMESSUNG-ROHTEIL |ME  |ROHT.-GEW.|L-GR.| IDENT-NR.  |
|GG20      | 300 x 920 x 200  |STCK| 87.93 kg |  75 | 007  HAASIS |
------------------------------------------------------------------------
|INSTITUT FUER ANGEWANDTE FORSCHUNG (IAF)
|KOPFTEXT
+----------------------------------------------------------------------+
+----------------------------------------------------------------------+
|  AFO    |  KST    |    MGR     |    tr    |    te    |  AW  |
------------------------------------------------------------------------
|  10     |  270    |     -      |    1     |   1.10   |  01  |
------------------------------------------------------------------------
|BEREITSTELLEN ROHLING (OBERKASTEN)  300 x 920 x 200
| PRUEFPLAN NR. 270861-10
+----------------------------------------------------------------------+
+----------------------------------------------------------------------+
|  AFO    |  KST    |    MGR     |    tr    |    te    |  AW  |
------------------------------------------------------------------------
|  20     |  315    |    650     |    2     |   5.10   |  07  |
------------------------------------------------------------------------
|VERPUTZEN
| RESTFORMSAND ENTFERNEN
+----------------------------------------------------------------------+
+----------------------------------------------------------------------+
|  AFO    |  KST    |    MGR     |    tr    |    te    |  AW  |
------------------------------------------------------------------------
|  30     |  210    |    710     |    3     |   2.10   |  07  |
------------------------------------------------------------------------
|PULVERLACKIEREN
| PRUEFPLAN NR. 270861-10
+----------------------------------------------------------------------+
+----------------------------------------------------------------------+
|  AFO    |  KST    |    MGR     |    tr    |    te    |  AW  |
------------------------------------------------------------------------
|  40     |  250    |     -      |    2     |   3.30   |  01  |
------------------------------------------------------------------------
|KONTROLLE
+----------------------------------------------------------------------+
```

**Abb. 5.27.** Ergebnis der Arbeitsplan-Ableitung

## 5.4 NC-Programm-Ableitung

Die größten Probleme einer CAD/NC-Kopplung bereitet neben numerischen Schwierigkeiten zwischen den beiden Systemen insbesondere die Verwendung von asymmetrischen Toleranzen und somit sämtlichen Passungen. Während CAD-Systeme in der Regel das Nennmaß in der Geometriemodellierung berücksichtigen, muß sich das NC-Programmiersystem bei der Konturbeschreibung des Fertigteils stets an der Toleranzmitte der Bauteilabmessung orientieren. Werkstücke mit zahlreichen Passungen oder asymmetrischen Toleranzen erfordern daher eine zeitintensive und zugleich fehleranfällige Aufbereitung der vom CAD-System bereitgestellten Geometriedaten. Dieser Sachverhalt gab Anlaß, den Prozeß der CAD/NC-Kopplung für spezifische Werkstückgruppen zu unterstützen oder gar programmgesteuert zu automatisieren. Derartige an der Variantenkonstruktion orientierte Programme sind in [OSW-87], [FRP-90], [SPE-90], [EIL-91], [SNS-92], [KRR-92] beschrieben.

Allerdings beschränken sich bei heutigen Kopplungen die bereitgestellten Werkstückdaten meist auf den geometrischen Aspekt. Um diesen Unzulänglichkeiten entgegenzuwirken, treten neben der Entwicklung produktumfassender Schnittstellen zunehmend Methoden der Künstlichen Intelligenz in den Vordergrund. Auf diesem Ansatz basiert auch die hier beschriebene CAD/NC-Kopplung als Bestandteil des wissensbasierten Konstruktionsverbundsystems [HAA-93], [HAA-93c], [HAA-95].

### 5.4.1 Beschreibung der Bearbeitungskontur

An der integrierten CAD/NC-Kopplung innerhalb des wissensbasierten Konstruktionsverbundsystems sind drei miteinander kommunizierende Systemkomponenten beteiligt: CAD-System, wissensbasiertes System und Arbeitsplanungsprozessor. Während das Bauteil im CAD-System featureorientiert und im wissensbasierten System objektorientiert repräsentiert wird, verlangt das NC-Programmiersystem EXAPT eine auf Linienelementen basierende Beschreibung der Roh- und Fertigteilgeometrie der Getriebewelle. Insofern hat der Arbeitsplanungsprozessor die zusätzliche Aufgabe, aus den objektorientierten Bauteilinformationen des wissensbasierten Systems sämtliche für die Konturdefinition erforderlichen Punkte, Linien und Kreisbögen als geschlossene Kontur zu berechnen, Abb. 5.28.

Für diese umfangreiche Geometrietransformation verwendet der Arbeitsplanungsprozessor eine mittels Entscheidungstabellen repräsentierte Ablauflogik. Die Ausgangssituation für die automatische Generierung der NC-Programme ist zunächst die Bereitstellung der innerhalb des Konstruktionsprozesses festgelegten Feature-Daten. Wie bereits erwähnt, darf sich die Informationsbereitstellung nicht auf die geometrische Bauteilbeschreibung beschränken. Deshalb werden für die CAD/NC-Kopplung sämtliche Feature-Informationen, also Geometrie-, Technologie- und Funktionsparameter vom CAD-System in Form einer ASCII-Datei ausgegeben und übertragen.

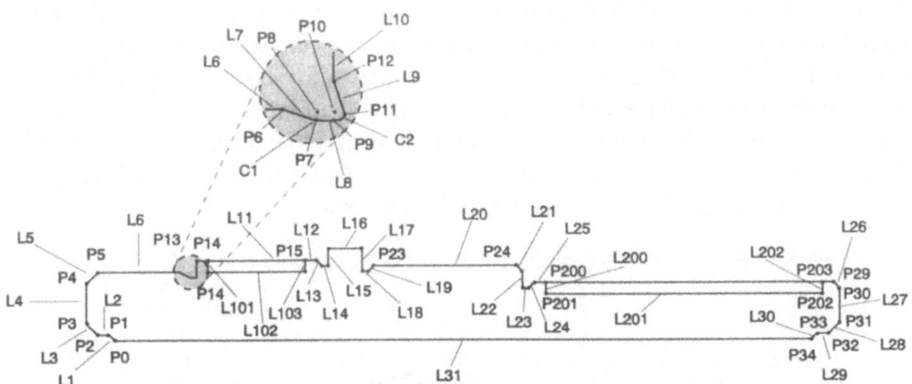

**Abb. 5.28.** NC-orientierte Fertigteilbeschreibung einer Getriebewelle

Die automatische Erstellung der NC-Programme innerhalb des NC-Programm-Generators kann in zwei Aufgabenkomplexe und somit in zwei entsprechende Module unterteilt werden, Abb. 5.29:

- den Geometrie-Prozessor und
- den Technologie-Prozessor.

Die Aufgabe des *Geometrie-Prozessors* besteht zunächst darin, die in Form einer strukturierten ASCII-Datei vom CAD-System bereitgestellten Bauteilinformationen einzulesen. Anschließend erfolgt eine rechenintensive Ermittlung der erforderlichen Punkte, die im weiteren Verlauf alle für die Konturbeschreibung relevanten Linien- und Kreiselemente definieren. Dabei ist von entscheidender Bedeutung, daß im Rahmen der Konturbeschreibung sowohl Passungen und asymmetrische Toleranzen als auch Aufmaße für nachfolgende Schleifoperationen berücksichtigt werden. Die im Uhrzeigersinn definierte Fertigteilkontur (obere Halbebene der Getriebewelle) sowie die Paßfeder-Kontur werden in EXAPT-Syntax beschrieben.

## 5.4.2 Ermittlung der Technologiedaten

Der *Technologie-Prozessor* ermittelt sämtliche Technologiedaten, die innerhalb eines Teileprogrammes erforderlich sind. Die Aufgaben des Technologie-Prozessors lassen sich grundsätzlich in sieben Bereiche einteilen:

- Ermittlung der Bearbeitungsbereiche,
- Bestimmung der Einspannung,
- Festlegung der Bearbeitungsreihenfolge,
- Auswahl der Werkzeuge,

- Festlegung der Schnittaufteilung,
- Ermittlung der Werkzeugwege,
- Bestimmung der Schnittwerte.

Die Ermittlung der Technologiedaten erfolgt über Bearbeitungsregeln und Optimierungsstrategien. Dabei werden Wissensbasen zu Maschinenparametern, Spannmitteln, Werkstoffen, Werkzeugen und Schnittwerten bereitgestellt. Analog zum Geometrie-Prozessor werden auch die Technologiedaten in EXAPT-Format definiert und zum vollständigen Teileprogramm ergänzt. Entscheidend dabei ist, daß das Teileprogramm maschinenneutral ist, so daß eine situationsabhängige Anpassung an die jeweilige NC-Maschine erfolgen kann.

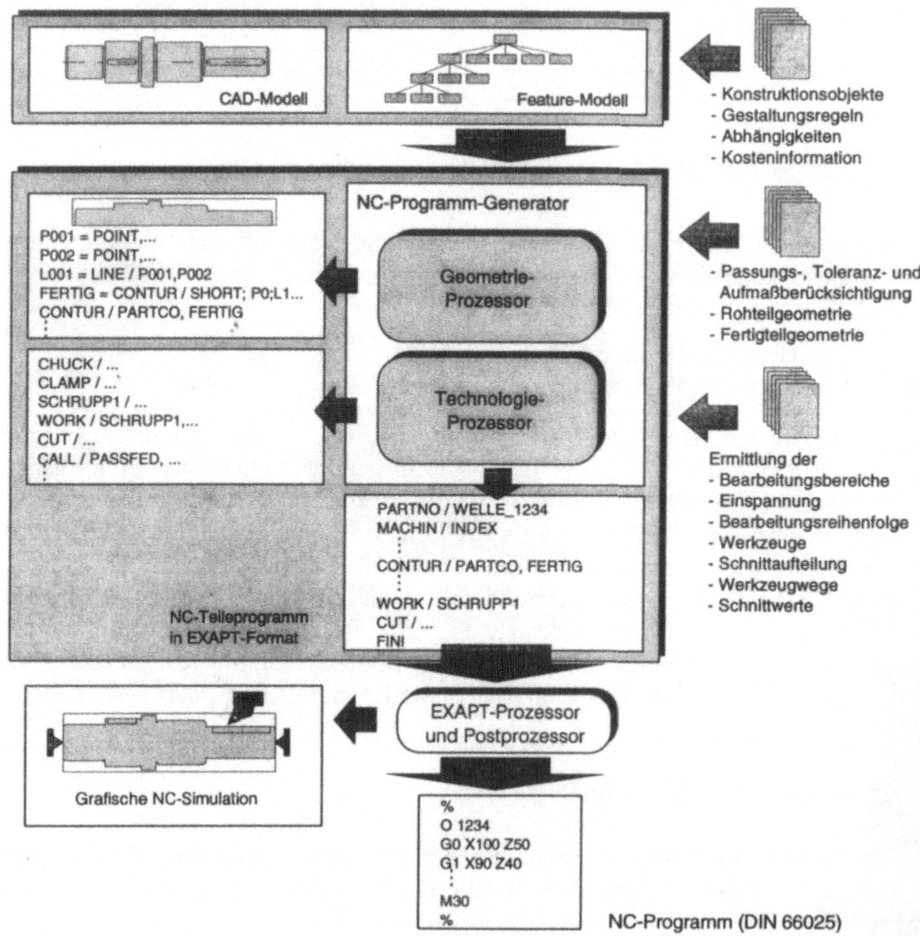


**Abb. 5.29.** Ablauf der automatisierten NC-Programm-Generierung

Im Hinblick auf die Nutzung bestehender und bewährter Systeme kann das generierte Teileprogramm im Rahmen der NC-Programmierumgebung grafisch simuliert werden. Die Anpassung des Teileprogramms an die jeweilige Maschine geschieht durch die bewährte Vorgehensweise. In einem ersten Schritt wandelt der EXAPT-Prozessor das Teileprogramm in das nach DIN 66215 genormte Zwischenformat CLDATA um, das im weiteren mittels Postprozessor in die maschinenspezifischen NC-Steuersätze konvertiert wird [HAA-93c].

### 5.4.3 Exemplarische NC-Programm-Ableitung

Analog zum Arbeitsplan-Generator kann der NC-Programm-Generator als zweiter Teil des Arbeitsplanungsprozessors im Rahmen eines vollautomatischen Systemlaufes NC-Teileprogramme erzeugen. Während der Arbeitsplan-Generator sämtliche Getriebebauteile berücksichtigt, unterstützt der NC-Programm-Generator ausschließlich Drehteile - also Getriebe- und Ritzelwellen. Auch diese Funktion wird durch einen CAD-Menü-Aufruf eingeleitet, der eine Generierung der spezifischen Feature-Übergabedatei zur Folge hat, Abb. 5.30.

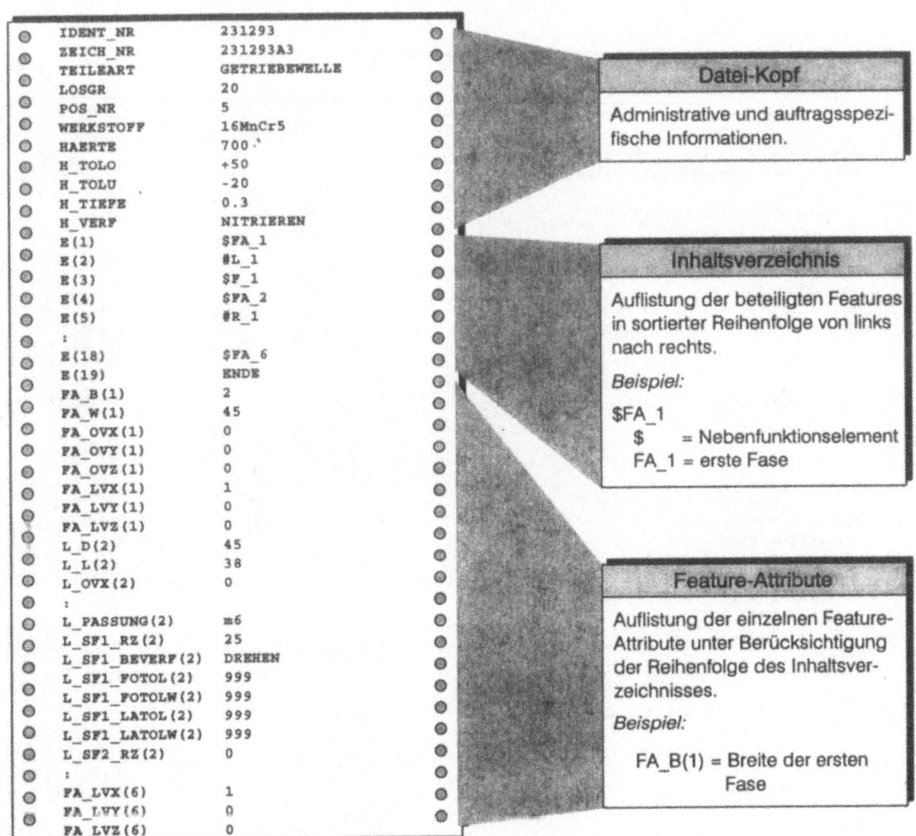


**Abb. 5.30.** Struktur der Feature-Übergabedatei

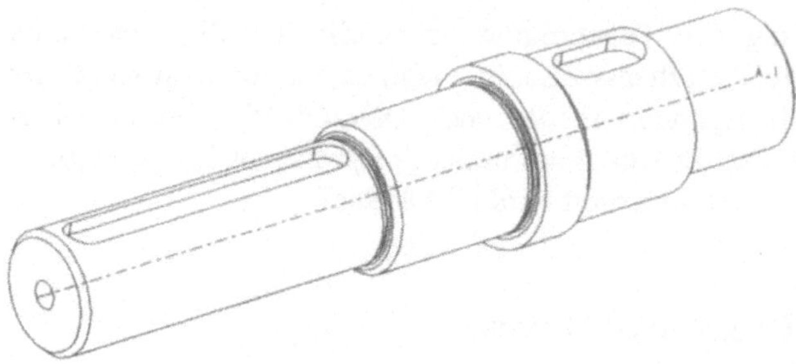

**Abb. 5.31.** Getriebewelle als Ausgangsbasis für die NC-Programm-Ableitung

Der automatische Systemlauf erzeugt ein maschinenneutrales Teileprogramm in EXAPT-Format, das im weiteren Verlauf durch EXAPT-Prozessor und maschinenspezifischem Post-Prozessor in das jeweilige NC-Programm übersetzt wird, welches die entsprechende NC-Maschine bzw. Steuerung verarbeiten kann. In Abb. 5.31 wird eine Getriebewelle als Ausgangssituation der Programm-Generierung dargestellt, das Ergebnis des NC-Programm-Generators zeigt Abb. 5.32.

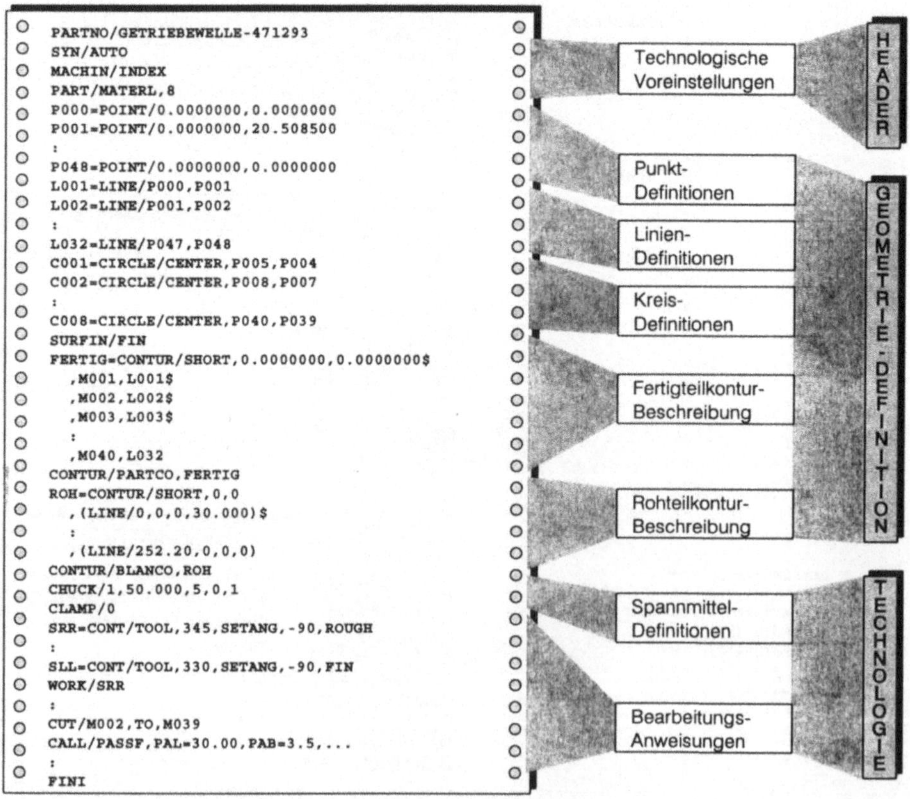

```
PARTNO/GETRIEBEWELLE-471293
SYN/AUTO
MACHIN/INDEX
PART/MATERL,8
P000=POINT/0.0000000,0.0000000
P001=POINT/0.0000000,20.508500
:
P048=POINT/0.0000000,0.0000000
L001=LINE/P000,P001
L002=LINE/P001,P002
:
L032=LINE/P047,P048
C001=CIRCLE/CENTER,P005,P004
C002=CIRCLE/CENTER,P008,P007
:
C008=CIRCLE/CENTER,P040,P039
SURFIN/FIN
FERTIG=CONTUR/SHORT,0.0000000,0.0000000$
   ,M001,L001$
   ,M002,L002$
   ,M003,L003$
   :
   ,M040,L032
CONTUR/PARTCO,FERTIG
ROH=CONTUR/SHORT,0,0
   ,(LINE/0,0,0,30.000)$
   :
   ,(LINE/252.20,0,0,0)
CONTUR/BLANCO,ROH
CHUCK/1,50.000,5,0,1
CLAMP/0
SRR=CONT/TOOL,345,SETANG,-90,ROUGH
:
SLL=CONT/TOOL,330,SETANG,-90,FIN
WORK/SRR
:
CUT/M002,TO,M039
CALL/PASSF,PAL=30.00,PAB=3.5,...
:
FINI
```

Technologische Voreinstellungen

Punkt-Definitionen

Linien-Definitionen

Kreis-Definitionen

Fertigteilkontur-Beschreibung

Rohteilkontur-Beschreibung

Spannmittel-Definitionen

Bearbeitungs-Anweisungen

HEADER

GEOMETRIE-DEFINITION

TECHNOLOGIE

**Abb. 5.32.** EXAPT-Teileprogramm als Ergebnis des NC-Programm-Prozessors

## 5.5 Assistierendes Expertensystem

Im Hinblick auf eine funktions-, fertigungs-, montage- und kostengerechte Getriebekonstruktion wurde ein Expertensystem als weiterer Bestandteil des Konstruktionsverbundsystem CATWISEL entwickelt, das den Konstrukteur in assistierender Form beim Gestaltungsprozeß unterstützt. Auf Anfrage des Anwenders erfolgt eine Konstruktionsüberprüfung, so daß der Konstruktionsprozeß stets vom Anwender bestimmt wird [HMZ-94a], [HAA-95].

### 5.5.1 Konstruktions- und Gestaltungsrichtlinien

Um eine wissensbasierte Unterstützung der Gehäusekonstruktion und -gestaltung zu ermöglichen, muß zunächst das relevante Wissen gesammelt werden. Dieses Wissen befindet sich in unterschiedlichen Literaturquellen, wie beispielsweise in Fachbüchern, Konstruktionskatalogen, Firmenveröffentlichungen und Normen. Ein Großteil des Wissens über gußgerechtes Konstruieren existiert allerdings ausschließlich in den Köpfen der Spezialisten (Modellbauer, Formenbauer, Gießereifachleute). Es kann daher nur mit erheblichem Aufwand erschlossen und anschließend in schriftlicher, möglichst allgemeingültiger Form zusammengefaßt werden.

Generell kann das recherchierte Wissen in unterschiedlicher Form vorliegen: Als "gut/schlecht" Vergleich in Form von Zeichnungen oder Skizzen, in Form von Richtlinien mit quantifizierbaren Angaben (z.B. Formel), als nichtquantifizierbare Richtlinie mit Schlagwortcharakter (z.B. "Hinterschneidungen vermeiden") oder in Form einer Tabelle (Normen und Firmenrichtlinien). Nach einer geeigneten Klassifikation muß dieses konstruktionsrelevante Wissen in eine vom Rechner verarbeitbare Form umgewandelt werden. Diese teilweise mit erheblichem Aufwand verbundene Aufbereitung erfolgte hier in drei Hauptschritten [HAA-95]: Analyse, Konkretisierung und Implementierung, Abb. 5.33.

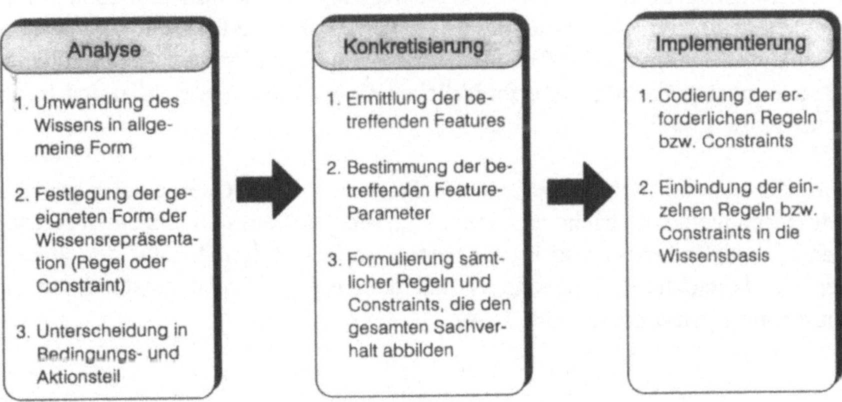


**Abb. 5.33.** Vorgehensweise für die Aufbereitung des Konstruktionswissens

Der erste Hauptschritt "Analyse" kann wiederum in drei Einzelschritte untergliedert werden. Zunächst muß das Wissen in eine allgemeine Form umgewandelt werden. Der zweite Teilschritt besteht in der Auswahl der geeigneten Form der Wissensrepräsentation. Während Parameterabhängigkeiten mit Hilfe von Constraints abgebildet werden, dienen Produktionsregeln zur Repräsentation von Gestaltungswissen mit Regelcharakter. Im Anschluß an diese Festlegung ist das Regelwissen in einen Bedingungs- und einen Aktionsteil zu unterteilen.

Der zweite Hauptschritt "Konkretisierung" besteht ebenfalls aus drei Einzelschritten. Während im ersten Teilschritt die hinsichtlich der Wissensverarbeitung relevanten Features ermittelt werden, erfolgt im zweiten Teilschritt die Bestimmung der betreffenden Feature-Parameter. Abgeschlossen wird dieser Hauptschritt durch die Formulierung sämtlicher benötigten Regeln bzw. Constraints, die den gesamten allgemeinen Sachverhalt abbilden.

Im dritten Hauptschritt steht die Implementierung des Wissens im Vordergrund. Nachdem im ersten Teilschritt die Codierung der erforderlichen Regeln bzw. Constraints durchgeführt wird, erfolgt im zweiten Teilschritt deren Einbindung in die Wissensbasis.

Unter Berücksichtigung der Fachliteratur und der Normen sowie durch mehrere Fachgespräche und Befragungen von Gießereifachleuten wurden zahlreiche Konstruktions- und Gestaltungsregeln recherchiert. Eine ausführliche Darstellung dieser Richtlinien befindet sich in [HAA-94a]. Dieses Konstruktionswissen kann in 7 Bereiche klassifiziert werden:

- Konstruktionsregeln für die Gehäuseauslegung,
- Gestaltungsregeln für die beanspruchungsgerechte Konstruktion,
- modellspezifische Gestaltungsregeln,
- gußspezifische Gestaltungsregeln,
- Gestaltungsregeln für die putzgerechte Konstruktion,
- Gestaltungsregeln für die bearbeitungsgerechte Konstruktion,
- Gestaltungsregeln für die montagegerechte Konstruktion.

**Konstruktionsregeln für die Gehäuseauslegung.** Die Konstruktionsregeln für die Gehäuseauslegung als umfangreichstes Regelpaket berücksichtigen in erster Linie funktionale Aspekte der Gehäusekonstruktion. Dabei stehen Abhängigkeiten und Beziehungen zwischen den erforderlichen Konstruktionselementen und Normteilen im Vordergrund.

*Beispiel einer Konstruktionsregel für die Bestimmung der Gehäuseabmessungen.* Die Mindestlänge des Getriebegehäuses $L_{i,min}$ setzt sich aus den einzelnen Achsabständen $a_i$, den Radien $r_1$ und $r_2$ der beiden größten Zahnräder auf den äußeren Wellen des betrachteten Querschnitts und dem erforderlichen Abstand von der Gehäusewand $s_A$ zusammen, Abb. 5.34:

$$L_{i,\,min} = \Sigma\, a_i + r_1 + r_2 + 2 \cdot s_A$$

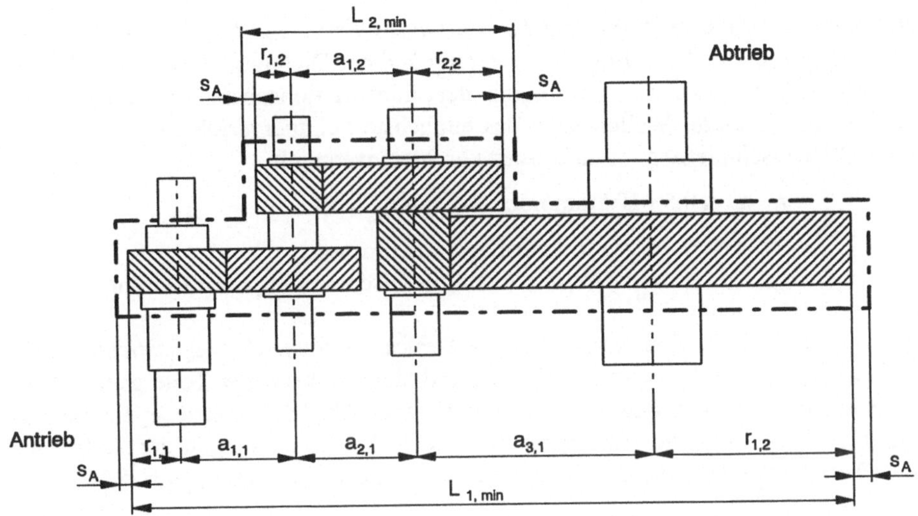


**Abb. 5.34.** Bestimmung der Gehäuselänge

*Beispiel einer Konstruktionsregel für den Einsatz von Wälzlagern.* Grundsätzlich sollte bei der Wahl des Wälzlagers zunächst das Rillenkugellager aufgrund seiner hohen Laufgenauigkeit, des niedrigen Preises sowie des geringen Einbauraumes bevorzugt werden. Für die axiale Führung des Lageraußenrings im Gehäuse können grundsätzlich fünf Gestaltungsvarianten berücksichtigt werden, Abb. 5.35.

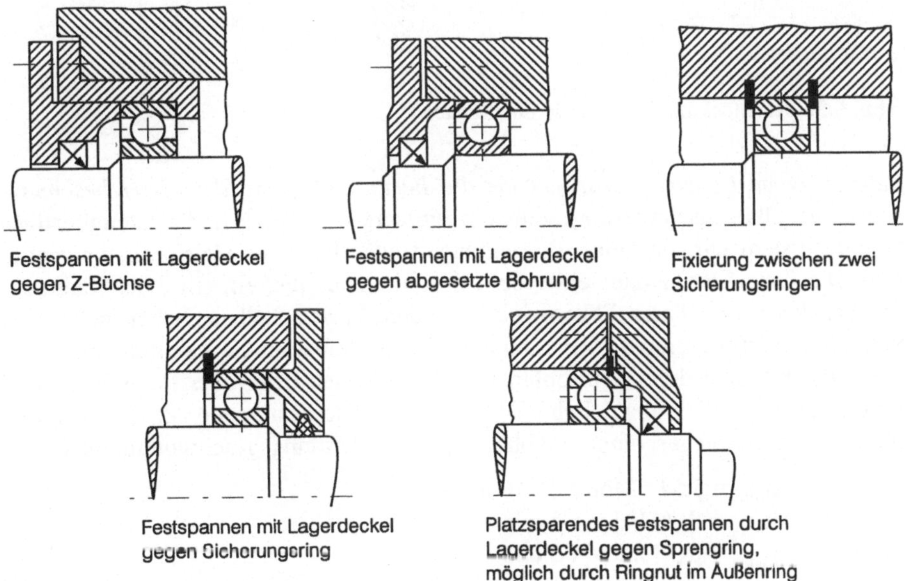


**Abb. 5.35.** Gestaltungsvarianten für die Fixierung des Lageraußenrings

*Beispiel einer Konstruktionsregel für die Lagerschmierung.* Die Art der Schmierung beeinflußt die Auslegung der Lagerung und der Dichtung. Aus diesem Grund ist das Schmierverfahren vor Beginn der Konstruktionsphase festzulegen. Für waagerecht gelagerte Wellen kann das einfachste Schmierverfahren - die Ölbad- bzw. Öltauchschmierung - zum Einsatz kommen, wenn gilt:

$$n \cdot d_m \leq 0{,}5 \cdot 10^6 \text{ mm/min} \quad \text{bei} \quad n/n_g < 0{,}4$$

$d_m$= mittlerer Lagerdurchmesser,
$n_g$= Grenzdrehzahl für Ölschmierung nach Katalog.

*Beispiel einer Konstruktionsregel für die Berücksichtigung der Lagerdichtung.* Da der O-Ring für die Abdichtung ruhender und langsam bewegter Teile geeignet ist, kann er für die Abdichtung des Lagerdeckels gegenüber dem Getriebegehäuse eingesetzt werden. Für die Auslegung der Rechtecknutabmessungen zur Aufnahme des O-Rings können folgende Gleichungen herangezogen werden, Abb. 5.36:

Breite B $= 1{,}3 \cdot d_2$
Tiefe T $= (0{,}8 \ldots 0{,}85) \cdot d_2$

$d_2$ = Durchmesser des O-Ringes

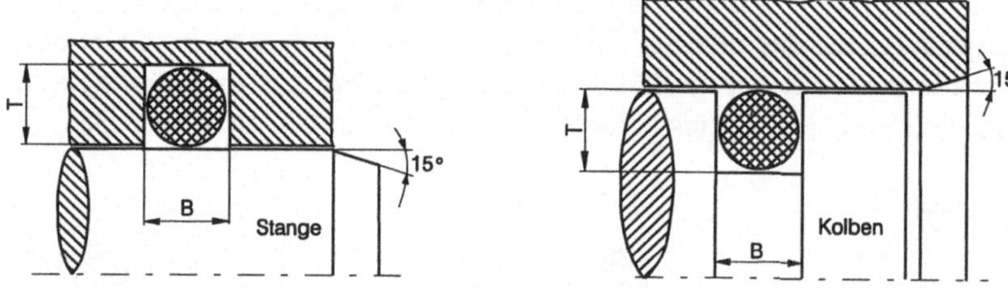


**Abb. 5.36.** Rechtecknut für ruhende Dichtungen

*Beispiel einer Konstruktionsregel für die Berücksichtigung der Getriebeschmierung.* Die Öltauchschmierung stellt ein einfaches, sicheres und kostengünstiges Schmiersystem dar, da keine Einrichtungen außerhalb des Getriebes notwendig sind. Die Zahnräder tauchen entweder selbst ein, oder aber ein mit ihnen kämmendes Tauchrad. In anderen Fällen sind besondere Spritzscheiben, Schöpfräder oder Schöpfarme erforderlich. Dabei kann das Öl unmittelbar an die Zahnflanken gelangen oder mittelbar durch Abtropfen von den Wänden bzw. über Fangbleche und Leitkanäle an die Schmierstellen geleitet werden. Die Festlegung der Eintauchtiefe im Betriebszustand geschieht in Abhängigkeit der Umfangsgeschwindigkeit *v*:

$h_{min} = 3{,}54 \cdot \text{Modul} \ (\geq 10 \text{ mm})$
$h_{max} = d_A/6$ bei $v > 5$ m/s
$h_{max} = d_A/3$ bei $v < 5$ m/s

Im Stillstand ist der Ölstand stets höher. Wenn das eintauchende Rad durch eine Blechwanne abgeschirmt ist, darf der Ölstand höher sein.

*Beispiel einer Konstruktionsregel für den Einsatz von Schrauben.* Der Schraubendurchmesser und die Schraubenabstände für die Befestigung der Lagerdeckel sind aus folgender Gleichung und Abb. 5.37 ersichtlich:

$$d \approx D/30 + 6\ \text{mm} \qquad d_s \approx (D + d_a)/2$$
$$d \approx a \qquad e \approx 10 \cdot d$$

$D$ = Lageraußendurchmesser,
$d_A$ = konstruktiv festgelegt.

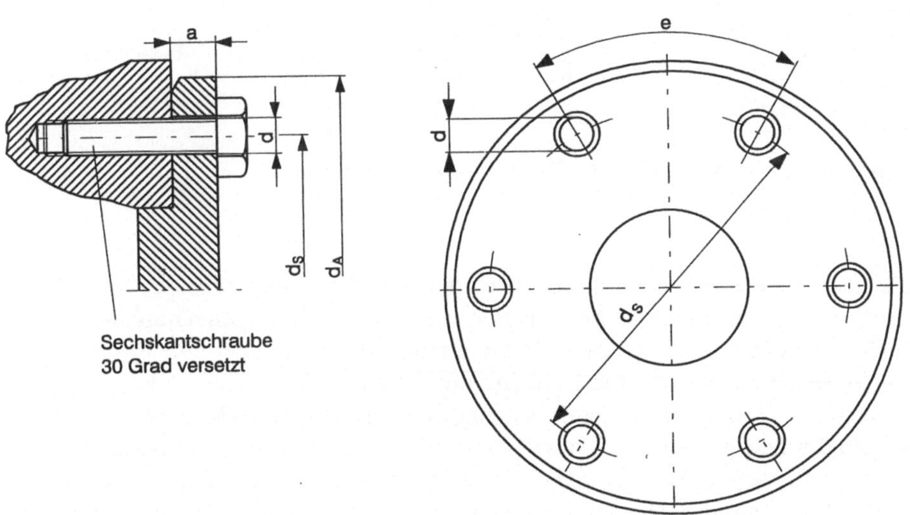


**Abb. 5.37.** Schraubendurchmesser und Schraubenabstände

*Beispiel einer Konstruktionsregel für den Einsatz von Stiften.* Stifte werden im Bereich der Stirnradgetriebe nahezu ausschließlich zur Lagesicherung von zwei Teilen, insbesondere von Ober- und Unterkasten des Getriebes, verwendet. Für die Bestimmung des Paßstiftdurchmessers *d* gilt [ROM-87]:

$$d \approx 0{,}8 \cdot d_{\text{Flanschschraubendurchmesser}}$$

*Exemplarische Umsetzung einer Konstruktionsregel für die Gehäuseauslegung.* In Abb. 5.38 wird eine exemplarische Konstruktionsregel als Bestandteil des Regelpakets für die Ermittlung der Gehäuseabmessungen dargestellt. Ziel dieser Regel ist die Ermittlung und Überwachung des radialen Abstandes $s_r$ zwischen Zahnradumfang und Gehäusewand. Wie in zahlreichen anderen Fällen besteht auch hier die Problematik, daß der betreffende Parameter - hier $s_r$ - nicht explizit im Featurekonzept existiert. Aus diesem Grund muß diese durch existierende Parameter ermittelt werden ($s_r = A_1 - D_1 / 2$). Unter Berücksichtigung der Extremwerte wurden für die Abbildung dieses Sachverhaltes letztlich zwei Regeln formuliert. Grundlagen und Einzelheiten der Regelverarbeitung werden in Kapitel 3.2.6 und 4.2.2 behandelt.

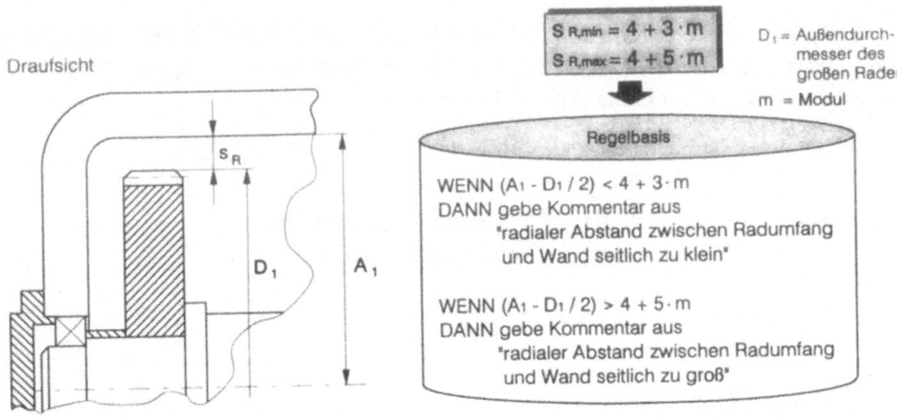


**Abb. 5.38.** Konstruktionsregel zur Überprüfung des Abstandes

**Gestaltungsregeln für die beanspruchungsgerechte Konstruktion.** Beim Gußeisen mit Lamellengraphit beeinflussen die schuppenförmigen Graphitausscheidungen die Festigkeit ungünstig. Ferner verfügt GG weder über eine Streckgrenze noch über eine nennenswerte Dehnung und ist daher für Schlagbeanspruchungen ungeeignet. Trotz geringer statischer Zugfestigkeit ist Grauguß im Maschinenbau aufgrund seiner günstigen Eigenschaften weit verbreitet. Dies sind beispielsweise niedriger Preis, gute Bearbeitbarkeit, hohe Druck- und Dauerfestigkeit, Kerbunempfindlichkeit, ausgezeichnetes Dämpfungsvermögen, günstige Laufeigenschaften, große Verschleißfestigkeit und Korrosionsbeständigkeit. Ohne von diesen Vorzügen beträchtliche Anteile einzubüßen, besitzt Gußeisen mit Kugelgraphit (GGG) stahlähnliche Festigkeitseigenschaften, Streckgrenze und Verformung vor dem Bruch. Ferner sind die mechanischen Eigenschaften nach einer Wärmebehandlung weitgehend unabhängig von Wanddickenunterschieden.

*Beispiel einer Gestaltungsregel für die Flanschausbildung.* Der Flansch des Oberkastens sollte ringsum ca. *3...10 mm* überstehen, um einerseits ein leichteres Abheben zu ermöglichen und andererseits eine unregelmäßige Kontur abzudecken. Bei größeren Getrieben sollte der Flansch des Gehäuseunterkastens an den Schmalseiten auf einer Länge von *ca. 120 mm* um etwa *40 mm* Breite überstehen, um das Auflegen einer Wasserwaage für das Ausrichten zu ermöglichen.

*Exemplarische Umsetzung einer Gestaltungsregel für die bearbeitungsgerechte Konstruktion.* Eine Gestaltungsrichtlinie aus dem Bereich der beanspruchungsgerechten Konstruktion ist für die Überprüfung des Verhältnisses von Flanschdicke $w_F$ und Seitenwanddicke $w_W$ zuständig. Während der Parameter $w_F$ Teil des Features bzw. der Instanz "Flansch" ist, beschreibt der Parameter $w_W$ den Grundkörper. Um dieses Parameterverhältnis permanent überwachen zu können, wurde das Constraint "Flanschdicke-überprüfen" implementiert, Abb. 5.39.

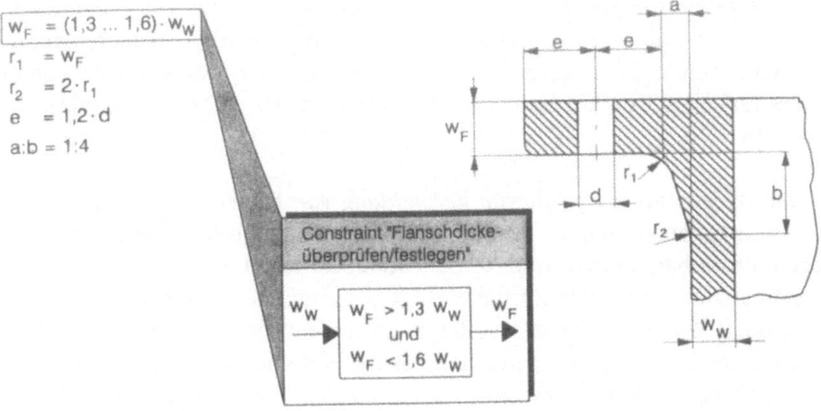


**Abb. 5.39.** Exemplarisches Constraint für die Überwachung der Flanschausbildung

**Modellspezifische Gestaltungsregeln.** Modellspezifische Gestaltungsregeln unterstützen die Berücksichtigung des Formprozesses bei der Konstruktion von Gußteilen. Die optimale Vorgehensweise bei der Gußkonstruktion in Form einer intensiven Zusammenarbeit von Konstrukteur und Modellbauer ist sehr zeitintensiv und in vielen Fällen nicht möglich, da der Gießprozeß aufgrund der Firmenstrukturen meist in einer externen Gießerei erfolgt. Im Hinblick auf die Reduzierung der Terminstrecke ist es deshalb wichtig, daß die Einhaltung der wichtigsten modellspezifischen Gestaltungsregeln unterstützt und überwacht wird.

*Beispiel einer Gestaltungsregel für die Berücksichtigung der Aushebeschräge.* Die Aushebeschräge beeinflußt die Wanddicken und die Bearbeitungszugaben und letztlich auch die Bearbeitungskosten. Aus diesem Grund ist es vorteilhaft, wenn diese bereits in der Konstruktionsphase vorgesehen werden. Dabei ist für alle zu bearbeitenden Flächen eine Materialzugabe vorzusehen. Die Festlegung der Aushebeschräge erfolgt nach DIN 1511 in Abhängigkeit von der Aushebe- und Werkstückhöhe und ist in Tab. 5.1 dargestellt.

**Tab. 5.1.** Aushebeschräge für innere und äußere Modellflächen (nach DIN 1511)

| **Gesamthöhe H** in mm | bis 10 | über 10 bis 18 | über 18 bis 30 | über 30 bis 50 | über 50 bis 80 | über 80 bis 180 |
|---|---|---|---|---|---|---|
| **Aushebeschräge ϑ** in ° | 3 | 2 | 1.5 | 1 | 0.75 | 0.5 |

| **Gesamthöhe H** in mm | über 180 bis 250 | über 250 bis 315 | über 315 bis 400 | über 400 bis 500 | über 500 bis 630 | über 630 bis 800 |
|---|---|---|---|---|---|---|
| **Aushebeschräge ϑ** in mm | 1.5 | 2.0 | 2.5 | 3.0 | 3.5 | 4.5 |

*Beispiel einer Gestaltungsregel für die Berücksichtigung der Formteilung.* Nach Möglichkeit sollte nur eine Teilungsebene vorgesehen werden. Äußere Hinterschneidungen können kostengünstiger durch Losteile am Modell oder durch Außenkerne realisiert werden. Eine zweite Teilungsebene erhöht die Einformzeit um bis zu 30%.

*Beispiel einer Gestaltungsregel für die Vermeidung von Hinterschneidungen.* Konturen, die sich nicht verjüngen, werden als Hinterschneidungen bezeichnet und sind nicht entformbar. Durch auftretende Hinterschneidungen gestaltet sich das Einformen kostenintensiver, da für diese Hinterschnitte entweder Kerne oder Losteile am Modell benötigt werden. Sollte sogar eine weitere Formteilungsebene unumgänglich sein, hat dies einen weiteren Anstieg der Gießkosten zur Folge. Eine zweite Teilungsebene wird von der Industrie nahezu immer vermieden. Einlegeteile und Losteile am Modell verlagern sich beim Abgießen oder werden unter Umständen beim Einformen vergessen. Hinterschneidungen bei Gußkonstruktionen sollten daher möglichst vermieden werden. Dadurch werden sowohl die Modell- als auch die Gießkosten erheblich reduziert, indem auf Steckteile, Kerne und Losteile am Modell verzichtet werden kann. Hinterschneidungen, die sich nicht vermeiden lassen, sollten auf Teilungsebene hochgezogen werden, Abb. 5.40.

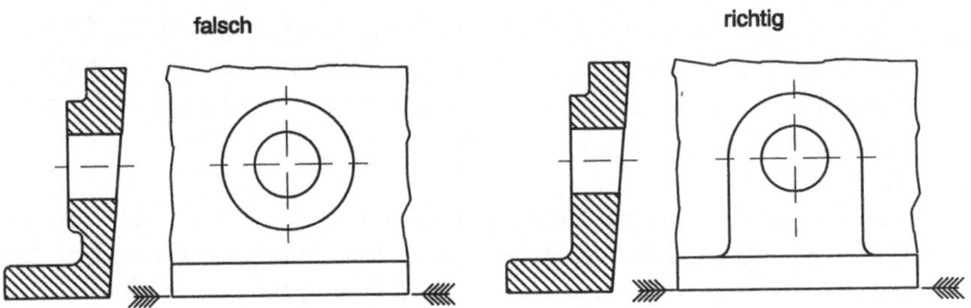


**Abb. 5.40.** Hinterschneidung auf Teilungsebene gezogen

*Exemplarische Umsetzung einer modellspezifischen Gestaltungsregel.* Während Richtlinien mit quantifizierbaren Angaben relativ einfach in Form von Regeln abgebildet werden können, ist die Repräsentation von Richtlinien mit nichtquantifizierbaren Angaben wesentlich problematischer. Die hier angewandte Vorgehensweise für die Nutzbarmachung derartigen Wissens mit Schlagwortcharakter soll exemplarisch an der Richtlinie "Hinterschneidungen vermeiden" dargestellt werden. Räse schlägt hierzu in [RÄS-91] ein rechen- und zeitintensives und dennoch ungenaues Berechnungsverfahren als CAD-Analysefunktion vor Grundlage seiner Methode ist die Durchdringung des Bauteils mit fiktiven rasterorientierten Strahlen und eine anschließende Auswertung der einzelnen Werkstückeintritte und -austritte. Tritt dabei ein Strahl jeweils nur einmal in das Bauteil ein und aus, kann daraus gefolgert werden, daß an dieser Stelle keine Hinterschneidung existiert.

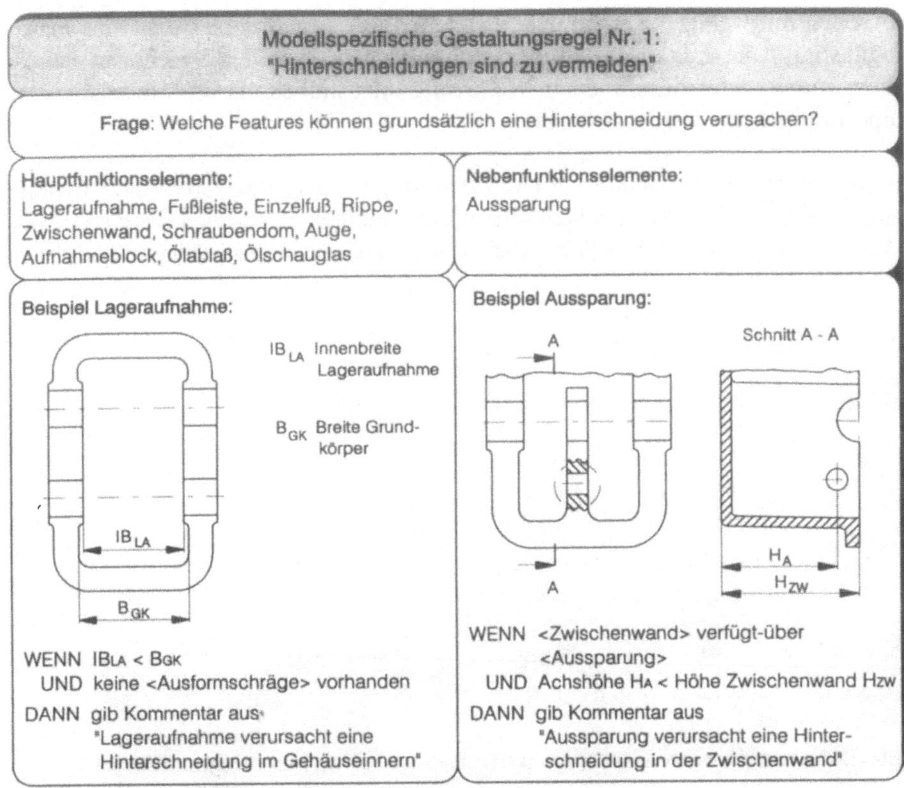


**Abb. 5.41.** Exemplarische Regelformulierung bei Richtlinien mit Schlagwortcharakter

Im Gegensatz dazu basiert die Ermittlung von Hinterschneidungen wie auch weitere ähnliche Bauteilauswertungen hier auf einer featureorientierten Kontextanalyse. Grundlage für diese Kontextauswertung sind neben den technologischen Features noch deren Parameter und deren räumliche Beziehungen. Aus diesem Grund müssen bei der Problemstellung der Hinterschneidungen im Vorfeld der Wissensrepräsentation zunächst sämtliche Features - insbesondere die Hauptfunktionselemente - ermittelt werden, die grundsätzlich eine Hinterschneidung verursachen können. Die Formulierung des Bedingungsteiles der Regel geschieht im folgenden durch die Beschreibung des räumlichen Zusammenhangs der beteiligten Features. Diese Vorgehensweise wird in Abb. 5.41 für das Hauptfunktionselement "Lageraufnahme" und das Nebenfunktionselement "Aussparung" dargestellt.

**Gußspezifische Gestaltungsregeln.** Im Rahmen der materialspezifischen Gestaltungsregeln können grundsätzlich zwei Optimierungssichten unterschieden werden: Materialreduzierung und Rohteiloptimierung. Handelt es sich beispielsweise um große und komplizierte Gußstücke, die in einer mittleren bis großen Stückzahl abgegossen werden, so steht die rohteilgünstige und deshalb ausschußarme Bauteilgestaltung im Vordergrund. Hierzu zählen Forderungen nach leicht ausformbaren Teilen mit wenigen Kernen und Steckteilen. Im Gegensatz dazu ist eine materialgünstige Konstruktion bei großen und einfachen Gußteilen, bei hohen Stückzahlen sowie beim Einsatz teurer Werkstoffe anzustreben, da die Materialkosten proportional zum Gewicht ansteigen.

*Beispiel einer rohteilorientierten Gestaltungsregel.* Durch entsprechende Ausbildung von Knotenpunkten sollen Massenanhäufungen vermieden werden. Abb. 5.42 zeigt hierfür unterschiedliche Ausbildungsvarianten von Knotenpunkten.

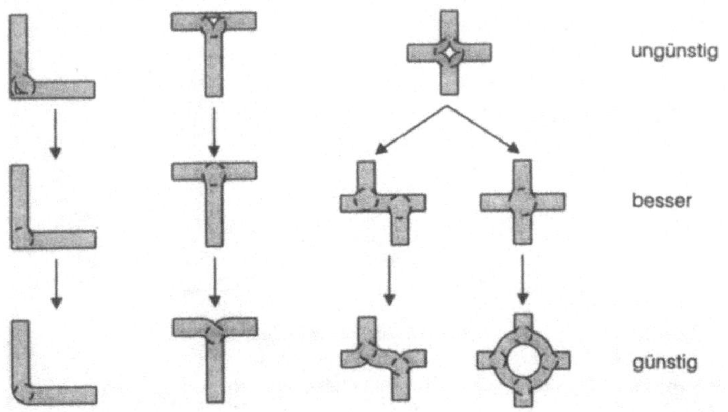


**Abb. 5.42.** Ausbildung von Knotenpunkten zur Vermeidung von Massenanhäufungen

*Beispiel einer Gestaltungsregel für die Vermeidung von Sandecken.* Form- und Kernwände werden beim Abguß durch das flüssige Metall erheblich beansprucht. Scharf zurückspringende Stellen im Gußteil ergeben schwache Form- oder Kernwände. Bei Sandguß ist die Gefahr der Aufheizung an diesen Stellen besonders groß. Infolge Überhitzung kann eine Gasbildung bei den Form- oder Kernwerkstoffen auftreten, das ein poröses Gefüge oder eine Vererzung durch Vermischung von Formsand mit flüssigem Metall zur Folge hat. Dabei handelt es sich um den sogenannten Sandkanteneffekt, der bei einer Gußkonstruktion verhindert werden muß. Richtwerte für das Maß "e" einer Sandecke sind in Abb. 5.43 dargestellt.

| h / $W_w$ | bis 4 | 4 ... 8 | 8 ... 15 | 15 ... 30 | 30 ... 50 |
|---|---|---|---|---|---|
| 4 ... 6 | 6 | 8 | 10 | 15 | 15 |
| 8 ... 10 | 8 | 10 | 12 | 15 | 18 |

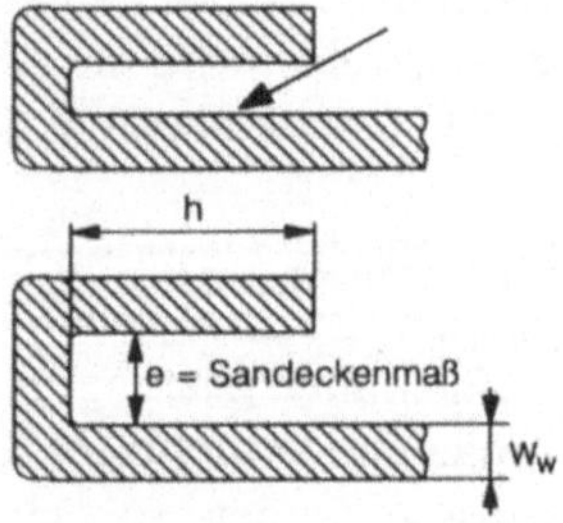


**Abb. 5.43.** Vermeidung von Sandecken

*Beispiel einer Gestaltungsregel für die Festlegung von Ausrundungen.* Scharfkantige Wandübergänge und Kanten sind gießtechnisch nur aufwendig zu verwirklichen. Sie halten beim Abguß der Beanspruchung durch das flüssige Metall nicht stand und werden beim nachfolgenden Ausheben des Modells aus der Form leicht beschädigt. Außerdem entstehen an scharfen Innenecken infolge Transkristallisation hohe Gußspannungen, die zu Rissen führen. Zu große Ausrundungen ergeben jedoch Stoffanhäufungen mit der Gefahr der Lunkerbildung. Richtwerte für Ausrundungen sind in Abb. 5.44 dargestellt.

| $W_W$ | 5 ... 8 | 8 ... 12 | 12 ... 20 | > 20 |
|---|---|---|---|---|
| $r_1$ | 3 | 4 | 5 | > 6 |
| $r_2$ | 2 | 3 | 4 | > 5 |

oder:
konstante Wandstärken durch konzentrische Radien

**Abb. 5.44.** Radien an Gußbauteilen

*Exemplarische Umsetzung einer gußspezifischen Gestaltungsregel.* Im Hinblick auf gleichmäßige Wanddicken werden bei der Auslegung des Gehäusegrundkörpers grundsätzlich konzentrische Radien beim Seitenwandverlauf berücksichtigt. Die Überwachung des Innen- und Außenradiuses während des Konstruktionsablaufes wird durch zwei Constraints ermöglicht. Diese überprüfen im Fall einer Parameteränderung des Grundkörpers die beiden Radien und passen sie gegebenenfalls an, Abb. 5.45.

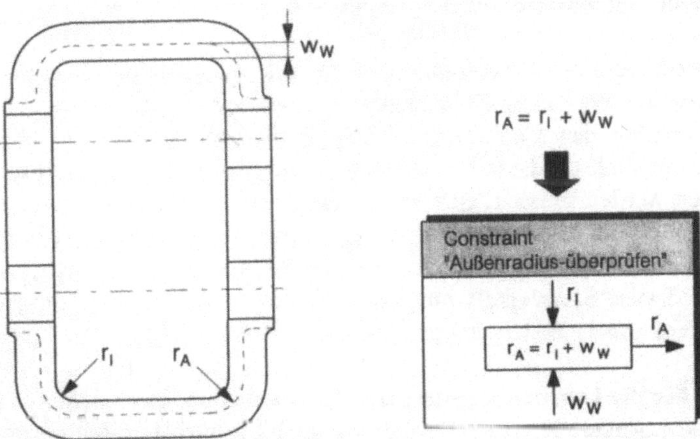


**Abb. 5.45.** Constraints für konzentrische Radien am Gehäusegrundkörper

**Gestaltungsregeln für die putzgerechte Konstruktion.** Das Gußputzen hat die Aufgabe, noch am Gußstück anhaftende Formreststoffe sowie das gießereitechnisch bedingte Einguß- und Speisersystem zu beseitigen. Diese Putzarbeiten werden durch Strahlen, Rommeln, Schleifen und Trennschleifen ausgeführt. Die hierbei entstehenden Kosten haben bei Sandguß aus Gußeisen, Stahl- und Temperguß einen Anteil von 10 - 25% der Rohteilkosten. Da es sich bei der Putzbearbeitung meist um eine äußerst lohnintensive Handarbeit handelt, sollte jede geeignete Maßnahme zur Senkung des Putzaufwandes Berücksichtigung finden, um so die Wirtschaftlichkeit des Gußstückes zu verbessern.

*Beispiel einer Gestaltungsregel für die Wahl der Formteilung.* Die Lage und die Anzahl der Formteilungen haben erhebliche Auswirkungen auf die Kosten für die Einformung des Modells sowie auf die Kosten für das Gußputzen bzw. die nachgeschalteten Bearbeitungsvorgänge. An der Teilungsebene entsteht immer ein Grat, der entsprechend der Gestaltung mit mehr oder weniger Aufwand durch das Gußputzen beseitigt werden muß. Die Anzahl der Teilungsebenen bestimmt ferner den Arbeitsablauf beim Einformen und legt die Anzahl der Formkästen fest. Die Formteilung sollte derart angeordnet werden, daß der entstehende Gußgrat nicht an bearbeitungsfreien Flächen stört oder leicht entfernt werden kann.

*Beispiel einer Gestaltungsregel für die Berücksichtigung der Grate.* Unvermeidliche Grate entstehen nicht nur an der Formteilung, sondern auch bei Kernen, Einlegeteilen und eventuell auch bei Losteilen. Diese Grate sollten allerdings als Folge konstruktiver Maßnahmen so angeordnet werden, daß sie mit dem geringsten Aufwand beseitigt werden können. Als Grundregel hierfür kann dienen, daß Grate in axialer Richtung leichter zu entfernen sind als in radialer Richtung. Grate dürfen ausschließlich an Stellen entstehen, wo sie leicht entfernt werden können. Dann lassen sich übliche Schleifverfahren einsetzen und aufwendige Arbeiten mit Handschleifmaschinen werden vermieden. Beim Gußputzen ist der Schleifbock immer noch das dominierende und wirtschaftlichste Hilfsmittel.

*Exemplarische Umsetzung einer Gestaltungsregel für die putzgerechte Konstruktion.* An Gußstücken werden häufig Durchbrüche vorgesehen, deren Berücksichtigung zwar aus Gründen der Materialeinsparung, nicht aber aus funktionalen Belangen gerechtfertigt sind. Da diese Durchbrüche entweder mit Kernen oder mit dem Ballen realisiert werden müssen, entstehen stets Grate, die einen umfangreichen Putzaufwand erforderlich machen. Aus diesem Grund wird der Konstrukteur bei jedem Aufruf eines Aussparungs-Features im wissensbasierten Konstruktionsverbundsystem auf diesen Sachverhalt hingewiesen, um so aus Kostengründen Durchbrüche ohne funktionale Bedeutung grundsätzlich zu vermeiden.

**Gestaltungsregeln für die bearbeitungsgerechte Konstruktion.** Der Gießprozeß ist bedingt durch die zugrunde liegende Verfahrenstechnik großen Herstellungstoleranzen unterworfen. Um die Maßschwankungen auszugleichen und die von der Konstruktion geforderten Toleranzen des Fertigteils zu erreichen, ist an den betreffenden Stellen eine spanende Bearbeitung erforderlich. Die resultierenden Bearbeitungskosten müssen jedoch bereits in der Konstruktionsphase berücksichtigt werden.

*Beispiel einer Gestaltungsregel für die Berücksichtigung von Bearbeitungsflächen.* Die Bearbeitungsflächen spielen eine entscheidende Rolle bei den Kosten der Bearbeitung. Ihre Lage, Größe und Gestalt bestimmen den Bearbeitungsablauf und nehmen somit direkten Einfluß auf die Bearbeitungsdauer und die damit verbundenen Kosten. Dicht beieinander liegende Bearbeitungsflächen sollten daher zusammengefaßt und auf einer Bearbeitungshöhe angeordnet werden, Abb. 5.46.

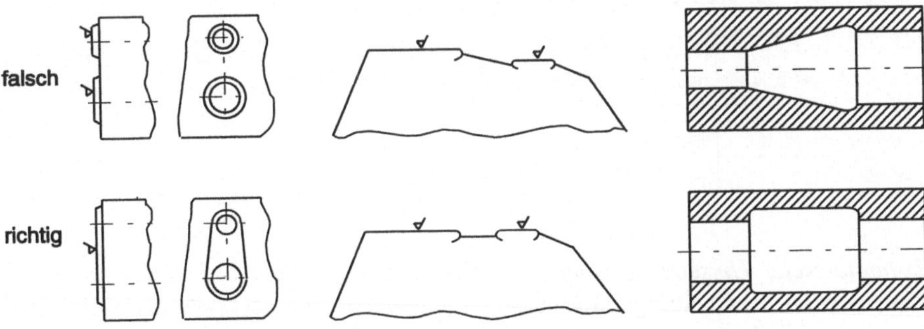


**Abb. 5.46.** Zusammenfassung von Bearbeitungsflächen

*Beispiel einer Gestaltungsregel für die Berücksichtigung der Bearbeitungswerkzeuge.* Da der Gießprozeß großen verfahrensbedingten Toleranzen unterworfen ist, wird eine spanende Bearbeitung notwendig, um die Maßschwankungen auszugleichen, plane Auflageflächen zu erzeugen und die geforderten Toleranzen zu erreichen. Generell sollte ein Werkzeugauslauf der Werkzeuge bei der erforderlichen Bearbeitung gewährleistet werden, Abb. 5.47.

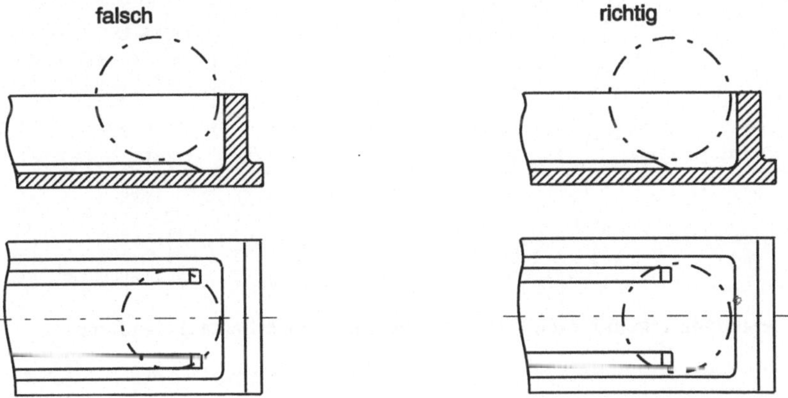


**Abb. 5.47.** Werkzeugauslauf am Gußstück

*Beispiel einer Gestaltungsregel für die Berücksichtigung der Bearbeitungszugabe.* Um verfahrensbedingte Toleranzen von Gußteilen auszugleichen, werden die Funktionsflächen meist spanend bearbeitet. Dabei ist zu berücksichtigen, daß die Werkzeugschneiden ausreichend tief in die Gußstückoberfläche eindringen können, um einen hohen Werkzeugverschleiß infolge der harten Gußhaut zu vermeiden. Die Bearbeitungszugabe BZ hängt vom größten Außenmaß des Gußrohteils und von der Gießlage der zu bearbeitenden Fläche ab. Entsprechende Richtwerte für die Bearbeitungszugabe bei Gußstücken bis 1000 kg Masse und bis zu 50 mm Wanddicke werden in Tab. 5.2 dargestellt.

**Tab. 5.2.** Bearbeitungszugabe nach DIN 1685

| Lage der Fläche in der Gießform | Nennmaßbereich bez. auf größtes Außen-maß | bis 50 | über 50 bis 120 | über 120 bis 250 | über 250 bis 500 | über 500 bis 1000 |
|---|---|---|---|---|---|---|
| unten, seitlich | Bearbeitungs- | 2 | 2 | 2,5 | 2,5 | 3,5 |
| oben | zugabe BZ | 2,5 | 2,5 | 3 | 3 | 4,5 |

*Exemplarische Umsetzung einer Gestaltungsregel für die bearbeitungsgerechte Konstruktion.* Bearbeitungsflächen sollen gegenüber unbearbeiteten Konturverläufen stets vorstehen, um die Bearbeitungswege zu reduzieren. Dies gilt beim Gußgehäuse in erster Linie für die Schraubenauflage. Im Hinblick auf die Generierung einer Schraubenauflage kann das Erfahrungswissen in Abb. 5.48 für die Bestimmung der Featurehöhe durch Regeln unterstützt werden.

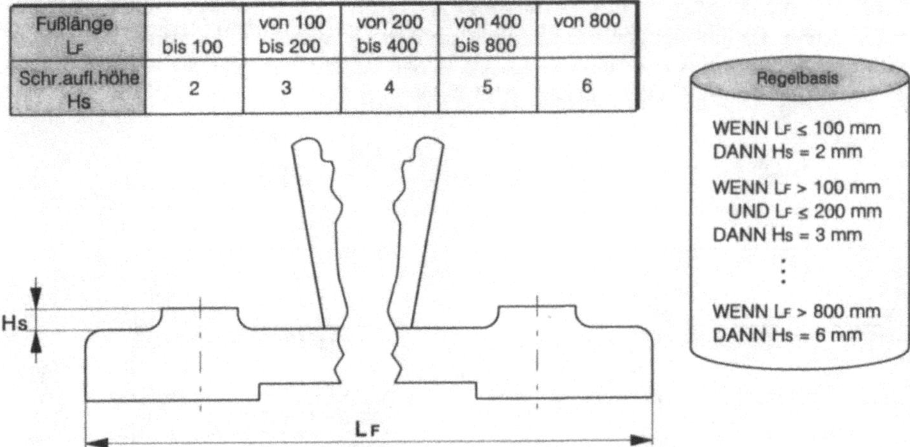


**Abb. 5.48.** Gestaltungsregeln für die Ermittlung der Höhe einer Schraubenauflage

**Gestaltungsregeln für die montagegerechte Konstruktion.** Die montagegerechte Produktgestaltung berücksichtigt die Strukturierung des Getriebes hinsichtlich einer problemlosen Montierbarkeit mit dem Ziel, einerseits die Anzahl der Bauteile zu verringern und andererseits Einzelteile derart in Baugruppen zusammenzufassen, daß möglichst wenige und einfache Montageoperationen erforderlich sind.

*Beispiel einer Gestaltungsregel für die Berücksichtigung von Teilehandhabung und Fügevorgang.* Im Hinblick auf eine effiziente Gestaltung des Montagevorgangs müssen die erforderlichen Fügeoperationen bereits während der Konstruktionsphase berücksichtigt werden. Gleichzeitige Einfügevorgänge und lange Fügewege sollten grundsätzlich vermieden werden, Abb. 5.49.

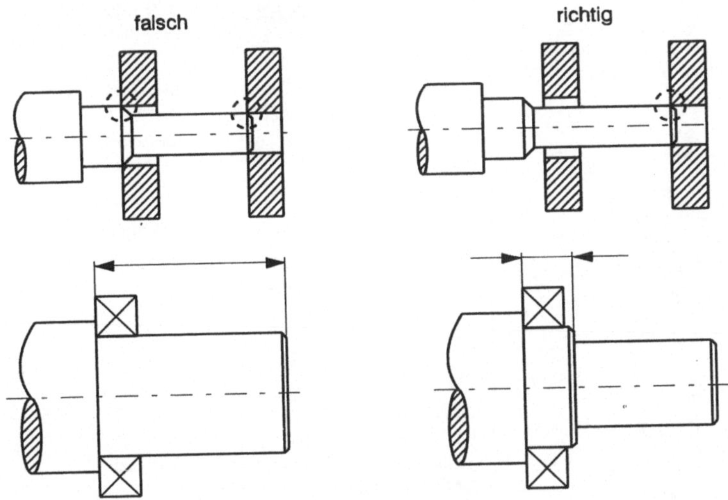


**Abb. 5.49.** Montageerleichterung durch geeignete Einzelteilgestaltung

*Exemplarische Umsetzung einer Gestaltungsregel für die montagegerechte Konstruktion.* Übersteigt die Masse des Gußstücks ein dem Menschen zumutbares Maß des Lastenhebens, so müssen für den Transport und die Montage des Bauteils Ansatzstellen für Hebevorrichtungen angebracht werden. Ist beispielsweise die Masse des Gehäuse-Unterkastens größer als 40 kg, so sind ausreichend dimensionierte Transporthaken erforderlich. Dieser Sachverhalt wird im Rahmen des wissensbasierten Konstruktionsverbundsystems mit Hilfe von Regeln berücksichtigt und unterstützt. Dies setzt jedoch voraus, daß zunächst eine überschlägige Volumenbestimmung auf der Basis der Features mit den wesentlichen Volumenanteilen durchgeführt wird und unter Berücksichtigung des verwendeten Gußwerkstoffes und seiner Dichte die Masse des Gußteils berechnet wird. Auf dieser Grundlage erfolgt die Parameterfestlegung der vier Transporthaken am Gehäuse-Unterkasten durch Regeln mit massenorientierten Bedingungsteilen, Abb. 5.50.

Durch eine kontinuierliche Überwachung wird gewährleistet, daß selbst im Fall einer gravierenden Konstruktionsänderung die Transporthaken stets ausreichend dimensioniert sind.

| Masse Gußstück $M_G$ | Höhe h | Breite b | Länge l | Radius r | Radius $r_1$ | Radius $r_2$ |
|---|---|---|---|---|---|---|
| 40 - 60 | 50 | 15 | 25 | 7,5 | 5 | 3,5 |
| 60 - 100 | 60 | 20 | 30 | 9 | 6 | 4 |
| 100 - 150 | 70 | 25 | 35 | 10 | 7,5 | 4,5 |
| 150 - 250 | 80 | 30 | 40 | 11 | 9 | 5 |
| 250 - 450 | 95 | 40 | 50 | 12,5 | 10 | 5,5 |
| 450 - 650 | 110 | 50 | 60 | 15 | 12,5 | 6 |

Hinweis: 4 Transporthaken pro Unterkasten

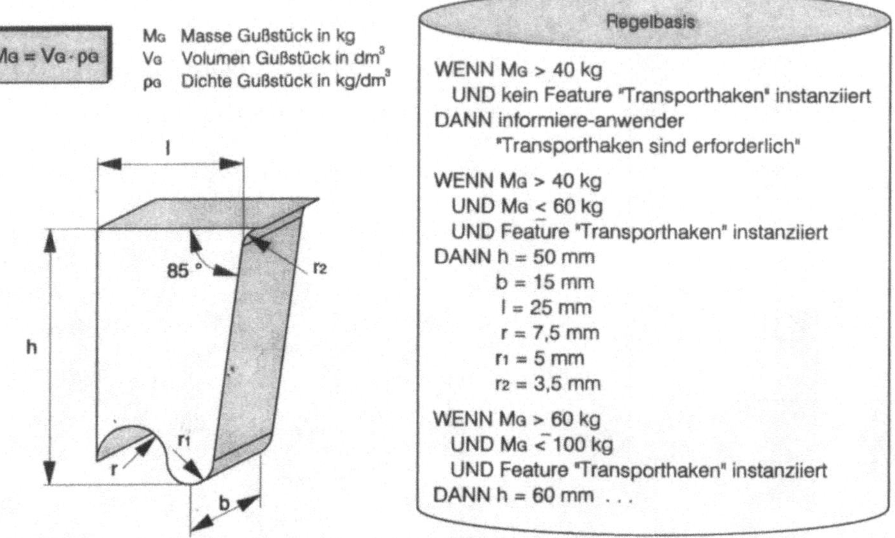


**Abb. 5.50.** Gestaltungsregeln für die Auslegung der Transporthaken

## 5.5.2 Kommunikation zwischen CAD-System und Expertensystem

Um eine weitgehende Entkopplung von CAD-System und wissensbasiertem System und damit eine prinzipielle Übertragbarkeit des wissensbasierten Systems auf weitere featurebasierte CAD-Systeme zu gewährleisten, wurde für die Kommunikation zwischen den beiden Systemen das UNIX-Message-Konzept IPC (Inter Process Communication) angewandt. IPC beinhaltet spezielle "C"-Funktionen zum Senden und Empfangen von Nachrichten, die in Form von Zeichenketten (Strings) übertragen werden. Neben diesen Funktionen für den Nachrichtenaustausch verfügen die IPC-Routinen auch über die notwendigen Synchronisationsmechanismen. IPC stellt hier jedoch lediglich die technische Basis für den Austausch von Nachrichten zur Verfügung. Auf dieser Grundlage eines technischen Layers ist ein weiterer sogenannter logischer Layer zu spezifizieren, der für die Steuerung der konkreten Syntax der übermittelten Nachrichten verantwortlich ist. In Abb. 5.51 ist der formale Aufbau der CAD/KI-Schnittstelle dargestellt.

Die Aufgabe der Interface-Prozeduren besteht darin, die Nachrichten im Sinne von Post- und Prä-Prozessoren entsprechend der spezifizierten Syntax zu codieren bzw. zu decodieren. Dabei besteht der syntaktische Aufbau einer Nachricht grundsätzlich aus Kommando und Objektdaten.

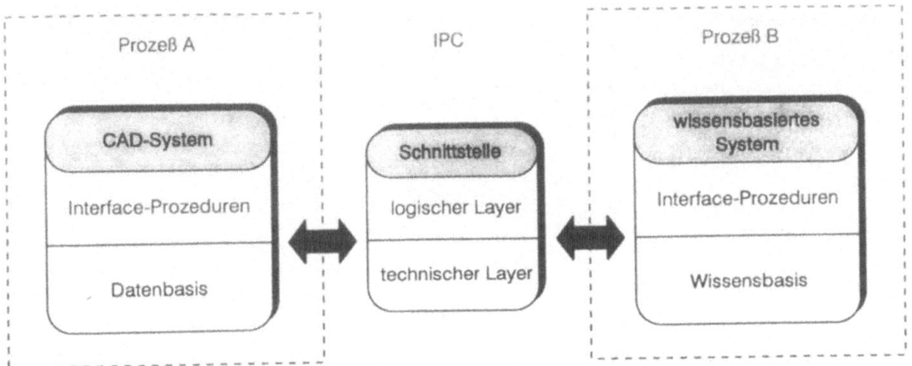


**Abb. 5.51.** Aufbau der CAD/KI-Schnittstelle

**Ablauf der Kommunikation.** Bestimmte Aktionen des Konstrukteurs am CAD-System erzeugen entsprechende Meldungen, die an das wissensbasierte System gesendet werden. Hierzu zählen folgende Funktionen:

- Generieren von Parts,
- Generieren von Features,
- Modifizieren von Features und
- Löschen von Features.

Das wissensbasierte System empfängt die Meldungen und wandelt den übermittelten String in eine Listenstruktur um (Message Decoding). Diese kann nun direkt als Parameter von Lisp-Funktionen des wissensbasierten Systems verarbeitet werden. Zunächst wird geprüft, ob es sich bei der übertragenen Meldung um ein gültiges Kommando und um zulässige Parameter handelt. Trifft dies zu, so wird die in der Meldung enthaltene Funktion ausgeführt. Anschließend wird in Form einer Statusmeldung dem CAD-System mitgeteilt, ob die Ausführung erfolgreich war. Fallen bei der Ausführung des Kommandos jedoch neben den Statusmeldungen weitere Rückmeldungen hinsichtlich der Nicht-Einhaltung von Konstruktionsrichtlinien an, so werden diese Kommentare für den Anwender zunächst gesammelt und entsprechend der vereinbarten Syntax in eine Meldung umgewandelt (Message Encoding).

Im folgenden wird die Kommunikationsrichtung gewechselt und durch entsprechende Statusmeldungen die Rückübertragung der Auswertungsergebnisse angemeldet. Die eigentliche Rückübertragung dieser Meldungen an das CAD-System wird wiederum durch das gegenseitige Austauschen von Statusmeldungen abgeschlossen. Das wissensbasierte System geht in der Regel im Anschluß an eine erfolgreiche Kommunikation wieder in Empfangsstellung zurück und erwartet die nächste Meldung des CAD-Systems.

In Abb. 5.52 wird der formale Ablauf einer Kommunikation zwischen CAD-System und wissensbasiertem System dargestellt.

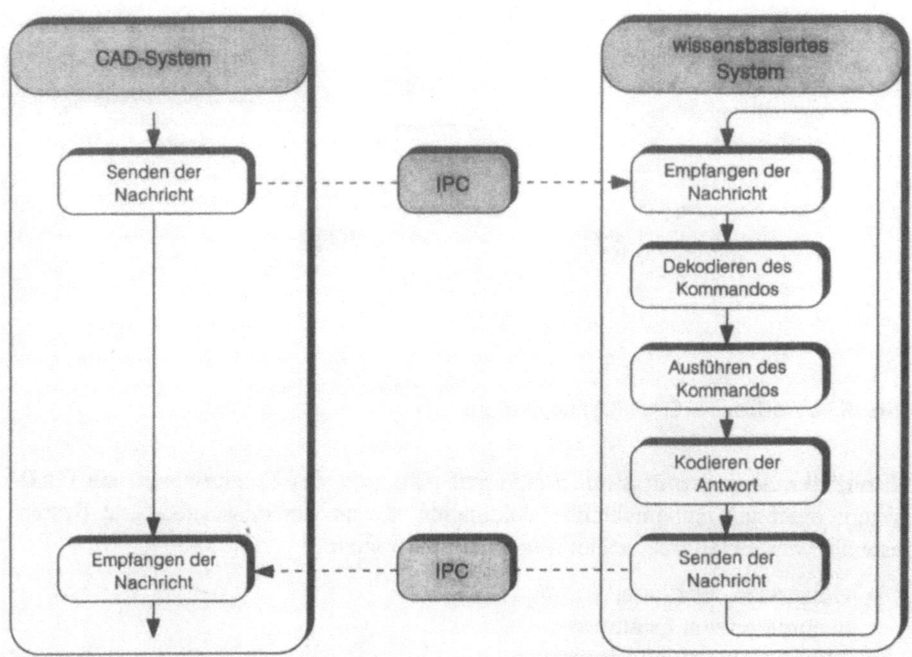


**Abb. 5.52.** Ablauf der Kommunikation zwischen CAD- und wissensbasiertem System

### 5.5.3 Exemplarische Konstruktionsüberprüfung

Während im letzten Kapitel die Möglichkeit der Konstruktionsüberwachung durch das wissensbasierte System unberücksichtigt blieb, soll diese Funktionalität hier im Vordergrund stehen. Aus Akzeptanzgründen muß jedoch gewährleistet werden, daß diese Konstruktionsüberwachung zu jedem Zeitpunkt vom Anwender ausgeschaltet werden kann.

Auf der Basis einer Kontextauswertung im wissensbasierten System stehen unterschiedliche Regelpakete und Abhängigkeits-Typen zur Verfügung, um eine funktions-, guß-, fertigungs-, montage- und nicht zuletzt eine kostengerechte Gehäusegestaltung zu unterstützen. Am Beispiel des Gehäuse-Unterkastens wird in Abb. 5.53 gezeigt, in welcher Form der Anwender auf Regelverstösse aufmerksam gemacht wird. Aus Akzeptanzgründen darf das wissensbasierte System ausschließlich einen Regelverstoß durch einen eingeblendeten Kommentar anzeigen, aber niemals eigenmächtig eine Änderung herbeiführen. Der Konstruktionsablauf muß zu jedem Zeitpunkt vom Konstrukteur bestimmt werden und darf vom wissensbasierten System lediglich im Sinne einer assistierenden Beratung unterstützt werden.

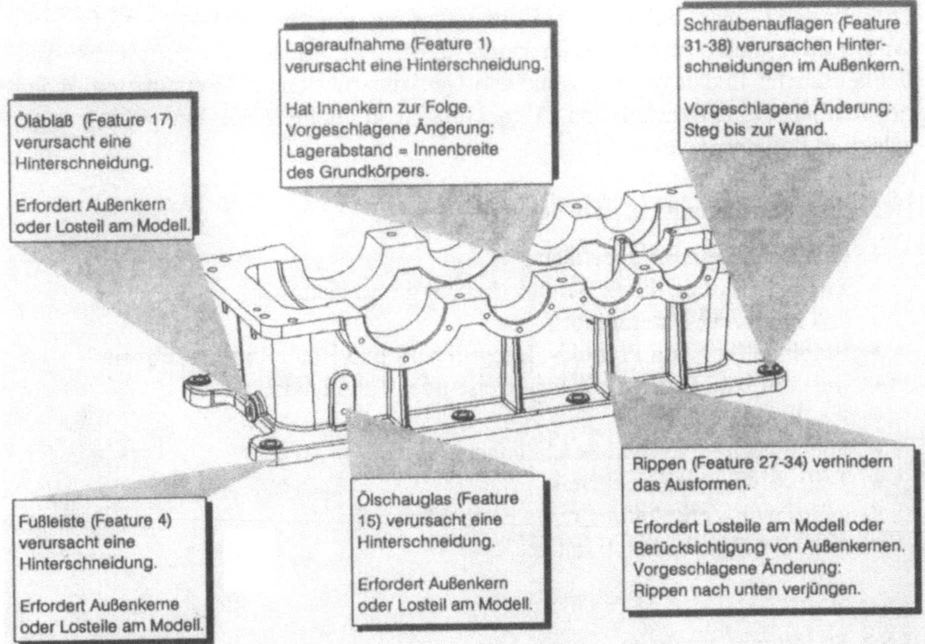


**Abb. 5.53.** Wissensbasierte Überprüfung der Gehäusekonstruktion

Im dargestellten Beispiel wurden mehrere Verstösse gegen die Gestaltungsregel "Hinterschneidungen sind zu vermeiden" festgestellt. Diese Gestaltungsregel hat eine zentrale Bedeutung. Obwohl sich Hinterschneidungen nicht immer vermeiden lassen, verursachen sie meist die Berücksichtigung eines Kernes oder die Einführung einer weiteren Teilungsebene im Gußmodell, was wiederum einen beträchtlichen Anstieg der Modellkosten zur Folge hat. Aufgrund des Änderungskomforts der Feature-Technologie können unbewußt verursachte und erkannte Hinterschneidungen entweder durch Parameteränderungen, Berücksichtigung einer Ausformschräge oder durch Löschen des verursachenden Features korrigiert werden.

## 5.6 Datenbank-Anbindung

Im Hinblick auf ein leistungsfähiges Datenmanagement wurde innerhalb CATWISEL ein Getriebe-Informationssystem - kurz GIS - entwickelt, das dem Anwender einen raschen Überblick über bereits konstruierte Getriebe und Getriebekomponenten liefert. Auf der Grundlage einer relationalen Datenbank werden die Produktdaten verwaltet. Nach der Datenbereitstellung des CAD-Systems werden die produktrelevanten Informationen mit Hilfe von Netzwerk-Diensten programmgesteuert in das Getriebe-Informationssystem importiert. Dadurch wird stets ein aktueller Datenbestand ohne aufwendige Datenerfassung gewährleistet. Die Datensuche wird mittels unterschiedlicher Suchalgorithmen ermöglicht. Mit Hilfe einer Ähnlichkeitssuche finden selbst sogenannte Neukonstruktionen Unterstützung, indem hinsichtlich Bauteilgestalt und Abmessungen ähnliche Teile bzw. Baugruppen selektiert und angezeigt werden.

Das GIS weist folgende Merkmale auf:

- Grafische Benutzeroberfläche,
- Zugangsprüfung durch Benutzerkennung und Kennwort,
- automatischer Datenimport,
- Bereitstellung von Produkt-, Baugruppen- und Bauteilinformationen,
- frei wählbare Darstellung (satzweise oder Tabellendarstellung),
- Ähnlichkeitssuche,
- Suche nach Ident- und Zeichnungsnummern,
- Teileverwendungsnachweis,
- mehrfache Verknüpfung eines Elementes und
- schneller Zugriff durch Indizes.

### 5.6.1 Datenbankstruktur

Das GIS verfügt im wesentlichen über 5 Basistabellen, Abb. 5.54:

- Getriebe,
- Gehäuse,
- Deckel,
- Welle und
- Zahnrad.

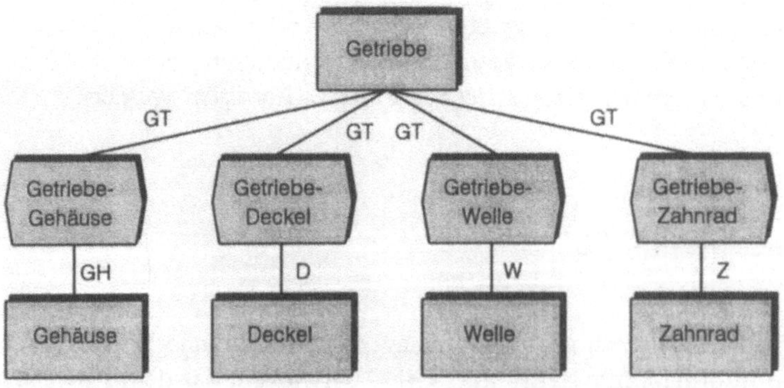


**Abb. 5.54.** Datenbankmodell mit Verknüpfungsschlüssel

Die Objektzuordnung erfolgt mit Hilfe von 4 Verknüpfungstabellen. Die Basistabellen verfügen neben den eigentlichen Datenfeldern ferner über ein Schlüsselfeld, welches die Verknüpfung eines Getriebe-Datensatzes mit einem oder mehreren Getriebekomponenten-Datensätzen abbildet. Einen Ausschnitt aus dem Datenbankinhalt zeigt Abb. 5.55.

| Tabelle Getriebe | | | | | | | |
|---|---|---|---|---|---|---|---|
| GT | Konstrukteur | Bezeichnung | Ident-Nr. | Zeichnungs-Nr. | Drehmoment | Übersetzung | ... |
| 1 | Maier | Stirnradgetriebe | 12-2436 | 17-34-089 | 35 | 10 | |
| 2 | Fichtel | Turbogetriebe | 18-3645 | 19-45-234 | 40 | 5 | |
| 3 | Huber | Stirnradgetriebe | 12-2618 | 18-12-296 | 20 | 18 | |
| 4 | Conzelmann | Sondergetriebe | 18-1225 | 11-34-198 | 15 | 20 | |

| Tabelle Getriebe-Gehäuse | |
|---|---|
| GT | GH |
| 1 | 12 |
| 1 | 13 |
| 2 | 21 |
| 3 | 30 |
| 4 | 42 |
| 4 | 44 |

| Tabelle Gehäuse | | | | | | | |
|---|---|---|---|---|---|---|---|
| GH | Typ | Bezeichnung | Ident-Nr. | Zeichnungs-Nr. | Position | Werkstoff | ... |
| 12 | Unterkasten | tragendes Geh. | 53-4567 | 65-45-076 | 1 | GG 25 | |
| 13 | Oberkasten | Schutzhaube | 65-2345 | 68-64-567 | 2 | GG 25 | |
| 21 | Gehäuse | ungeteiltes Geh. | 57-9874 | 73-65-983 | 1 | GG 30 | |
| 30 | Gehäuse | ungeteiltes Geh. | 78-3462 | 53-34-334 | 1 | GGG 60 | |
| 42 | Unterkasten | tragendes Geh. | 63-8764 | 61-98-454 | 1 | GG 25 | |
| 44 | Oberkasten | Schutzhaube | 72-6783 | 63-55-237 | 2 | GG 25 | |

**Abb. 5.55.** Datenbankausschnitt

Mit Hilfe von Abfragen werden verknüpfte Datensätze unter Berücksichtigung von Filterfunktionen zusammengefaßt und mittels Formularen angezeigt. Dadurch kann eine Unterteilung in drei Ebenen erreicht werden, Abb. 5.56.

Diese Trennung in unterschiedliche Ebenen weist mehrere Vorteile auf:

- Unabhängigkeit zwischen den drei Ebenen, insbesondere zwischen der physischen Ebene und der Anwenderebene.
- Änderungen in den Tabellen haben keine Auswirkungen auf die Formulare zur Folge.
- Änderungen in den Formularen erfordern keine Modifikationen in den Tabellen.

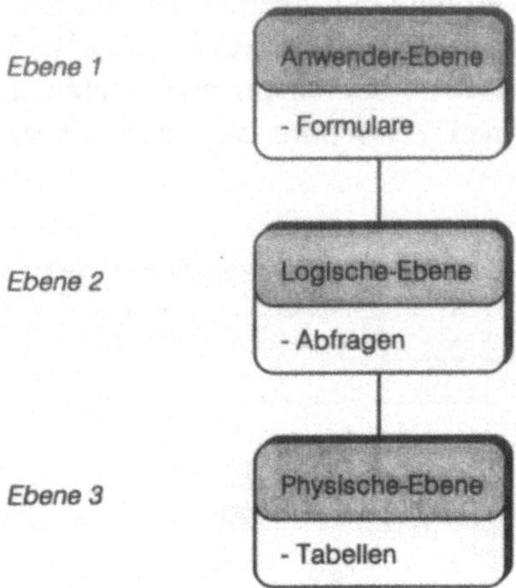


**Abb. 5.56.** Ebenen des Datenmodells

### 5.6.2 Funktionalität

Die menügeführte Kommunikation mit dem Benutzer erfolgt beim Getriebe-Informationssystem auf der Grundlage definierter Formulare. Mit Hilfe von angelegten Schaltflächen können weitere Formulare aktiviert oder aber Suchanfragen mittels bestimmter Suchkriterien veranlaßt werden. Ist die Zeichnungs- oder Identnummer des Getriebes bzw. der Getriebekomponente bekannt, so kann der entsprechende Datensatz direkt im aufgerufenen Formular dargestellt werden. Die Identnummer kann dabei entweder direkt eingegeben oder in einem Auswahlfenster selektiert werden. Ausgehend vom ausgewählten Getriebe wird ein Umschalten zu den zugehörigen Bauteilen unterstützt.

Im Hinblick auf eine Ähnlichkeitssuche ermöglichen die Formulare die Eingabe von Auswahlkriterien. So kann beispielsweise die Festlegung eines Wertebereiches bei numerischen Parametern durch den Eintrag eines Minimal- und/oder eines Maximalwertes erfolgen. Durch diese Vorgehensweise wird eine beliebige Kombination von Wertebereichsdefinitionen innerhalb der vorgegebenen Eingabefelder ermöglicht, um entsprechend der Suchkriterien mehrere Treffer zu erzielen.

Das Getriebe-Informationssystem wurde als eine Applikation der relationalen Datenbank Microsoft Access realisiert und auf einem PC implementiert.

### 5.6.3 Datenimport

Beim Datenimport vom CAD-System in das Getriebe-Informationssystem werden zwei verschiedene Methoden unterschieden. Einerseits werden beim Starten des Datenbanksystems automatisch sämtliche neu bereitgestellten Daten eingelesen, andererseits kann ein Datenimport explizit durch das Aktivieren der entsprechenden Schaltfläche während der Sitzung durch den Anwender veranlaßt werden.

Die Datenimport-Funktion gliedert sich im wesentlichen in drei Teile. Innerhalb des ersten Schrittes werden mit Hilfe eines Steuerprogramms die vom CAD-System bereitgestellten Daten vom Remote-Rechner in das lokale Arbeitsverzeichnis des PCs transferiert. Die Inhalte der kopierten Dateien werden im zweiten Schritt in die Datenbank eingelesen. Dabei werden neue Datensätze angehängt, bestehende Datensätze modifiziert und Verknüpfungen zwischen Getrieben und Getriebe-Komponenten überprüft, gelöscht oder neu hergestellt. Abschließend werden im dritten Schritt sämtliche Transfer-Dateien im Arbeitsverzeichnis wieder gelöscht.

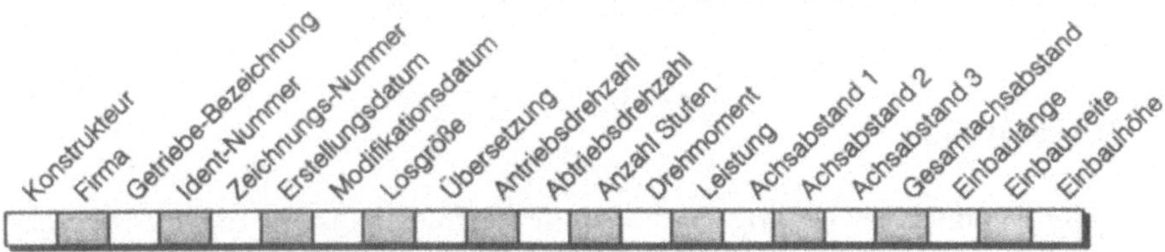


**Abb. 5.57.** Datenformat für den Datenbankimport am Beispiel eines Getriebe-Datensatzes

Das Datenformat der bereitgestellten ASCII-Dateien für den Datenbankimport muß folgende Kriterien erfüllen:

- Ein Datensatz pro Zeile,
- Zeilenumbruch erfolgt durch CR/LF,
- Trennung sämtlicher Felder erfolgt durch das Feldtrennzeichen Semikolon,
- Textfelder werden zwischen Anführungsstriche gesetzt,
- Dezimaltrennzeichen für Fließkommazahlen ist der Punkt,
- Datum im Format [T]T.[M]M.JJJJ,
- Datumstrennzeichen ist der Punkt,
- keine führende Nullen bei Tag- oder Monatsangabe und
- optional durch Leerzeichen an das Datum angehängte Uhrzeit im Format HH.MM[:SS].

Die Reihenfolge der Datenfelder ist für jedes Objekt vorgegeben. Abb. 5.57 zeigt die Reihenfolge der Datenfelder am Beispiel eines Getriebe-Datensatzes.

## 5.7 Ableitung von Rohteil und Gießereimodell

Aktuelle Marktentwicklungen im Gießereibereich - wie beispielsweise die Nullfehlerproduktion oder die Steigerung der Produktivität und Flexibilität - machen eine

Weiterentwicklung der Produktionstechniken sowie die Verbesserung der Konstruktionsmethoden von Gußteilen und Werkzeugsystemen erforderlich, um mit innovativen Produkten hoher Qualität und angemessener Preise am Weltmarkt konkurrenzfähig zu bleiben. Die Erhöhung der Prozeßsicherheiten, die Reduzierung der Entwicklungs- und Durchlaufzeiten sowie die Steigerung des Qualitätsniveaus der Produkte setzen jedoch voraus, daß Strukturen und Prozesse innerhalb der Betriebe neu organisiert und moderne rechnergestützte Technologien integriert werden. Ein Weg zur drastischen Verkürzung des Produktentstehungsprozesses von Gußbauteilen durch Einsatz neuartiger CAD-Methoden wird in diesem Kapitel beschrieben. Auf der Grundlage einer dreidimensionalen Produktmodellierung mit Hilfe technologieorientierter CAD-Funktionselemente wird nachgewiesen, daß ausgehend vom konstruierten Fertigteil die rechnerunterstützte Ableitung vom Gußrohteil und der erforderlichen Modelleinrichtung möglich ist.

### 5.7.1 Hintergrund

Die heutige Produktentwicklung von Gußteilen erfolgt meist in enger Absprache zwischen Konstrukteur und Gießereifachmann. Ist die Produktkonstruktion abgeschlossen, wird der Herstellungsauftrag meist an eine externe Gießerei vergeben. Basierend auf den gießereitechnischen Gegebenheiten der jeweiligen Gießerei muß das Gußbauteil oftmals geändert werden, um seine Herstellung zu ermöglichen. Allerdings kann diese Gestaltänderung erforderliche Funktionen oder gewünschtes Design negativ beeinflussen, so daß eine erneute Absprache mit dem Konstrukteur sowie eine weitere Konstruktionsanpassung erforderlich ist. Diese Iterationsschleife zur Erzielung eines akzeptablen Kompromisses führt jedoch zu einem Kostenanstieg und einer Verlängerung der Produktentwicklung. Selbst wenn heute bereits der Konstrukteur die Produktgestaltung mit Hilfe eines 3D-CAD-Systems durchführt, kann das 3D-Bauteilmodell nicht als Grundlage für den Gießer bzw. Modellbauer dienen, da hier in der Regel noch kein CAD-Einsatz stattfindet.

An dieser Stelle setzt das wissensbasierte Konstruktionsverbundsystem CATWISEL an. Basierend auf einem neuartigen Feature-Ansatz kann das Gußgehäuse für ein geradverzahntes Stirnradgetriebe konstruiert sowie nachgeschaltete Prozesse für die produktionsvorbereitenden Bereiche (Arbeitsvorbereitung, NC-Programmierung) unterstützt werden. Um neben den Kosten- und Fertigungsaspekten auch die modelltechnischen Gesichtspunkte zu unterstützen, wurde ein Teilsystem für die Kern-/Modellableitung entwickelt und umgesetzt. Dieses Teilsystem soll den Gießereifachmann nicht freisetzen, sondern dem Konstrukteur die Möglichkeit bieten, den iterativen Vorgang zu verkürzen. Durch einen leistungsfähigen Feature-Ansatz und ein gekoppeltes Expertensystem kann der Konstrukteur im Verlauf der Konstruktion eine Bauteilüberprüfung unter technologischen Gesichtspunkten durchführen und erhält dadurch ein gieß- und modellgerechtes Produkt (siehe Kap. 5.5). Somit können die Produktentstehungszeit und die damit verbundenen Kosten erheblich reduziert werden, Abb. 5.58. Nachdem nun sowohl Rohteil als auch Modelleinrichtung als digitale 3D-Bauteilmodelle vorliegen, kann nun auch die

NC-Programm-Generierung zur Herstellung von Formen und Modellen weitreichend Unterstützung finden.

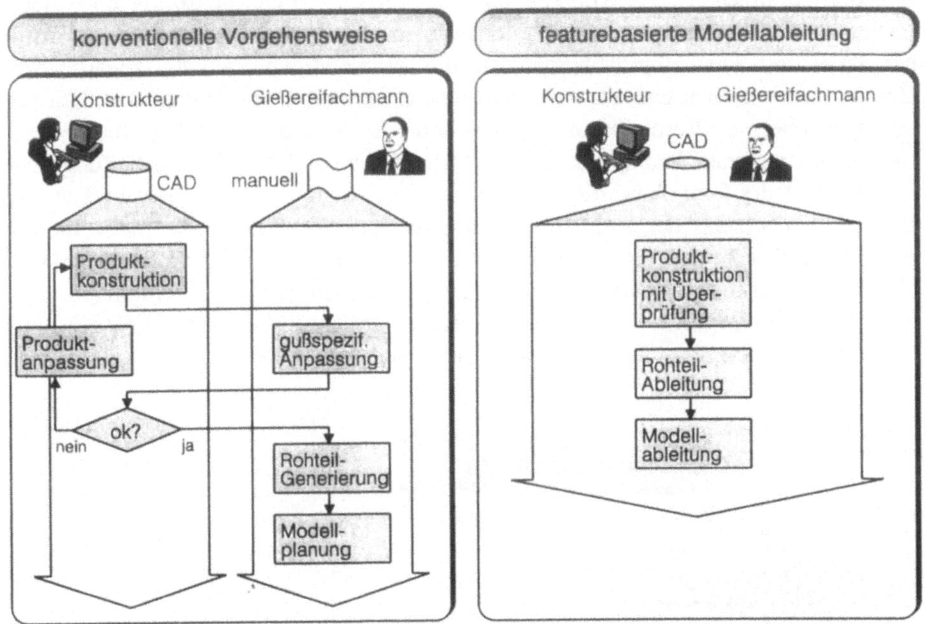


**Abb. 5.58.** Reduzierung der Entwicklungszeit durch die featurebasierte Modellableitung

### 5.7.2 Konventionelle Vorgehensweise

Während der Produktkonstrukteur die Fertigteilzeichnung erstellt, fällt die konventionelle Modellplanung im allgemeinen in den Zuständigkeitsbereich der Fertigungsorganisation (Arbeitsplanung). Die Fertigteilzeichnung enthält die Endgestalt des Gußstücks mit allen erforderlichen Abmessungen und einzuhaltenden Toleranzen. Ferner enthält sie Angaben über die Bearbeitung, den Werkstoff, die Oberflächengüte bzw. Oberflächenbehandlung sowie den Zeichnungsmaßstab. Entscheidende Bedeutung haben dabei Werkstoff- und Bearbeitungsangaben, da sie als Grundlage für die Ermittlung der Modellzugaben dienen.

Ausgehend von der Fertigteilzeichnung erfolgt die Planung des Modellaufbaus unter Berücksichtigung von gieß- und formtechnischen Notwendigkeiten. Um die Modelleinrichtung sowohl unter wirtschaftlichen als auch technischen Gesichtspunkten optimal zu gestalten, werden in der Praxis meist noch im Gespräch mit dem Kunden alle für die Herstellung der Form- und Kernformeinrichtungen relevanten Aspekte festgelegt. Deshalb ist es üblich, die getroffenen Vereinbarungen aus Zeit- und Kostengründen in die Fertigungszeichnung einzutragen. Durch far-

bige Einträge wird aus der Fertigungszeichnung eine Modellplanungs- oder auch Modellfertigungszeichnung.
Komplexe Gußstücke können jedoch als Zwischenstufe eine Rohteilzeichnung erforderlich machen. Die Rohteilzeichnung berücksichtigt die form- und gießtechnischen Forderungen bezüglich der Entformbarkeit und Dichtspeisung (Formschrägen und Querschnittsübergänge), die notwendigen werkstoffspezifischen Bearbeitungszugaben und das wirtschaftliche Entgraten. Darüber hinaus enthält sie Angaben über den Verbleib von Speiser- und Anschnittresten am Gußstück sowie die Festlegung von Spannpunkten und Ausgangsflächen für die Bearbeitung. Sie bildet somit die Grundlage für die Konstruktion des Form- bzw. Gießwerkzeugs. Bei der Umsetzung der Rohteilzeichnung werden die Rohgußnennmaße in das jeweilige Schwindmaß umgerechnet und somit die erwartete Schwindung berücksichtigt. Aufgrund fehlender Normrichtlinien können jedoch Zeichnungen verschiedener Fimen stark voneinander abweichen [MEN-84]. In Abb. 5.59 sind die einzelnen Schritte bis zum Modellbau schematisch aufgezeichnet.

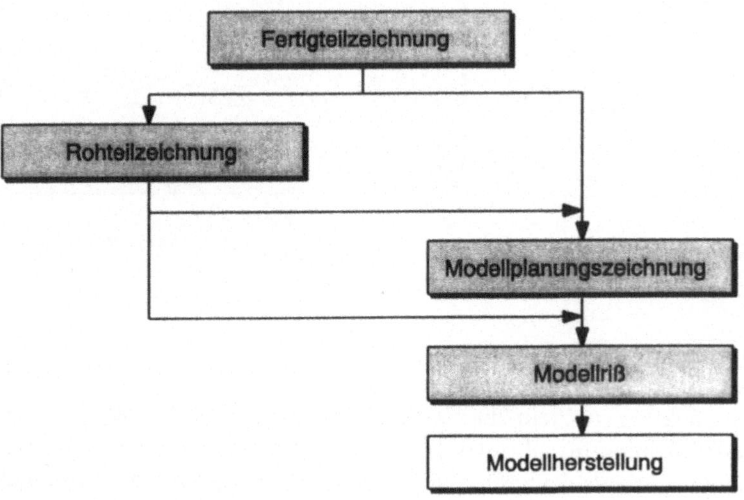


**Abb. 5.59.** Vorgehensweise bei der Modellplanung

### 5.7.3 Featurebasierte Ableitung des Rohteils

Mit Hilfe des wissensbasierten Konstruktionsverbundsystems wird das dreidimensionale Modell des gegossenen Fertigteils beschrieben, d.h. sowohl die horizontale Teilungsebene als auch die erforderlichen Aushebeschrägen werden bereits in der Konstruktionsphase durch die eingesetzten Funktionselemente berücksichtigt. Nach Abschluß der Konstruktionsphase wird ausgehend vom gestalteten Fertigteil zunächst das Gußrohteil abgeleitet. Während diese Tätigkeit bis heute der Gießereifachmann durchführt, wird dieser Vorgang innerhalb des Szenarios der

Gußgehäuse durch das Konstruktionsverbundsystem unterstützt. Die Ableitung des Gußrohteils aus dem konstruierten Gußfertigteil erfolgt am Beispiel der hier untersuchten Gußgehäuse im wesentlichen in zwei Schritten, Abb. 5.60:

1. Entfernen von bearbeitungsspezifischen Funktionselementen.
2. Berücksichtigung von mechanischen Bearbeitungszugaben.

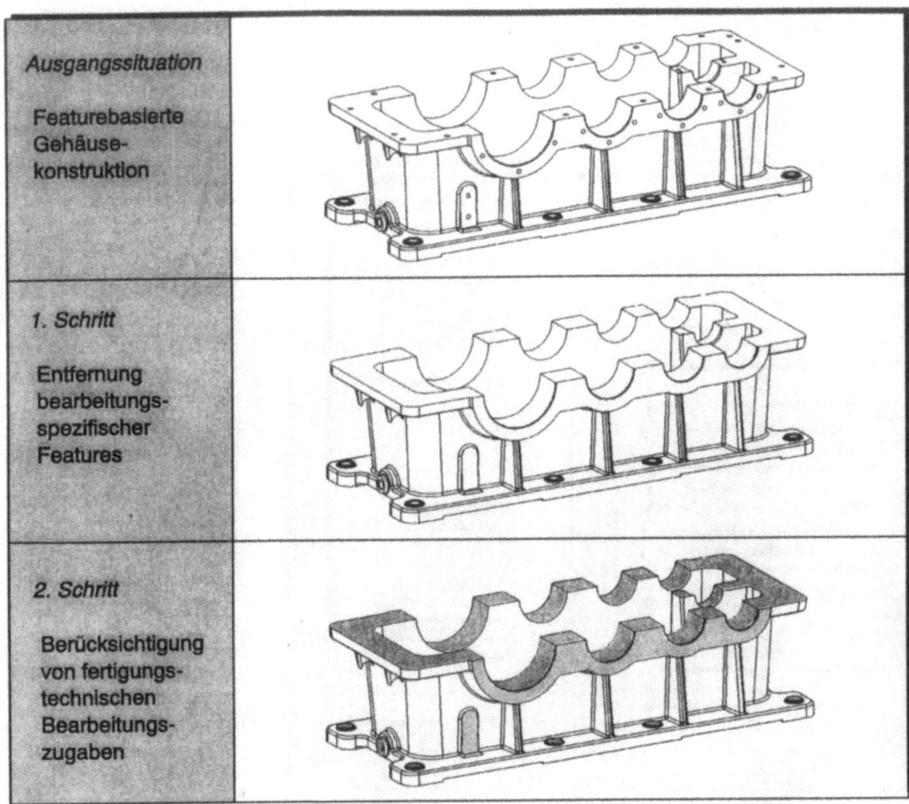


**Abb. 5.60.** Ableitung des Gußrohteils am Beispiel Gußgehäuse

Im ersten Schritt der Rohteilableitung werden zunächst sämtliche Features - besser Nebenfunktionselemente - entfernt, die ausschließlich durch einen spanenden Bearbeitungsprozeß wie beispielsweise Bohren oder Fräsen hergestellt werden. Hierzu zählen alle Durchgangs- und Sacklochbohrungen, Gewinde, Aussparungen und Einstiche.

Im nächsten Schritt werden die erforderlichen Bearbeitungszugaben berücksichtigt, die aufgrund einer spanenden Nachbearbeitung erforderlich sind. Um beispielsweise eine plane An- oder Auflagefläche zu gewährleisten, müssen die Oberseite der Features Flansch, Schraubenauflage, Zwischenwand, Sichtfenster,

Ölschauglas, die Stirnseite der Lageraufnahme sowie die Unterseite der Features Fußleiste und Einzelfuß überfräst werden. Dem gegenüber ist für eine passungsgerechte Aufnahme der Wälzlager das Ausspindeln der zylindrischen Lagerflächen des Features Lageraufnahme erforderlich. Das Maß der jeweiligen Materialzugabe liegt als Feature-Parameter vor.

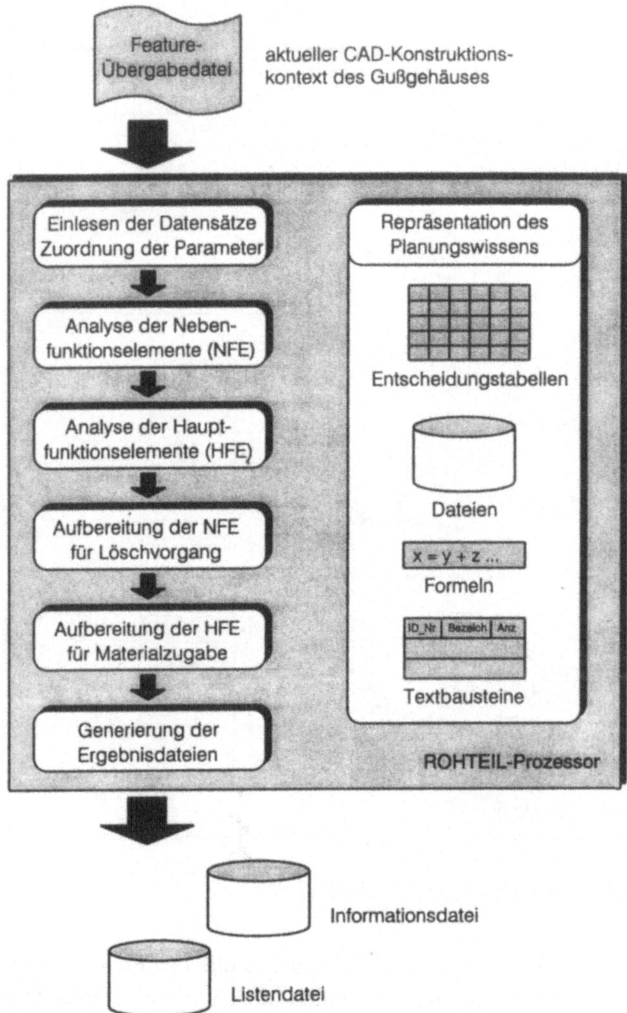


**Abb. 5.61.** Funktionsweise des Rohteil-Prozessors

Die Ableitung des Rohteils basiert auf dem Zusammenspiel zwischen der featurebasierten CAD-Erweiterung und dem Rohteil-Prozessor. Während der Rohteil-

Prozessor die erforderliche Bauteilanalyse durchführt, erfolgt die Umsetzung des Ableitungsprozesses in der CAD-Erweiterung.
Die Aufgabe des Rohteil-Prozessors besteht im wesentlichen aus drei Teilen, Abb. 5.61:

- Feature-Analyse (Haupt- und Nebenfunktionselemente),
- Erzeugung einer Informations-Datei und
- Erzeugung einer Listendatei der zu löschenden Features.

Das Rohteil-Steuerprogramm als Teil der CAD-Erweiterung koordiniert die automatisierte Rohteilableitung. Der Ableitungsprozeß wird menügesteuert durch den Anwender veranlaßt. Im Rahmen der Feature-Analyse werden sämtliche Funktionselemente ermittelt, die an der Fertigteilkonstruktion beteiligt sind. Das Ergebnis wird in Form von zwei ASCII-Dateien der CAD-Erweiterung bereitgestellt.

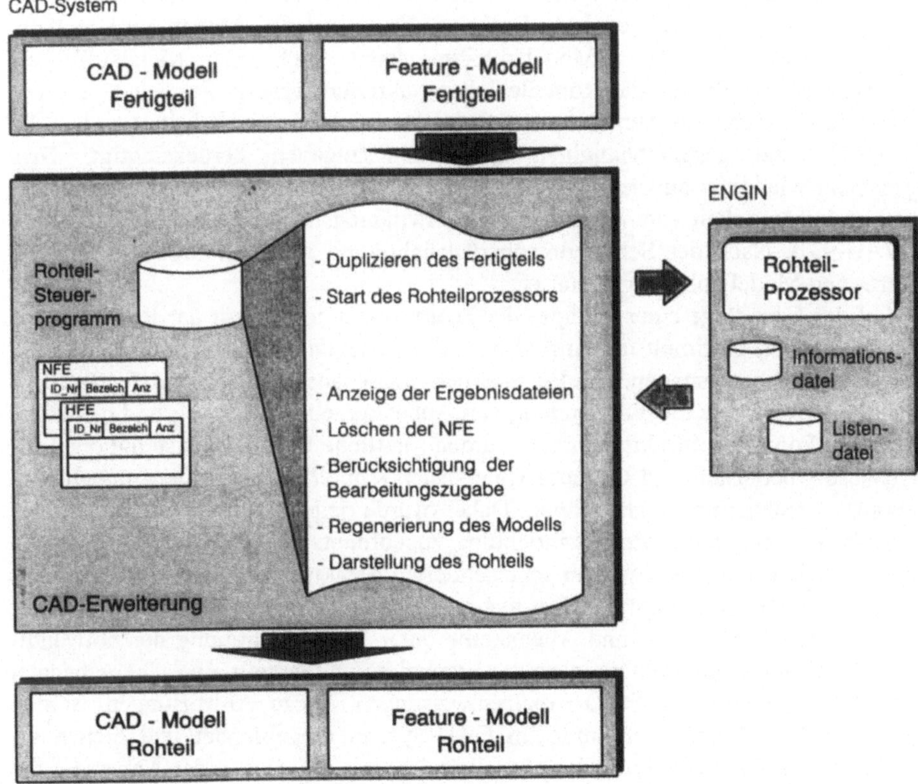


**Abb. 5.62.** Ablauf der Rohteilableitung

Dabei enthält die Informationsdatei die zu löschenden Nebenfunktionselemente sowie sämtliche Hauptfunktionselemente, die mit einer Bearbeitungszugabe beaufschlagt werden müssen. Dem gegenüber verfügt die Listendatei über eine lineare Aufzählung der Identnummern sämtlicher Nebenfunktionselemente, die für den automatischen Löschvorgang im CAD-System notwendig sind.

Existiert noch kein Rohteil, wird zunächst das bestehende featurebasierte Fertigteil im CAD-System dupliziert und der Rohteil-Prozessor gestartet, nachdem der aktuelle Konstruktionskontext in Form einer Feature-Übergabedatei bereitgestellt wurde. Auf der Grundlage der zurückgemeldeten Dateien werden im CAD-System zunächst sämtliche spanend hergestellten Nebenfunktionselemente gelöscht. Im nächsten Schritt erfolgt die Berücksichtigung der Bearbeitungszugaben. Diese Zugaben werden auf der Grundlage der Feature-Abmessungen mit Hilfe eines Regelwerkes ermittelt. Abschließend wird das rechnerinterne Modell regeneriert und das erzeugte Rohteil am Bildschirm dargestellt, Abb. 5.62.

### 5.7.4 Featurebasierte Ableitung der Modelleinrichtung

Analog zur Rohteilgenerierung übernimmt auch bei der Kern-/Modellableitung die CAD-Erweiterung eine steuernde Funktion. Der generelle Ablauf wird in Abb. 5.63 dargestellt. Die Kern-/Modellableitung kann durch einen Menüaufruf als nachgeschalteter Prozeß der Rohteilableitung aktiviert werden. Zunächst generiert das CAD-System ein Duplikat des Rohteils. Im nächsten Schritt werden die material- und gestaltabhängigen Schwindungszugaben berücksichtigt. Dies geschieht wiederum auf der Grundlage der Featureauswertung, indem jedem Feature in Abhängigkeit vom Werkstoff ein Schwindungsmaß zugeordnet wurde (vgl. [WAG-93]). Nach der Schwindmaßberücksichtigung wird der Prozessor für die Kern- und Modellableitung gestartet.

Auf der Grundlage einer Analyse der Feature-Anordnung legt der Prozessor die Modellart fest, bestimmt die Anzahl der erforderlichen Kerne und ermittelt deren Gestalt und Abmessungen. Am Beispiel der Gußgehäuse mit horizontaler Teilfuge stand in erster Linie die Verwendung von Außenkernen im Vordergrund des Interesses. In Form von Strukturbäumen wurden sämtliche Feature-Konstellationen für Gehäuse-Oberkasten und Gehäuse-Unterkasten - unterteilt in Außen- und Innenkontur - rechnerintern abgebildet. Dabei wurde jedem Ast der Baumstruktur jeweils eine geeignete Modelleinrichtung zugeordnet. Somit führt ein Vergleich des aktuellen Rohteils mit dem repräsentierten Strukturbaum zur Auswahl einer geeigneten Modelleinrichtung. Ein technologiebasiertes Regelwerk dimensioniert die erforderlichen Innen- und Außenkerne unter Berücksichtigung der notwendigen Kernlagerungen, dokumentiert die Ergebnisse und erstellt eine Übergabedatei mit den erforderlichen CAD-Arbeitsanweisungen. Diese Anweisungen werden nach erfolgter Datenübertragung im CAD-System eingeblendet und dienen als Vorschlag für die Gestaltung der Modelleinrichtung. Akzeptiert der Anwender die vorgeschlagenen Arbeitsanweisungen, so erhält er im Anschluß an deren Umsetzung das featurebasierte Modell der gesamten Kern- bzw. Modelleinrichtung.

Als Realisierungsplattform für die Ableitung von Rohteil und Modelleinrichtung diente das Entscheidungstabellensystem Engin.

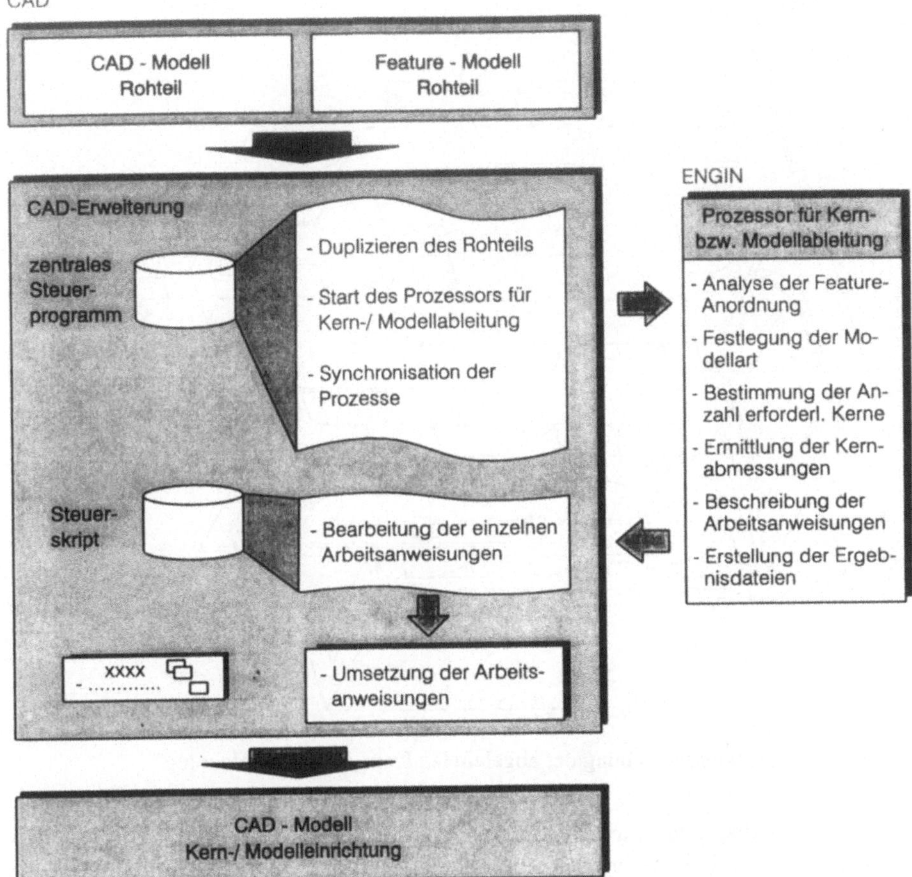


**Abb. 5.63.** Ablauf der Kern- und Modellableitung

### 5.7.5 Exemplarische Rohteil- und Modellableitung

Die featurebasierte Kern- und Modellableitung ist in der Lage, von jedem aktiven featurebasierten Gußgehäuse einen Vorschlag für die Gestaltung der Modelleinrichtung zu erzeugen. Das Aktivieren der Menü-Funktion "Rohteil ableiten" hat zunächst zur Folge, daß ausgehend vom konstruierten Fertigteil das entsprechende Gußrohteil generiert wird. Mit Hilfe der Menü-Funktion "Modell ableiten" wird im Anschluß daran die Modelleinrichtung festgelegt. Am Beispiel des Gehäuse-Unterkastens besteht diese im wesentlichen aus zwei Innenkernen und vier Außenkernen, Abb. 5.64.

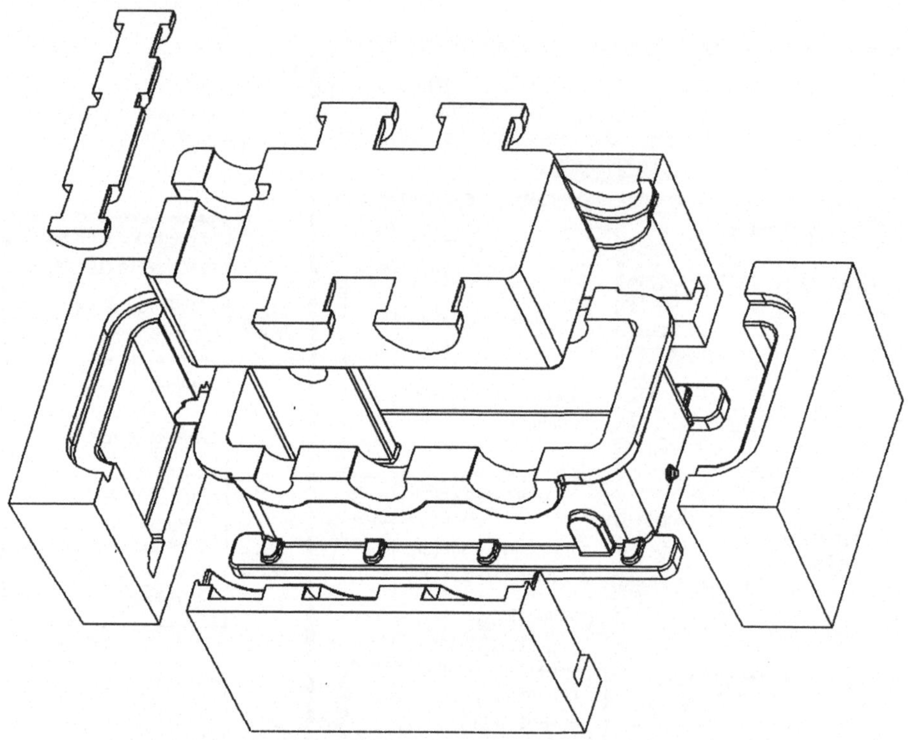

**Abb. 5.64.** Explosionszeichnung der abgeleiteten Kern-/Modelleinrichtung

Auf der Grundlage der entwickelten Prozessoren kann somit gezeigt werden, daß ausgehend vom konstruierten Fertigteil eines Gußgehäuses die Ableitung von Rohteil und Modelleinrichtung möglich ist. Ausschlaggebenden Anteil hat die CAD-unterstützte Bauteilbeschreibung auf der Basis der technologieorientierten Funktionselemente, die neben der Geometrieinformation auch über Angaben der Technologie und Funktion verfügen. Bei der Realisierung der Prozessoren für die Ableitung von Rohteil und Modelleinrichtung stehen weniger technologische Optimierungskriterien im Vordergrund als vielmehr der Nachweise der prinzipiellen Machbarkeit und des Leistungsvermögens technologieorientierter Funktionselemente.

# Literatur


[ABE-90] Abeln, O.: Die CA...-Techniken in der industriellen Praxis - Handbuch der computergestützten Ingenieur-Methoden. München u. Wien: Hanser, 1990.

[ABE-90a] Abeln, O.: CAD-Systeme der 90er Jahre - Vision und Realität. VDI-Berichte 861.1, S. 85-100. Düsseldorf: VDI, 1990.

[AFN-85] N. N.: Automatisation Industrielle Representation externe des Donnees de Definition de Produits. Specification du Standard d'echange et de Transfer (SET). Version 85-08, 268-300. Association Francaise de Normalisation (AFNOR): Paris, 1985.

[ALL-84]: Allen, J. F.: Towards a General Theory of Action and Time. Artificial Intelligence 23 (1984) no. 2, pp. 123-154.

[ANC-90] Anderl, R.; Castro, P.: CAD/CAM - Auf dem Weg zu einer branchenübergreifenden Integration. Berlin u. a.: Springer, 1990.

[AND-93] Anderl, R.: CAD-Schnittstellen - Methoden und Werkzeuge zur CA-Integration. München u. Wien: Hanser, 1993.

[AUT-91] AutoDESK (Hrsg.): AutoCAD Release 11.0 - Benutzerhandbuch. O. O.: 1991.

[BAU-88] Bauert, F.: Entwicklung von Werkzeugen zur Produktmodellierung - Bestandteil eines Systemkonzeptes zur rechnergestützten Gestaltung von Konstruktionselementen (GEKO). Konstruktion 40 (1988) Nr. 3, S. 90-96.

[BAU-90] Bausinger, R.: Boundary-Element-Methode, in: CIM-Bausteine - Grundwissen für Anwendungen und Ausbildung, hrsg. von K.-W. Jäger, Teil 1. Heidelberg: Hüthig, 1990.

[BBS-90] Bock, K.; Bock, M.; Scheer, A.-W.: Konstruktionsbegleitende Kalkulation mit Expertensystem-Unterstützung. ZwF 85 (1990) Nr. 11, S. 576-579.

[BEI-90] Beitz, W.: Konstruktionsleitsystem als Integrationshilfe. VDI-Berichte 812, S. 181-201. Düsseldorf: VDI, 1990.

[BEK-82] Beitz, W.; Klasmeier, U.: Kostenfrüherkennung bei komplexen Schweißgruppen. VDI-Bericht Nr. 457, Düsseldorf: VDI-Verlag, 1982.

[BEK-86] Berenji, H. R.; Khoshnevis, B.: Use of Artificial Intelligence in Automated Process Planning, in: ASME Computers in Mechanical Engineering, Vol. 5 (1986) No. 2, S. 47-55.

[BEM-88] Berr, U.; Mielke, T.: Entwicklung eines Expertensystems zur automatischen Arbeitsplanerstellung. wt Produktion und Management 78 (1988), S. 243-250.

[BEN-90] Benz, T.: Funktionsmodellieren als Basis zur Lösungsfindung in CAD-Systemen. Dissertation Universität Karlsruhe, 1990. Düsseldorf: VDI, 1990.

[BEN-91] Benini, P.: Datenaustausch bei und mit Audi, in: Schnittstellen bei CAD/CAE-Systemen. Hrsg. von K.-W. Jäger. Düsseldorf: VDI, 1991.

[BIB-84] Bibel, W.: Inferenzmethoden. C. Habel (Hrsg.): Künstliche Intelligenz. Informatik-Fachberichte 93. Berlin u. a.: Springer, 1984.

[BKS-91] Bauert, F.; Keller, M.; Simonsohn, T.: Variations-, Berechnungs- und Bewertungsmethoden für die Produktmodellierung mit Beispielen aus dem System GEKO. Konstruktion 43 (1991) Nr. 2, S. 53-60.

[BÖC-92] Böckler, H.: Kosten- und Leistungsrechnung. Manuskript zur Vorlesung Kosten- und Leistungsrechnung an der Fachhochschule Esslingen, 1992.

[BRA-89] Brachtendorf, T.: Konzeption eines Informationssystems für die fertigungsgerechte Konstruktion. Dissertation RWTH Aachen, 1989. Düsseldorf: VDI, 1989.

[BRE-88] Breitling, F.: Wissensbasiertes Konstruktionssystem. ZwF 83 (1988) Nr. 11, S. 563-565.

[BRS-90] Breitling, F.; Sachs, K. D.: Das Konstruktionssystem ICAD. CAD-CAM Report 9 (1990) Nr. 6, S. 90-96.

[BUF-88] Bullinger, H. J.; Fähnrich, K. P. (Hrsg.): Expertensysteme. Ehningen: Expert, 1988.

[BUS-84] Buchanan, B. G.; Shortliffe, E. H.: Rule-Based Expert Systems: The MYCIN Experiments of the Standford Heuristic Programming Project. Reading, Massachusetts: Addison-Wesley Publishing Company, 1984.

[BWS-90] Bauert, F.; Weise, E.; Salem, N.: Modellierungsmethoden für Systeme zur rechnergestützten Gestaltung. Konstruktion 42 (1990) Nr. 3, S. 97-105.

[CCP-88] Chung, J.; Cook, R.; Patel, D.; Simmons, M.: Feature-Based Geometry Construction for Geometric Reasoning. Proceedings of ASME Advances in Design Automation. San Francisco, California: ASME, 1988.

[CHE-76] Chen, P. P.: The Entity-Relationship Model: Towards a Unified View of Data. ACM TODS, Vol. 1, No.1, 1976.

[CHE-80] Chen, P. P. (ed): Entity-Relationship Approach to System Analysis and Design. Proc. 1st ER-Conference, North-Holland, 1980.

[CHE-83] Chen, P. P. (ed): The Entity-Relationship Approach to Information Modeling and Analysis. Proc. 2st ER-Conference, Elsevier Science Publishing, 1983.

[CRO-90] Cronjäger, L. (Hrsg.): Bausteine für die Fabrik der Zukunft - Eine Einführung in die rechnerintegrierte Produktion (CIM). Berlin u. a.: Springer, 1990.

[CTM-88] Cutkosky, M.; Tenenbaum, J.; Muller, D.: Features in Process-Based Design. Proceedings of ASME Advances in Design Automation. San Francisco, California: ASME, 1988.

[DEL-85] Descotte, Y.; Latombe, J.-C.: Making Compromises Among Antagonist Constraints in a Planner, in: Artificial Intelligence, Vol. 27 (1985), S. 183-217.

[DIE-89] Diehl, R.: Approximationsmodelle und ihr Einsatz bei der Kollisionsprüfung bewegter Volumenmodelle. Dissertation Universität Karlsruhe, 1989. Düsseldorf: VDI, 1989.

[DIN-14] DIN (Hrsg.): CAD-Normteildatei nach DIN. DIN-Fachbericht 14. Berlin: Beuth, 1987.

[DIN-32992] DIN (Hrsg.): Berechnungsgrundlagen, Kalkulationsarten und -verfahren - DIN 32992, Teil 1. Berlin: Beuth, 1989.

[DIN-32992a] DIN (Hrsg.): Berechnungsgrundlagen, Verfahren der Kurzkalkulation - DIN 32992, Teil 2. Berlin: Beuth, 1989.

[DIN-32992b] DIN (Hrsg.): Berechnungsgrundlagen, Ermittlung von Relativkosten-Zahlen - DIN 32992, Teil 3. Berlin: Beuth, 1987.

[DIN-4000] DIN (Hrsg.): Sachmerkmal-Leisten, Begriffe und Grundsätze - DIN 4000, Teil 1. Berlin: Beuth, 1981.

[DIN-4001] DIN (Hrsg.): Vorgaben für Geometrie und Merkmale - DIN V 4001, Teil 11. Berlin: Beuth, 1988.

[DIN-66304] DIN (Hrsg.): Format zum Austausch von Normteildateien - DIN V 66304. Berlin: Beuth, 1987.

[DNO-91] Dixon, J.; Nielsen, E. H.; Orelup, M. F.; Welch, R. V.: Computer-Based Design Process Models and Feature-Based Design Object Representations: A Research Progress Report. Proceedings of NSF Design and Manufacturing System Conference. Austin: NSF, 1991.

[DUB-90] Beitz, W.; Küttner, K.-H. (Hrsg.): Dubbel - Taschenbuch für den Maschinenbau. 17. Aufl.; Berlin u. a.: Springer, 1990.

[DYL-91] Dylla, N.: Denk- und Handlungsabläufe beim Konstruieren. München u. Wien: Hanser, 1991.

[EFS-80] Eversheim, K.; Fischer, H.; Steudel, M.: Modulare Systemvariation zur automatischen Arbeitsplanerstellung. Opladen: Westdeutscher Verlag, 1980.

[EHH-86] Ehrlenspiel, K.; Hillebrand, A.: Konstruieren und Kalkulieren am Bildschirm. VDI-Berichte 610.2. Düsseldorf: VDI, 1986.

[EHP-86] Ehrlenspiel, K.; Hillebrand, A.; Pickel, H.: Berücksichtigung der Herstellkosten bei der Gußteilkonstruktion. VDI-Berichte 604. Düsseldorf: VDI, 1986.

[EHR-80] Ehrlenspiel, K.: Genauigkeit, Gültigkeitsgrenzen, Aktualisierung der Erkenntnisse und Hilfsmittel zum kostengünstigen Konstruieren. Konstruktion 32 (1980) Nr. 12, S. 487-492.

[EHR-85] Ehrlenspiel, K.: Kostengünstig Konstruieren. Hrsg. von G. Pahl. Berlin u. a.: Springer, 1985.

[EHR-86] Ehrlenspiel, K.: Grundlagen und Methodenbaukasten zum funktionsgerechten Konstruieren. Umdruck zur Vorlesungsreihe Konstruktionslehre I. TU München, 1986.

[EHS-91] Eigner, M.; Hiller, C.; Schindewolf, S.; Schmich, M.: Engineering Database - Strategische Komponente in CIM-Konzepten. München u. Wien: Hanser, 1991.

[EHS-92] Ehrlenspiel, K.; Schaal, S.: In CAD integrierte Kostenkalkulation. Konstruktion 44 (1992) Nr. 12, S. 407-414.

[EHS-92a] Ehrlenspiel, K.; Steiner, M.: Konstruktionsbegleitende Kalkulation - Anwendungsbeispiel einer featureorientierten Verknüpfung von CAD und Datenbank. VDI-Berichte 393.1, S. 117-132. Düsseldorf: VDI, 1992.

[EHT-89] Ehrlenspiel, K.; Tropschuh, P. F.: Anwendung eines wissensbasierten Systems für die Synthese - Beispiel: Das Projektieren von Schiffsgetrieben. Konstruktion 41 (1989) Nr. 9, S. 283-292.

[EIL-91] Eichlseder, W.; Leitner, J.: Getriebeentwicklung - Integration von Berechnung, CAD und CAM. Konstruktion 43 (1991) Nr. 11, S. 353-357.

[ENG-88] Engesser, H. (Hrsg.): DUDEN Informatik - Ein Sachlexikon für Studium und Praxis. Mannheim, Wien u. Zürich: Dudenverlag, 1988.

[EVE-90] Eversheim, W.: Organisation in der Produktionstechnik: Band 2 - Konstruktion. 2. Aufl.; Düsseldorf: VDI, 1990.

[EVN-88] Eversheim, W.; Neitzel, R.: Ein Expertensystem für die Vorrichtungskonstruktion. Konstruktion 40 (1988) Nr. 3, S. 97-101.

[FEL-89] Feldhusen, J.: Systemkonzept für die durchgängige und flexible Rechnerunterstützung des Konstruktionsprozesses. Dissertation Technische Universität Berlin, 1989. München u. Wien: Hanser, 1989.

[FIG-88] Figel, K.: Integration automatisierter Optimierungsverfahren in den rechnerunterstützten Konstruktionsprozeß. Dissertation Technische Universität München: 1988. München u. Wien: Hanser, 1988.

[FIN-90] Finkenwirth, K.: Fertigungsgerecht konstruieren mit CAD - Konzept eines Konstruktionssystems zur Informationsverarbeitung mit CAD-Systemen. Dissertation Universität Erlangen Nürnberg, 1990.

[FIS-88] Fischer, H. L.: IXPRESS - Expertensystem zur Planungsunterstützung, in: Expertensysteme in der betrieblichen Praxis. Berlin: 1988.

[FRA-91] Franz, D.: CAD/CAM-Basisbetrachtungen. Berlin u. München: Siemens-Aktiengesellschaft, 1991.

[FRI-90] Friedewald, A.: Funktionsintegration von Arbeitsplanung und Betriebsmittelkonstruktion für Elastomere. Dissertation Technische Universität Hamburg, 1990.

[FRP-90] Frey, H.; Peiker, H.: Integrierte Rechnerunterstützung in Berechnung, Konstruktion und Fertigung von Hochleistungsgetrieben. Rechnerintegrierte Konstruktion und Produktion, Band 2. Düsseldorf: VDI, 1990.

[FUC-90] Fuchs, D.: Verbesserter Material- und Informationsfluß im Betrieb - Lösung durch Simulation, in: CIM-Einführung, hrsg. von M. Messina, W. Bartz u. E. Wippler, 3. Aufl., Ehningen: Expert, 1990.

[GAS-92] Grabowski, H.; Anderl, R.; Schmitt, M.: STEP - Die Beschreibung von Produktstrukturen mit dem Teilmodell PSCM. VDI-Z 134 (1992) Nr. 3, S. 51-60.

[GBR-88] Grabowski, H.; Benz, T.; Ruck, S.: Integrierte Produktmodelle als Basis intelligenter CAD-Systeme. Institut für Rechneranwendung und Konstruktion. Universität Karlsruhe, 1988.

[GKM-84] Gliviak, F.; Kubis, J.; Micovsky, A.; Karibinosora, E.: A Manufacturing Cell Management System Cemas, in: Plander, I. (Hrsg.): Artificial Intelligence and Information-Control Systems of Robots. Amsterdam: 1984.

[GKS-92] Groeger, G.; Klein, S.; Suhr, M.: Auslegung von Verbindungselementen am Beispiel der Welle-Nabe-Verbindung mit Hilfe der Wissensverarbeitung. Konstruktion 44 (1992) Nr. 4, S. 145-153.

[GÖR-91] Görz, G.: Wissensrepräsentation und die Verarbeitung natürlicher Sprache. In: P. Struß (Hrsg.): Wissensrepräsentation. München u. Wien: Oldenbourg, 1991.

[GRÄ-89] Grätz, J.-F.: Handbuch der 3D-CAD-Technik. Berlin: Siemens-Aktiengesellschaft, 1989.

[GRB-89] Grabowski, H.; Benz, T.: Lösungsfindung und Wissensverarbeitung in CAD-Systemen mit integrierten Produktmodellen. VDI-Berichte 775, S. 65-82. Düsseldorf: VDI, 1989.

[GRG-85] Grasmück, R.; Gulder, A.: Wissensbasierte Fertigungsplanung in Stanzereien mit FERPLAN - Ein Systemüberblick, Memo Nr. 2, KI-Labor am Lehrstuhl für Informatik IV, Universität Saarbrücken: 1985.

[GRK-92] Groeger, B.; Klein, S.: Unterstützung der Produktoptimierung durch Kopplung von CAD- und wissensbasiertem System. VDI-Berichte 993.3, S. 129-142. Düsseldorf: VDI, 1992.

[GRO-86] Grottke, W.: Integration von Konstruktion und Arbeitsvorbereitung durch technologische Modellierung. Dissertation Technische Universität Berlin, 1986. München u. Wien: Hanser, 1986.

[GRO-90] Groeger, B.: Ein System zur rechnergestützten und wissensbasierten Bearbeitung des Konstruktionsprozesses. Konstruktion 42 (1990) Nr. 3, S. 91-96.

[GRO-90a] Groth, P.: Finite-Elemente-Methode, in: CIM-Bausteine - Grundwissen für Anwendungen und Ausbildung, hrsg. von K.-W. Jäger, Teil 1. Heidelberg: Hüthig, 1990.

[GRO-91] Groeger, B.: Die Einbeziehung der Wissensverarbeitung in den rechnergestützten Konstruktionsprozeß. Dissertation Technische Universität Berlin, 1991.

[GRR-91] Grabowski, H.; Rude, S.: Grundlagen der Konstruktionsmethodik für wissensbasierte CAD-Systeme. VDI-Berichte 903, S. 1-32. Düsseldorf: VDI, 1991.

[GÜS-91] Günther, W.; Saße, J.: Unterstützung konstruktiver Entwicklungsprozesse durch Methoden der Wissensverarbeitung. Konstruktion 43 (1991) Nr. 6, S. 207-213.

[HAA-91] Haasis, S.: Aufbau einer Basisrepräsentation für die wissensbasierte Erweiterung von CAD-Systemen. Unveröffentlichte Diplomarbeit an der Universität Konstanz, 1991.

[HAA-92a] Haasis, S.: CATWISEL - Wissensbasierte Unterstützung der Konstruktion und Fertigungsplanung von Stirnradgetrieben. dima - die maschine 46 (1992) Nr. 6, S. 65-68.

[HAA-93] Haasis, S.: Wissensbasiertes Konstruktionsverbundsystem. ZwF 88 (1993) Nr. 5, S. 218-221.

[HAA-93a] Haasis, S.: CIM - Einführung in die rechnerintegrierte Produktion. München u. Wien: Hanser, 1993.

[HAA-93b] Haasis, S.: Abkehr vom Taylorismus durch Re-Integration - Ein neuer CIM-Ansatz. dima - die maschine 47 (1993) Nr. 6/7, S. 48-50.

[HAA-93c] Haasis, S.: Wissensbasierte CAD/NC-Kopplung - Beispiel Getriebewellen. VDI-Z 135 (1993) Nr. 8, S. 102-109.

[HAA-93d] Haasis, S.: Wissensverarbeitung in der rechnerintegrierten Produktion (CIM) - Beispiel einer ganzheitlichen Produktentwicklung. Proceedings des KIK '93 - Neue Dimensionen in der Informationsverarbeitung, S. 224-234. Konstanz: Universitätsverlag, 1993.

[HAA-94] Haasis, S.: Konstruktionsbegleitende Kalkulation im Verbund - Beispiel: Gußgetriebegehäuse. Konstruktion 46 (1994) Nr. 2, S. 66-72.

[HAA-94a] Haasis, S.: Kostengerechte Konstruktion von Getrieben. Renningen: Expert, 1994.

[HAA-94b] Haasis, S.: Automatische Ableitung von Arbeitsplänen - Grundlage: technologieorientierte CAD-Funktionselemente. wt Produktion und Management 84 (1994) Nr. 7/8, S. 341-347.

[HAA-94c] Haasis, S.: Pragmatischer Ansatz für die Realisierung einer CIM-Fabrik, in: dima - die maschine 48 (1994) Nr. 5/6, S. 48-51.

[HAA-94d] Haasis, S.: Konstruktionsbegleitende Kalkulation durch Simulationsunterstützung. Proceedings des ASIM 94 - 9. Symposium Simulationstechnik, S. 585-590. Stuttgart: Vieweg, 1994.

[HAA-95] Haasis, S.: Feature- und wissensbasierte Unterstützung der Konstruktion von Stirnradgetrieben unter besonderer Berücksichtigung der Gußgehäuse. Dissertation Technische Universität Chemnitz-Zwickau, 1995. Zugl.: VDI-Fortschrittsberichte Reihe 20, Düsseldorf: VDI, 1995.

[HAB-83] Habel, C.: Logische Systeme und Repräsentationssprachen. B. Neumann (Hrsg.): GWAI-83. Informatik-Fachberichte 76. Berlin u. a.: Springer, 1983.

[HAG-92] Hagen, G.: Erkennen und Verstehen durch Datenstrukturanalyse beim Konstruieren mit CAD - Möglichkeiten zur Analyse von Informationen. Dissertation Universität Erlangen Nürnberg, 1992.

[HAH-91] Hahner, M.: Das große Buch zu AutoCAD 11.0. Düsseldorf: DATA BECKER, 1991.

[HAH-93] Haasis, S.; Hammer, H.: Featurebasiertes Kosteninformationssystem zur Integration in ein wissensbasiertes Konstruktionsverbundsystem. Proceedings der Konferenz für CAD/CAM-Anwendungen in der Formenkonstruktion und -herstellung, S. 15-24. Liberec, 1993.

[HAK-89] Harmon, P.; King, D.: Expertensysteme in der Praxis - Perspektiven, Werkzeuge, Erfahrungen. 3. Aufl.; München u. Wien: Oldenbourg, 1989.

[HAZ-93] Haasis, S.; Zimmermann, R.: Effizienter Einsatz der CAD/NC-Kopplung - Grundlagen, Strategien, Problemlösungen, Fallbeispiele. Ehningen: Expert, 1993.

[HEA-84] Henderson, M. R.; Anderson, D. C.: Computer Recognition and Extraction of Form Features - A CAD/CAM-Link. Computers in Industrie (1984) no. 5, pp. 329-339.

[HER-92] Herden, D.: Software muß für unterschiedliche Anwendungen durchgängig sein. Werkstatt und Betrieb 125 (1992) Nr. 12, S. 927-929.

[HIL-91] Hillebrand, A.: Ein Kosteninformationssystem für die Neukonstruktion mit der Möglichkeit zum Anschluß an ein CAD-System. Dissertation Technische Universität München, 1990. München u. Wien: Hanser, 1991.

[HJK-90] Held, H.-J.; Jäger, K.-W.; Kratz, N.; Scheel, A.: Wissensbasierte Konstruktion von Drehteilen. CAD-CAM Report 9 (1990) Nr. 12, S. 65-75.

[HKG-88] Heyer, G.; Krems, J.; Görz, G. (Hrsg.): Wissensarten und ihre Darstellung. Beiträge aus Philosophie, Psychologie, Informatik und Linguistik. Informatik-Fachberichte 169. Berlin u. a.: Springer, 1988.

[HMM-89] Harmon, P.; Maus, R.; Morrissey, W.: Expertensysteme - Werkzeuge und Anwendungen. München u. Wien: Oldenbourg, 1989.

[HMZ-94] Haasis, S.; Mischkolin, F.; Züfle, J.: CAD-gestützte Konstruktion von Getrieben - Featurebasierte Produktmodellierung mit technologieorientierten CAD-Formelementen beschleunigt Entwicklung. VDI-Z 136 (1994) Nr. 10, S. 58-64.

[HMZ-94a] Haasis, S.; Mischkolin, F.; Züfle, J.: Kopplung eines featurebasierten CAD-Systems mit einem wissensbasierten System. ZwF 89 (1994) Nr. 11, S. 563-565.

[HMZ-94b] Haasis, S.; Mischkolin, F.; Züfle, J.: Effiziente Gestaltung von gegossenen Getriebegehäusen auf der Basis von CAD-Funktionselementen. Konstruieren und Gießen 19 (1994) Nr. 4, S. 21-31.

[HOW-90] Held, H.-J.; Orel, P.; Weinbrenner, V.: Wissensbasierte Unterstützung des Konstruktionsprozesses, Teil 1 u. 2. CAD-CAM Report 9 (1990) Nr. 3, S. 64-68 u. Nr. 5, S. 126-132.

[HWL-83] Hayes-Roth, F.; Waterman, D. A.; Lenat, D. B.: Building Expert Systems. Reading, Massachusetts: Addison-Wesley Publishing Company, 1983.

[ILL-90] Illig, J. A.: Programmieren in C unter UNIX. Düsseldorf u. a.: Sybex-Verlag, 1990.

[IND-85] Indica, N. R.: GUMMEX - Ein Expertensystem zur Generierung von Arbeitsplänen für die Fertigung. Nachrichten für Dokumentation 36 (1985), S. 22-27.

[JAC-87] Jackson, P.: Expertensysteme - Eine Einführung. Dt. Übers. von F. Haugg. San Juan: Addison-Wesley, 1987.

[JÄG-91] Jäger, K.-W. (Hrsg.): Schnittstellen bei CAD/CAE-Systemen - Grundlagen, Anwendungsbeispiele, Problematik, Lösungsansätze. Düsseldorf: VDI, 1991.

[JÄM-91] Jäger, K.-W.; Müller, U.: Konzeption und Realisierung des Kostenmoduls CAD-KI, in: Abschlußbericht CAD-KI, Forschungsinstitut für angewandte Wissensverarbeitung (FAW) an der Universität Ulm, 1991.

[JHP-89] Jäger, K.-W.; Horbelt, E.; Popp, M.: Hochqualifizierte CAD/CAE-Anwendungen. Nürnberg: VWP, 1989.

[JKS-92] Jäger, K.-W.; Kratz, N.; Schneider, M.: Erweiterte Funktionalität von CAD-Systemen durch den Einsatz wissensbasierter Techniken. CAD-CAM Report 11 (1992) Nr. 9, S. 54-65.

[JOC-88] Joshi, S.; Chang, T. C.: Graph-Based Heuristics for Recognition of Machined Features From a 3D Solid Model. Computer Aided Design 20 (1988) no. 2, pp. 58-66.

[JÜF-89] Jüttner, G.; Feller, H.: Entscheidungstabellen und wissensbasierte Systeme. München u. Wien: Oldenbourg, 1989.

[KAN-88] Kandziora, B.: CAD/CAM-System zur Planung und Simulation automatischer Montagevorgänge. Dissertation Universität Karlsruhe, 1988. Düsseldorf: VDI, 1988.

[KAP-89] Karra, C.; Phelps, T. A.: Geometric Feature Recognition by Object Decomposition. Proceedings of ASME Advances in Design Automation. New York: ASME, 1989.

[KEM-88] Kempf, K.: Artificial Intelligence Tools for Manufacturing Process Planners, in: Oliff, M. P. (Hrsg.): Intelligent Manufacturing. Menglo Park: 1988.

[KKR-92] Krause, F.-L.; Kramer, S.; Rieger, E.: Featurebasierte Produktentwicklung. ZwF 87 (1992) Nr. 5, S. 247-251.

[KLE-91] Klein, B.: Berechnungsmethoden, in: CIM Handbuch - Wirtschaftlichkeit durch Integration, hrsg. von U. W. Geitner, 2. Aufl.; Braunschweig u. Wiesbaden: Vieweg, 1991.

[KOL-89] Koller, R.: CAD - Automatisches Zeichnen, Darstellen und Konstruieren. Berlin u. a.: Springer, 1989.

[KRA-84] Kraft, A.: XCON - An Expert Configuration System at Digital Equipment Corporation. P. H. Winston and K. A. Prendergast (ed.): The AI Business - The Commercial Uses of Artificial Intelligence. Cambridge, Massachusetts: MIT Press, 1984.

[KRA-89] Kratz, N.: Wissensbasierte Unterstützung des Konstruktionsprozesses. Projektstudie CAD-KI am Forschungsinstitut für anwendungsorientierte Wissensverarbeitung (FAW): Ulm, 1989.

[KRA-90] Krause, F. L.: Wissensverarbeitung für die rechnerunterstützte Produktgestaltung. ZwF 85 (1990) Nr. 3, S. 146-150.

[KRA-91] Kratz, N.: Architektur eines wissensbasierten Systems zur Unterstützung der Konzeptionsphase in der Konstruktion. Dissertation Universität Kaiserslautern, 1991.

[KRA-92] Krause, D.: Rechnergestütztes Konzipieren und Entwerfen mit Integration von Analysen insbesondere Berechnungen. Dissertation Universität Erlangen Nürnberg, 1992.

[KRB-92] Krause, F.-L.; Bolst, K.: Wissensbasierte Systeme für die Produkterstellung. VDI-Berichte 993.3, S. 103-112. Düsseldorf: VDI, 1992.

[KRE-85] Kreisfeld, P.: Kostenbestimmung mit CAD-Systemen für Rotationsteile. München u. Wien: Hanser, 1985.

[KRL-89] Krause, F.-L.; Lehmann, C. M.: Erweiterung des rechnerunterstützten Konstruierens durch Wissensverarbeitung. VDI-Berichte 775, S. 215-234. Düsseldorf: VDI, 1989.

[KRR-92] Kratz, N.; Radermacher, F. J.: WBS als integrative Komponente in Konstruktion und Produktion. VDI-Berichte 992, S. 1-14. Düsseldorf: VDI, 1992.

[KRS-91] Krause, F.-L.; Schlingheider, J.: Entwickeln und Konstruieren mit wissensbasierten Softwarewerkzeugen - ein Überblick. VDI-Berichte 903, S. 205-230. Heidelberg: VDI, 1991.

[LEF-87] Lee, Y. C.; Fu, K. S.: Machine Understanding of CSG: Extraction and Unification of Manufacturing Features. IEEE Computer Graphics & Applications 7 (1987) no. 1, pp. 20-32.

[LEH-89] Lehmann, C. M.: Wissensbasierte Unterstützung von Konstruktionsprozessen. Dissertation Technische Universität Berlin, 1989. München u. Wien: Hanser, 1989.

[LHK-92] Lechner, G.; Hirschmann, H. K.; Kaiser, H.: Konstruieren im Verbund von CAD-, Experten-, Datenbank- und Wiederholteilsuchsystem. VDI-Berichte 993.3, S. 143-158. Düsseldorf: VDI, 1992.

[LIN-72] Lindsay, P. H.; Norman, D. A.: Human Information Processing: An Introduction to Psychology. New York: Academic Press, 1972.

[MAC-91] Mache, H. R.: Stand der Schnittstellennormung für den Produktdatenaustausch im Bereich Maschinenbau, in: Schnittstellen bei CAD/CAE-Systemen. Hrsg. von K.-W. Jäger. Düsseldorf: VDI, 1991.

[MEH-92] Mertens, H.; Heiden, T. K.: Ein wissensbasierter Ansatz zur Unterstützung des Konstruktionsprozesses bei Anwendung von Berechnungsmethoden. Konstruktion 44 (1992) Nr. 4, S. 139-144.

[MEK-92] Meerkamm, H.; Krause, D.: Integration von Berechnungen in das Konstruktionssystem mfk. VDI-Berichte 993.1, S. 165-180. Düsseldorf: VDI, 1992.

[MEN-84] Menden, A.: Gießerei Modellbau Handbuch. Düsseldorf: Gießerei-Verlag, 1984.

[MEW-91] Meerkamm, H.; Weber, A.: Konstruktionssystem mfk - Integration von Bauteilsynthese und -analyse. VDI-Berichte 903, S. 231-248. Düsseldorf: VDI, 1991.

[MFR-90] Meerkamm, H.; Finkenwirth, K.-W.; Räse, U.: Fertigungsgerecht konstruieren mit CAD. Konstruktion 42 (1990) Nr. 10, S. 293-298.

[MIN-75] Minsky, M.: A Frame Work for Representing Knowledge. P. Winston (ed.): The Psychology of Computer Vision. New York: McGraw-Hill, 1975.

[MIQ-89] Miller, L. H.; Quilinci, A. E.: C in der Praxis. München u. Wien: Oldenbourg, 1989.

[MOH-91] Mohrmann, J.: Datenaustausch bei und mit Daimler-Benz AG, in: Schnittstellen bei CAD/CAE-Systemen. Hrsg. von K.-W. Jäger. Düsseldorf: VDI, 1991.

[MOS-82] Matsushima, K.; Okada, N.; Sato, T.: The Integration of CAD and CAM by Application of Artificial Intelligence Techniques, in: Annals of the CIRP, Vol. 31 (1982), S. 329-332.

[MÜL-91] Müller, U.: Konzeption und Realisierung eines Kosten-Moduls anhand des Beispielszenarios Drehteile. Diplomarbeit Fachhochschule Nürnberg, 1991.

[MUN-87] Mund, A. et al.: VDA-Flächenschnittstelle (VDAFS) 2.0. VDA-Arbeitskreis CAD/CAM, Verband der Automobilindustrie e. V. (VDA): Frankfurt, 1987.

[MUW-92] Muth, M.; Weber, C.: Objektorientiertes Design für Softwarebausteine in der rechnerunterstützten Konstruktion. VDI-Berichte 993.3, S. 49-68. Düsseldorf: VDI, 1992.

[NBS-88] N. N.: Initial Graphics Exchange Specification (IGES), Version 4. National Bureau of Standards, 1988.

[NEI-89] Neitzel, R.: Entwicklung wissensbasierter Systeme für die Vorrichtungskonstruktion. Dissertation RWTH Aachen, 1989.

[NES-72] Newell, A.; Simon, H.: Human Problem Solving. Englewood Cliffs, New Jersey: Prentice-Hall, 1972.

[OLF-91] Olfert, K.: Kostenrechnung. Ludwigsburg: Friedrich-Kiehl-Verlag, 1991.

[ORE-89] Orel, P.: Merkmalsidentifikation beim Entwurf mech. Bauteile mittels CAD im Hinblick auf den Einsatz wissensbasierter Systeme. Diplomarbeit Technische Universität München, 1989.

[OSW-87] Oestreicher, T.; Selinger, T.; Weule, H.; Wilhelm, M. C.: Vereinfachung der NC-Programmierung durch CAD-Kopplung und Automatisierung der Arbeitsplangenerierung. Fortschrittberichte VDI-Reihe 20: Rechnerunterstützte Verfahren. Düsseldorf: VDI, 1987.

[OVT-92] Ovtcharova, J.: A Hierarchical Data Scheme for Feature-Based Design Support. VDI-Berichte 993.3, S. 33-48. Düsseldorf: VDI, 1992.

[PAB-93] Pahl, G.; Beitz, W.: Konstruktionslehre - Methoden und Anwendungen. 3. Aufl.; Berlin u. a.: Springer, 1993.

[PAC-80] Pacyna, H.: Einfluß der konstruktiven Gestaltung auf die Herstellkosten von Gußstücken. VDI-Berichte 362. Düsseldorf: VDI, 1980.

[PAC-94] Pacyna, H.: Formeln für Schnellkalkulationen nach den statistischen Kalkulationsvergleichen des DGV. Untersuchungen am Institut für Gießereikunde: Montanuniversität Leoben, 1994.

[PAH-90] Pahl, G.: Konstruieren mit 3D-CAD-Systemen - Grundlagen, Arbeitstechnik, Anwendungen. Berlin u. a.: Springer, 1990.

[PHR-82] Pacyna, H.; Hillebrand, A.; Rutz, A.: Kostenfrüherkennung für Gußteile. VDI-Berichte 457. Düsseldorf: VDI, 1982.

[PIC-89] Pickel, H.: Kostenmodelle als Hilfsmittel zum kostengünstigen Konstruieren. Dissertation Technische Universität München, 1988. München u. Wien: Hanser, 1989.

[PIE-87] Pickel, H.; Ehrlenspiel, K.: Herstellkosten für Gußteile und Modelle. VDI-Berichte 651. Düsseldorf: VDI, 1987.

[PRA-84] Pratt, M. J.: Solid Modeling and the Interface Between Design and Manufacturing. IEEE Computer Graphics & Applications 4 (1984) no. 7, pp. 52-59.

[PRA-86] Pratt, M. J. (ed.): The CAM*I Application Interface Specification, Volume II. Cranfield Institute of Technology: Bedford, 1986.

[PRA-88] Pratt, M. J.: Synthesis of an Optimal Approach to Form Feature Modeling. Proceedings of ASME Computers in Engineering, pp. 263-274. San Francisco, California: 1988.

[PSW-89] Pritschow, G.; Spur, G.; Weck, M.: Künstliche Intelligenz in der Fertigungstechnik. München u. Wien: Hanser, 1989.

[PTC-87] N. N.: Pro/ENGINEER Indroductory Guide: Concepts and Capabilities. Waltham, Massachusetts: Parametric Technology Corporation, 1987.

[PTC-94a] N. N.: Modelling Users Guide - Pro/ENGINEER, Release 13.0. Waltham, Massachusetts: Parametric Technology Corporation, 1994.

[PTC-94b] N. N.: User Guide - Fundamentals of Pro/ENGINEER, Release 13.0. Waltham, Massachusetts: Parametric Technology Corporation, 1994.

[PTC-94c] N. N.: Pro/DEVELOP Installation Guide, Release 13.0. Waltham, Massachusetts: Parametric Technology Corporation, 1994.

[PUP-90] Puppe, F.: Problemlösungsmethoden in Expertensystemen. Berlin u. a.: Springer, 1990.

[PUP-91] Puppe, F.: Einführung in Expertensysteme, 2. Aufl.; Berlin u. a.: Springer, 1991.

[RAD-84] Radermacher, W.: Entwicklung eines Kosteninformationssystems für den Konstruktionsbereich. Dissertation RWTH Aachen, 1984.

[RAD-88] Radermacher, F. J. et al.: FAW-Leitthema CAD und KI - Wissensbasierte Unterstützung des Konstruktionsprozesses, Studie am Forschungsinstitut für anwendungsorientierte Wissensverarbeitung (FAW): Ulm, 1988.

[RAD-91] Radermacher, F. J. et al.: Wissensbasierte Unterstützung der Konstruktion von mechanischen Bauteilen an einem CAD-Arbeitsplatz. Abschlußbericht am Forschungsinstitut für anwendungsorientierte Wissensverarbeitung (FAW): Ulm, 1991.

[RÄS-91] Räse, U.: Gußgerechtes Konstruieren mit CAD - Möglichkeiten zur Beschreibung und Analyse von Gußteilen. Dissertation Universität Erlangen Nürnberg, 1991.

[RIC-92] Richter, M. M.: Prinzipien der Künstlichen Intelligenz - Wissensrepräsentation, Inferenz und Expertensysteme. 2. Aufl.; Stuttgart: Teubner, 1992.

[ROS-90] Rooney, J.; Steadman, P. (Hrsg.): CAD - Grundlagen von Computer Aided Design. München u. Wien: Oldenbourg, 1990.

[ROS-92] Roser, T.: Wissensbasiertes Konstruieren am Beispiel von Getrieben. Dissertation Universität Stuttgart, 1992.

[ROT-90] Rothley, J.: Modellaufbau und Modellierung, in: CAD und NC - Schnittstellen für Geometrie- und Programmaustausch. Bericht des Forschungszentrums Informatik (FZI) an der Universität Karlsruhe: 1990.

[ROT-91] Rothley, J.: Fertigungsgerechtes Konstruieren auf der Basis von technischen Formelementen gezeigt am Beispiel der spanenden Fertigung. Dissertation Universität Karlsruhe, 1991. Düsseldorf: VDI, 1991.

[RUF-91] Ruf, T.: Featurebasierte Integration von CAD/CAM-Systemen. Informatik-Fachberichte 297. Berlin u. a.: Springer, 1991.

[RUG-91] Ruland, D.; Gotthard, H.: Entwicklung von CIM-Systemen mit Datenbankeinsatz - Grundlagen, Konzepte, Realisierungen. München u. Wien: Hanser, 1991.

[SAG-88] Sakurai, H.; Gossard, D.: Shape Feature Recognition From 3D Solid Models. Proceedings of ASME Computers in Engineering. San Francisco: ASME, 1988.

[SAN-88] Santalla, R. W.: Smart CAD Builds Large Plants. CAE Journal (1988) no. 6, pp. 45-50.

[SCH-85] Scheer, A.-W.: Konstruktionsbegleitende Kalkulation in CIM-Systemen. Veröffentlichung des Instituts für Wirtschaftsinformatik, Heft 50, Universität Saarbrücken, 1985.

[SCH-86] Schefe, P.: Zur Rekonstruktion von Wissen in neueren Repräsentationssprachen der Künstlichen Intelligenz. Informatik-Fachberichte 118. Berlin u. a.: Springer, 1986.

[SCH-87] Schaele, M.; Hellberg, K.: Wissensbasierte Generierung von Arbeitsgangfolgen. VDI-Z 129 (1987) Nr. 9, S. 57-62.

[SCH-89] Scheel, A.: Semantische Datenmodelle in CAD/KI-Systemen. Bericht am Forschungsinstitut für anwendungsorientierte Wissensverarbeitung (FAW): Ulm, 1989.

[SCH-90] Scheer, A.-W.: CIM - Der computerintegrierte Industriebetrieb. 4. Aufl.; Berlin u. a.: Springer, 1990.

[SCH-90a] Scheer, A.-W.: Wirtschaftsinformatik - Informationssysteme im Industriebetrieb, 3. neubearb. Aufl.; Berlin u. a.: Springer, 1990.

[SCH-91] Scholz-Reiter, B.: CIM-Schnittstellen - Konzepte, Standards und Probleme der Verknüpfung von Systemkomponenten in der rechnerintegrierten Produktion, 2. Aufl.; München u. Wien: Oldenbourg, 1991.

[SCH-91a] Schnier, L.-O.: Auswahl effizienter NC-Programmiersysteme - Vorgehensweise, Entscheidungshilfen, NC-Programmiersystemvergleich. Ehningen: Expert, 1991.

[SCH-92] Schaal, S.: Integrierte Wissensverarbeitung mit CAD am Beispiel der konstruktionsbegleitenden Kalkulation. Dissertation Technische Universität München, 1991. München u. Wien: Hanser, 1992.

[SCT-91] Schweiger, W.; Tripper, D.: Test und Adaption von CAD/CAM-Dateien, in: K.-W. Jäger (Hrsg.): Schnittstellen bei CAD/CAE-Systemen. Düsseldorf: VDI, 1991.

[SDR-90] SDRC (Hrsg.): I-DEAS: Mechanical Design Automation. Frankfurt: SDRC, 1990.

[SEI-85] Seiler, W.: Technische Modellierungs- und Kommunikationsverfahren für das Konzipieren und Gestalten auf der Basis der Modell-Integration. Dissertation Universität Karlsruhe, 1985. Düsseldorf: VDI, 1985.

[SHB-89] Schulz, H.; Boelzig, D.: Rechnergestützte Fabrikautomatisierung. Frankfurt: Maschinenbauverlag, 1989.

[SHR-88] Shah, J. J.; Rogers, M. T.: Functional Requirements and Conceptual Design of the Feature-Based Modelling System. CAE-Journal (1988) no. 2, pp. 9-15.

[SIR-91] Siegwart, H.; Raas, F.: CIM-orientiertes Rechnungswesen. Düsseldorf: VDI-Verlag, 1991 u. Stuttgart: Schäffer-Verlag, 1991.

[SKJ-90] Spur, G.; Krause, F. L.; Jansen, H.; Schiller, U.; Timmermann, M.: Wissensbasierte Rekonstruktion von Volumenmodellen. ZwF 85 (1990) Nr. 5, S. 242-247.

[SKL-87] Spur, G.; Krause, F. L.; Lehmann, C. M.: Wissensbasierter Entwurf von Drehmaschinen. ZwF 82 (1987) Nr. 5, S. 289-296.

[SNS-92] Schulz, H.; Neumann, A.; Schützer, K.; Brun, J. M.; Hobbs, S.: Integrierte Produktentwicklung. Werkstatt und Betrieb 125 (1992) Nr. 4, S. 263-265.

[SPE-89] Specht, D.: Wissensbasierte Systeme im Produktionsbetrieb. München u. Wien: Hanser, 1989.

[SPE-90] Speith, G.: 3D-Produktmodellierung von Systemwerkzeugen mit dem CAD-Programmsystem KOKO. In: Rechnerintegrierte Konstruktion und Produktion. Düsseldorf: VDI, 1990.

[SPU-88] Spur, G.: Wie geht die CAD-Entwicklung weiter? CAD-CAM-CIM, Sonderteil in Hanser-Fachzeitschriften: Mai, 1988.

[SSR-88] Shah, J. J.; Sreevalsan, P.; Rogers, M.; Billo, R.; Mathew, A.: Current Status of Feature Technology. CAM*I-Report, 1988.

[STE-82] Sternberg, R. J. (ed.): Handbock of Human Intelligence. New York: Cambridge University Press, 1982.

[STE-84] Steele, G. L.: COMMON LISP - The Language. Bedford, Massachusetts: Digital Press, 1984.

[STR-91] Struß, P. (Hrsg.): Wissensrepräsentation. München u. Wien: Oldenbourg, 1991.

[TÖR-89] Tönshoff, H. K.; Rudolph, F. N.: Wissensbasierte Beratung bei der werkzeuggerechten Konstruktion. VDI-Berichte 775, S. 115-127. Düsseldorf: VDI, 1989.

[TÖR-89a] Tönshoff, H. K.; Rudolph, F. N.: Neue Ansätze zum Zusammenwirken von Konstruktion und Fertigung in der flexiblen Produktion. ZwF 84 (1989) Nr. 5, S. 253-257.

[TRO-89] Tropschuh, P. F.: Rechnerunterstützung für das Projektieren am Beispiel Schiffsgetriebe. Dissertation Technische Universität München, 1988. München u. Wien: Hanser, 1989.

[TRU-86] Trum, P.: Automatische Generierung von Arbeitsplänen, in: State of the Art (1986), H. 1, S. 69-72.

[TUA-88] Turner, G.; Anderson, D.: An Object-Oriented Approach to Interactive, Feature-Based Design for Quick Turnaround Manufacturing. Proceedings of ASME Advances in Design Automation. San Francisco, California: ASME, 1988.

[VAJ-90] Vajna, S.; Schlingensiepen, J.: CIM-Lexikon. Braunschweig: Vieweg, 1990.

[VDA-90] N.N.: Leitfaden des VDMA zum Datenaustausch zwischen CAD und PPS Systemen. Ausschuß Informatik, Frankfurt: VDMA, 1990.

[VDI-2213] N. N.: VDI-Richtlinie 2213: Datenverarbeitung in der Konstruktion. Integrierte Herstellung von Konstruktions- und Fertigungsunterlagen. Düsseldorf: VDI, 1985.

[VDI-2225a] N. N.: VDI-Richtlinie 2225: Technisch-wirtschaftliches Konstruieren, Anleitung und Beispiele. Düsseldorf: VDI, 1977.

[VDI-2234] N. N.: VDI-Richtlinie 2234: Wirtschafliche Grundlagen für den Konstrukteur. Düsseldorf: VDI, 1990.

[VDI-2235] N. N.: VDI-Richtlinie 2235: Wirtschaftliche Entscheidungen beim Konstruieren, Methoden und Hilfen. Düsseldorf: VDI, 1987.

[WAG-93] Wagner, K.: Der Einfluß von Werkstoff, konstruktiver Gestalt und Formverfahren auf die Maßunterschiede zwischen Modell und Gußstück. Dissertation Montanuniversität Leoben, 1993.

[WAR-91] Warnecke, G. (Hrsg.): Expertensysteme in CIM. Berlin u. a.: Springer, 1991.

[WEB-92] Weber, A.: Ein relationsbasiertes Datenmodell als Grundlage für die Bauteilprogrammierung. Dissertation Universität Erlangen Nürnberg, 1992.

[WET-92] Weck, M.; Tenberge, H.: Expertensystem "Stirnradauslegung" - ein wissensbasierter Ansatz zur Auslegung von Stirnradverzahnungen. Konstruktion 44 (1992) Nr. 12, S. 431-438.

[WIH-84] Winston, P. H.; Horn, B. K.: LISP, Second Edition. Reading, Massachusetts: Addison-Wesley Publishing Company, 1984.

[WIN-85] Winston, P. H.: Artificial Intelligence. Reading, Massachusetts: Addison-Wesley Publishing Company, 1985.

[WOO-82] Woo, T. C.: Feature Extraction by Volume Decomposition. Proceedings of Conference on CAD/CAM in Mechanical Engineering, pp. 76-94. Cambridge, Massachusetts: MIT, 1982.

[ZEL-91] Zelewski, S.: Expertensysteme in CAP, in: CIM Handbuch - Wirtschaftlichkeit durch Integration, hrsg. von U. W. Geitner, 2. Aufl.; Braunschweig u. Wiesbaden: Vieweg, 1991.

[ZIM-91] Zimmer, W.: CAD-Datenaustausch zwischen Automobil- und Zulieferindustrie, in: Schnittstellen bei CAD/CAE-Systemen. Hrsg. von K.-W. Jäger. Düsseldorf: VDI, 1991.

# Sachverzeichnis